全国大中专院校学生素质提升系列教材
全国大学生就业能力训练系列教材
全国企事业单位职工职业能力提升教材
全国职业核心能力认证专用教材

职业素养教程

主　　编：许湘岳　　陈留彬

副主编：陈　忠　　王　刚　　许　辉

编　　者：郭凌斌　　黄　静　　李建军　　李晓红

张　满　　周　卓　　孙　超　　刘雪芹

罗平超　　余　理　　郑　璇

人民出版社

责任编辑：朱礼杰　宫　共

装帧设计：新立风格

图书在版编目（CIP）数据

职业素养教程 / 许湘岳，陈留彬主编 . – 北京：人民出社，2014.7（2019.1 重印）

ISBN 978-7-01-013624-0

Ⅰ.①职⋯ Ⅱ.①许⋯ ②陈⋯ Ⅲ.①职业道德 – 高等学校 – 教材

Ⅳ.① B822.9

中国版本图书馆 CIP 数据核字（2014）第 119448 号

职业素养教程

ZHIYE SUYANG JIAOCHENG

许湘岳　陈留彬　主编

陈　忠　王　刚　许　辉　副主编

人 民 出 版 社 出版发行

（100706 北京市东城区隆福寺街99号）

北京市通州兴龙印刷厂印刷 新华书店经销

2014年7月第1版 2019年1月北京第9次印刷

开本：787×1092毫米　1/16 印张：20.875

字数：505千字

ISBN 978-7-01-013624-0 定价：39.00元

邮购地址 100706 北京市东城区隆福寺街99号

人民东方图书销售中心　电话（010）65250042 65289539

教材订购、师资培训及认证：
010-84824728　13910134319
邮箱：935491664@qq.com
官方网站：www.cvcc.net.cn
CVCC 官方微信：CVCC2006

全国核心能力CVCC认证项目系列教材书目：
职业沟通教程（人民出版社978-7-01-009487-8）
团队合作教程（人民出版社978-7-01-009532-5）
自我管理教程（人民出版社978-7-01-009624-7）
创新创业教程（人民出版社978-7-01-010197-2）
礼仪训练教程（人民出版社978-7-01-010637-3）
职业素养教程（人民出版社978-7-01-013624-0）
职业生涯规划（人民出版社978-7-01-017476-1）
解决问题教程（吉林大学出版社978-7-5601-8441-8）
信息处理教程（吉林大学出版社978-7-5601-9648-0）
全国职业核心能力认证测试大纲（吉林大学出版社 978-7-5601-7122-7）

目　录
CONTENTS

序
PROLOGUE

职场需要什么能力

杨念鲁

中国教育学会秘书长

职场究竟需要什么样的能力？这也许是众多即将进入职场或已初涉职场却屡受挫折的人们共同面临的困惑。

按照传统的观念，一个人在接受过一定年限的正规教育之后，应该初步具备了从业的基本能力。然而，事实却告诉我们，职场与校园的差别是如此之大，以致许多学业成绩优秀的求职者苦苦追求却得不到用人单位的录用，而很多幸运的职场新人虽然求职成功却无法适应工作的要求，并由此产生自卑、抱怨、厌倦等情绪，甚至有人不得不从来之不易的工作岗位上"落荒而逃"。

这并不是职场新人的错，而是我们的教育存在着严重缺陷。多少年来，中国传统的重视成绩的成才观根植于社会的各个层面，包括每一个家庭和用人单位，这种观念直接影响着企业的用工机制和人才选拔制度。教育不得不屈服于来自社会的压力，迎合应试的社会需求，于是学业成绩成了衡量一个学生是否合格的唯一标准。在这种观念作用下的学校教育，忽略了人的综合素质培养，单纯以"识"取人，不同程度地背离了教育和人才成长的规律。

考试也是一种能力的培养方式，并非一无是处，它也可以使人获得一定的知识和专业能力，也会有助于培养出一些优秀人才。但对于整个社会的发展和进步而言，显然是很不够的。当今社会之所以对"应试教育"批判得多，是因为它过分地强调学生的考试成绩，而忽略了他们作为未来职业人赖以生存所必需的某些关键能力，诸如自我管理、组织协调、适应环境变化、建立合作关系、应对突发事件，以及创造性地解决问题的能力等。而这些能力对于人一生的发展都是至关重要的，其重要性甚至超过了学业水平或专业能力。

不少职业类学校已经意识到了应试教育的这些缺陷或弊端，努力尝试在教学中还原职业场景，模拟工作过程，提炼和概括职场所需要的专业能力，并在这一理念的指导下训练学生。这种尝试无疑对学生的就业是有益的。可是，这种模拟过程往往还只是强调训练学生的专业能力。事实上，最先觉悟的是企业的人力资源管理者们。他们发现，很多拥有高分数的应聘者来到工作岗位后，面对新的工作常常显得困顿和无能为力，高分低能的现象十分突出。于是，越来越多的用人单位开始把选人和用人的目光从名牌学校和学业成绩转向综合素质和职业能力。如果说学业水平和专业能力可以使人胜任自己的工作的话，那么学业和专业以外的能力则可以帮助人获取更多的机会，为更好地从事专业工作创造条件、搭建平台，从而提升专业水准并从中获得更多的成功和职业幸福感，这种能力将使人终身受益。

什么才是"专业能力之外的能力"呢？我们称其为"职业核心能力"（Vocational Key Skills），并赋予它以下几个方面的内涵：职业沟通能力、团队合作能力、解决问题能力、自我管理能力、信息处理能力、创新创业能力。简单地说，也就是一个人适应工作岗位变化，处理各种复杂问题，以及敢于和善于创新的能力。它是职业活动中最基本的能力，适用于任何职业的任何阶段，具有普适性。

信息时代最显著的特点之一就是知识爆炸，没有人可以通过一段时期的学习就掌握一生所需要的所有知识和技能，不仅如此，有人把当今社会称为"服务业主导的后工业社会"，它与工业社会的主要区别之一就是从业者变换岗位的频率大大提高。工业社会里被附加了太多贬义的"跳槽"行为在当今社会职场中几乎成为普遍现象。变化，是我们这个时代的一大特点。

既然我们的教育存在缺陷，而时代又对现代职业人提出了更高的要求。那么，"职业核心能力"是否可以通过培训得到提高呢？现在，很多有识之士正在做着这样的努力。事实证明，科学合理的培训对于职场新人来说，可以从一定程度上弥补学校教育的不足，使他们可以更快地适应职场的要求。

本套教材作为职业素质教育和培训教材无疑顺应了时代的需求。它贴近职场实际，采用"行为引导"教学法，通过构建能力目标、案例分析、过程训练和效果评估这样一种训练程序的培训，达到提高人的职业核心能力的目的。希望这个从职业场景提炼出来的职业核心能力的认证培训项目能在我们的院校和企业中开花结果，真正造福于全社会有需要的人士，使大多数职业人通过培训重获职场自信，不断走向成功。

2010年11月3日于北京

前　言
PREFACE

创新工场CEO李开复曾预言：在今后很长时间内，中国都不会出现类似苹果和谷歌这类公司，"至少五十年到一百年不会这样，中国想要这样做的话需要重新建立一个新的教育体系"。

教育体系的缺陷和国情使得我们难以培养出斯蒂夫·乔布斯（Steve Jobs）、拉里·佩奇（Larry Page）和谢尔盖·布林（Sergey Brin）这样的人物，在他们身上，你能看到闪耀着惊人智慧的创新能力，天衣无缝的团队合作能力，八面玲珑的沟通能力，巧夺天工的解决问题能力……

时至今日，我们的教育似乎只在努力构建学生的知识体系。家庭、学校和社会的评估指标过于注重考试分数，学生们个个满腹经纶，走入职场，却缺失了职业人必备的专业以外的基本技能。

专业以外的基本技能应该是什么？德国劳动市场与职业研究所所长梅腾斯教授从20世纪60年代开始对此进行研究，于1972年提出了"核心能力"（Key Skills，又译作"关键能力"），一经提出，立即得到了全球认可。其实它一直存在于一些西方国家的教育体系中。在英国，14～19岁的青少年学生早已开始培养核心能力的沟通交流、团队合作、自我管理、解决问题、信息处理、数字应用6个模块，还配以1～5级的国家证书，2006～2007年度一年获得核心能力证书的英国学生有73万人之多。如今，该培训认证体系已延伸到了14岁以下和19岁以上的受教育人群。在美国，各州教育局早已把沟通、自我管理等列为中学生的必修课。美国全国职业技能测评协会（NOCTI）也提出了由沟通、解决问题、团队工作等8个模块构成的软技能（又叫基础技能）培训测评体系，而且还把这个测评内容与各专业测评相结合，并运行已久。欧盟、澳大利亚、新加坡、中国台湾、中国香港等国家和地区也都纷纷推出了各自的核心能力培训测评体系。时至今日，核心能力的培训测评已形成了全球气候。

自从核心能力的概念进入中国大陆，我们就努力为受训者构建完整的职业能力体系。2010年5月，教育部教育管理信息中心授权立项职业核心能力认证（CVCC）项目，我们先后编辑出版了《职业沟通教程》、《团队合作教程》、《自我管理教程》、《创新创业教程》、《解决问题教程》、《信息处理教程》、《礼仪训练教程》、《职业素养教程》等系列教材。在各方专家的共同努力下，职业核心能力培训和测评体系（CVCC）已经建立。我们把中国版本的职业核心能力培训课程体系分为三个层次：

基础核心能力：职业沟通、团队合作、自我管理；

拓展核心能力：解决问题、信息处理、创新创业；

延伸核心能力：礼仪训练、领导力、执行力、营销能力、演讲与口才……

CVCC项目已在全国150余所大中专院校得到推广，迄今已有数万人次的教师接受了职业核心能力和礼仪训练师资培训，每年有20多万学生系统地学习职业核心能力课程，有数万名学生通过CVCC测评拿到了职业核心能力水平的证书。职业核心能力的理念逐步为广大教师和学生所认可，并从中受益。

为了更好地推广职业核心能力，我们决定编辑出版《职业素养教程》，它以职业核心能力各模块为主要内容，以能力目标、案例分析、过程训练、效果评估为框架，用科学简洁的语言、生动真实的案例、多样有趣的活动、标准科学的评估全面阐述职业素养的技能要求，可作为职业核心能力认证和职业素养提升的教材。

这是一个开放的体系，我们希望有志之士能加入我们的研发团队，以使职业核心能力CVCC体系更成熟、与职场接轨更紧密。我们希望能为提升国人的职业素质和职业能力尽自己的绵薄之力。

职业核心能力CVCC体系是一个提升就业者素质的综合工程，各位专家如果有意见和建议请发送至教育部邮箱cvcc@moe.edu.cn。全国职业核心能力认证网（www.cvcc.net.cn）是一个信息共享平台，欢迎各方专家献计献策！

感谢国家教育咨询委员会委员、中国就业促进会副会长、北京大学中国职业研究所所长陈宇教授，是他把核心能力的概念引入中国，并亲自指导我们一步步建立起职业核心能力培训和测评体系。

感谢中国教育学会杨念鲁秘书长，是他一直对职业核心能力项目的发展提供宝贵的意见和建议，并为我们的努力指明方向。

教育和培训的成功与否决定职场的成功和幸福，职场是教育和培训的硬约束。让职业核心能力成为学生和职业人士高飞的翅膀，让他们在广阔的职场和快乐的工作中自由翱翔！

在咨询了美国Bristol-Myers Squibb公司高级主管Dr. Denis Yu，英国Brunel University高级国际专员Oliver Goh，澳大利亚农业部资深主管Mr. Richard Gao和麦可思公司董事长王伯庆博士之后，将本教材《职业素养教程》的英文译名定为Vocational Training Course，特此致谢！

全国职业核心能力认证教材编审委员主任　许湘岳

2014年7月1日　于北京

第一章　职业素养——开启美丽人生

职业素养是一个人在从事职业活动中所需要的道德、心理、行为、能力等方面的素养，它包括职业道德、职业技能、职业行为、职业意识和职业态度等，可以通过学习、培训、锻炼、自我修养等方式逐步积累和发展。

> 对工作的严肃态度，高度的正直，形成了自由和秩序之间的平衡。
> ——［法］罗曼·罗兰

职业素养就像一座在水中漂浮的冰山，水上部分由行为习惯和专业知识技能构成，代表冰山的可见部分和一个人的显性职业素养；水下部分的动机、特质、态度、责任心，代表冰山的不可见部分和一个人的隐性职业素养。显性的职业素养，可以通过各种学历证书、职业证书来证明，或者通过专业考试来验证。而隐藏在水下，代表职业意识、职业道德、职业作风、职业态度、职业能力等方面的素养，是人们看不见的，这些隐性的职业素养具体表现为诚信品质、竞争能力、敬业形象、责任意识、法纪观念、团队精神等。在职业活动中，隐性职业素养决定、支撑着显性职业素养，隐性职业素养所起的作用远远大于显性职业素养。

对职场中人来说，职业素养这只看不见的无形之手，无时无刻不在发挥着关键甚至是决定性的作用。良好的职业素养会为你插上腾飞的翅膀，开启并收获美丽的人生。

本章知识要点：
- 职业道德规范
- 爱岗敬业、诚实守信、办事公道、服务群众、奉献社会
- 职业道德意识修养和职业道德行为修养
- 职业价值观
- 职业态度
- 责任意识
- 职业化
- 职业化的工作态度、工作道德、工作技能、工作形象

第一节　职业规范与价值观

职场在线

"违反职业规范，就会丢掉饭碗"

香港《大公报》一位记者到四川某高校采访，事先在电话中告知：随便提供住宿，打地铺都行，不在学校吃饭。负责接待的人以为只是客套，也就没有把他的话当一回事。

后来，那位记者来了。到了吃午饭的时间，他果真不肯到学校为他准备的地方就餐，无论怎样劝说，他始终坚持自己找地方吃饭。无奈之下，该校准备陪他吃饭的人只好散去。为略尽地主之谊，他们留下两个人，打定主意即便是实行"AA制"也不能冷落了客人。一顿饭吃下来，总共花了38元钱。但拗不过他的固执，饭钱由这位记者付了。晚饭，也只好由着他自己一人去了学生食堂，尔后赶晚上的火车匆匆去了西安。走之前，他拒绝了学校送给他的纪念品。尽管与他共事的时间不足一整天，尽管他一再说明，他这样做并不是刻意要保持什么"清高"，只是按照自己的职业规范来要求自己而已，请大家不要把这种正常的现象看成不正常，但他的所作所为仍然给人留下了深刻的印象：认真对待面临的每一件事，实在、谦虚、干练，有很强的自律能力。尤其是《大公报》那位记者所说的："违反了职业规范，就会丢掉饭碗。"把职业规范与"饭碗"联系起来，更是让人感慨不已。

无独有偶，在此之前香港亚洲电视台为"西部行"栏目来该校采访。采访车到校后，径直开到了指定的教学楼。选景、架机、采访学校领导、采访学生、拍摄校景，没有一句寒暄和客套，紧张而有条不紊地忙碌了近一个小时。同样，他们不吃学校为其准备的午饭，也不接受学校的礼品。短短的几十分钟，他们高质量的工作效率，随和、平易近人的工作作风，配合默契的团队为在场的人们留下了极深的印象。

> 技能可以培训，而品行的培养绝非朝夕之功。良好的职业道德是通向职场最好的通行证。

俗话说得好，"没有规矩，不成方圆"。其实，各行各业都有自己的从业规范。这些规范与法律法规、生活习惯相协调，是社会公德、职业道德在本行业的具体化。它对职业活动中的各种人际关系起着调节作用，是评价职业活动和解决矛盾的行为准则。它使从业人员知道应该做什么，不应该做什么，应该怎么做，不应该怎么做。

一、能力目标 Competency Goal

（一）遵守职业道德规范

俗话说，德才兼备是精品，有德无才是次品，无德无才是废品，有才无德是危险品。所以，很多单位在招聘时都有这样一个潜规则，德才兼备要重用，有德无才可以用，有才无德不敢用，无德无才不能用。

纵观历史，凡是做出重大成就的人，无不具有良好的职业道德修养。职业道德是从业人员的立身之本、成功之源。

1.职业道德规范的含义

职业道德与职业规范是在职业特有的责、权、利的基础之上所形成的不同规范体系。

职业道德规范是指在一定职业活动中应遵循的、体现一定职业特征的、调整一定职业关系的职业行为准则和规范。它是从业人员在进行职业活动时应遵循的行为规范，同时又是从业人员对社会所应承担的道德责任和义务。职业道德是公民道德的一个组成部分和重要体现。

职业道德规范包括各行各业必须共同遵守的职业道德基本规范和适应各自职业要求的行业职业道德规范。职业道德规范体现的是对该职业的态度和能力要求，是人们在从事职业活动中应当遵守的标准和准则。它对职业活动中的各种人际关系起着调节作用，是评价职业活动和解决矛盾的行为准则。

> 世界上唯有两样东西能让我们的内心受到深深的震撼：一是我们头顶上灿烂的星空，一是我们内心崇高的道德法则。
> ——[德]康德

小案例

很多企业如美国强生公司把道德素质看成是择业和企业发展的第一资源，他们在录用员工时坚持如下原则，如图所示：

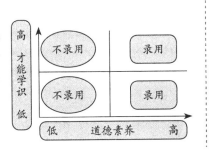

2.职业道德的基本规范

职业道德基本规范是所有从事职业活动的人必须遵守的基本职业行为准则，它包括爱岗敬业、诚实守信、办事公道、服务群众、奉献社会。其中，爱岗敬业是职业道德的核心和基础，诚实守信、办事公道是职业道德的准则，服务群众、奉献社会是职业道德的灵魂。

（1）爱岗敬业——职场第一美德。爱岗就是热爱自己的工作岗位，热爱自己从事的职业；敬业就是以恭敬、严肃、负责的态度对待工作，一丝不苟，兢兢业业，专心致志。爱岗敬业是每个职业人都应该具备的一种职业态度，也是我们一生应当恪守的职业道德。

爱岗敬业有三个基本要求：

乐业	爱岗敬业的前提，是一种良好的职业情感。
勤业	爱岗敬业的保证，是一种优秀的工作态度。
精业	爱岗敬业的条件，是一种执着完美的追求。

爱岗敬业的最高境界就是把职业当成事业来看待。

> 一个人的职业道德修养越高，就越能对职业有正确的认识，明确工作的意义，能从工作中找到乐趣，体验到劳动的快乐。

▶ 小案例

北京市21路公共汽车1333号车女售票员李素丽，自1981年走上三尺售票台以来，以周到的服务，细致的关怀，赢得了社会的赞誉，做出了不平凡的成绩。她为自己制定了服务原则：礼貌待人要热心，照顾乘客要细心，帮助乘客要诚心，热情服务要恒心。李素丽经常是"你发火，我耐心；你烦躁，我冷静；你粗暴，我礼貌，得理也让人"。为了搞好服务，李素丽不仅学会了一些简单的哑语、英语和粤语，还自学了心理学，针对不同的乘客，艺术地为他们服务。如一位姑娘把座位让给一位抱小孩的女乘客，这位乘客好像这座位就该她坐似的，没有丝毫感谢之意，李素丽便上前逗女乘客怀里的孩子："多可爱，多乖的小孩，阿姨上了一天班这么累还让座给你，还不谢谢阿姨？"小孩母亲一听，感到自己失礼了，立即向姑娘道谢，姑娘的气便消了。

李素丽的事迹告诉我们，一个员工有没有爱岗敬业的精神，其工作的效果和绩效是完全不同的，当一个员工有爱岗敬业精神时，才能投入全身心的精力，把工作做到最好。

（2）诚实守信——职场立身之本。诚实就是真心诚意，实事求是，不虚假，不欺诈；守信就是遵守承诺，讲究信用，注重质量和信誉。诚实守信的基本要求是：要恪守诺言，要讲究信誉，要诚信无欺，要讲究质量，要信守合同，言必信、行必果。

诚信不仅是一种品行，更是一种责任；不仅是一种道义，更是一种准则；不仅是一种声誉，更是一种资源。诚实守信是企业的发展之基，也是员工的立身之本；是各行各业的生存之道，也是维系良好市场经济秩序必不可少的道德准则。

> 人而无信，不知其可也。
> ——孔子

▶ 小案例

曾子是孔子的学生。有一次，曾子的妻子准备去赶集，由于孩子哭闹不已，曾子妻许诺孩子回来后杀猪给他吃。曾子妻从集市上回来后，曾子便捉猪来杀，妻子阻止说："我不过是跟孩子闹着玩的。"曾子说："和孩子是不可说着玩的。小孩子不懂事，凡事跟着父母学，听父母的教导。现在你哄骗他，就是教孩子骗人啊。"于是曾子把猪杀了。

（3）办事公道——彰显公平正义。办事公道就要体现公平、正义。办事公道有助于社会文明程度的提高，是市场经济良性运行的有效保证。

办事公道的基本要求：要求从业人员以国家法律法规、社会公德为准则，客观、公正、公开地开展公务活动。

（4）服务群众——全心全意为人民服务。服务群众，就是全心全意地为人民服务，一切以人民的利益为出发点和归宿。

服务群众的基本要求包括：要求从业人员认真听取群众意见，了解群众需要，端正服务态度，改进服务措施，提高服务质量；要热情周到，要满足需要，要有高超的服务技能。

> 公正是各种美德中享誉最高的美德。
> ——[古罗马]西塞罗

▶ 小案例

徐虎是上海普陀区中山北路房管所的水电修理工，徐虎发现居民下班以后正是用水用电高峰，也是故障高发时间，而水电修理工也已下班休息，于是在他管辖的地区率先挂出三只醒目的"水电急修特约报修箱"，每天晚上19时准时开箱，并立即投入修理。

从此，晚上19时，成了徐虎生活中最重要的一个时间概念。10多年来，不管刮风下雨、冰冻严寒，还是烈日炎炎或节假日，徐虎总会准时背上工具包，骑上他的那辆旧自行车，直奔这三个报修箱，然后按着报修单上的地址，走了一家又一家。

10多年中，他从未失信过他的用户。十年辛苦不寻常，徐虎累计开箱服务3700多天，共花费7400多个小时，为居民解决夜间水电急修项目2100多个，他被群众誉为"晚上19点钟的太阳"。

（5）奉献社会——实现人生价值。奉献社会，就是把自己的知识、才能、智慧等毫不保留地、不计报酬地贡献给人民、社会、国家，并带来实实在在的利益。

奉献社会的基本要求是：从业人员具有奉献精神，全心全意为社会做贡献，把公众利益、社会效益放在第一位，这是每个从业者职业行为的宗旨和归宿。

3. 不同行业的职业道德规范

行业是以生产要素组合为特征的各类经济活动。每个行业都包含有许多职业。由于每种职业的社会使命、工作性质、业务内容、运作方式、劳动强度、服务对象、活动场所等存在明显的差别，所以，对从业人员的职业素养就有一些不同的要求。如：科学、教育类职业道德规范；文化、医务类职业道德规范；法律、商业类职业道德规范；行政管理人员职业道德规范等。每类行业的职业道德规范都是职业道德基本规范在各行业的进一步具体化，体现了本行业内各种职业道德的共同特征。

> 不同的行业和职业岗位都有符合其执业活动特点的道德规范体系。该体系具有如下内涵：一是体现了本行业各种职业道德的共同特征；二是体现了行业的社会责任；三是体现了从业者的利益。

企业管理人员的职业道德规范：

1. 品行端正，具有良好的道德修养，为人称道。
2. 敢于负责，对上级、下属、用户及全社会抱有高度责任心。
3. 承担风险，敢于临危受命，有信心克服困难、创造新局面。
4. 尊重他人，能够重视和采纳他人意见，不主观武断。
5. 合作精神，善于与人合作，对人不是压服而是说服。

根据日本企业界的总结，企业管理人员应具备10种品德：使命感、责任感、积极性、进取心、忍耐心、勇气、信任、忠诚老实、公平、热情。

工程技术人员的职业道德标准：

1. 对社会要守法奉献，尊重自然，维护生态平衡。
2. 对专业严守职业本分，做好过程务实，创新精进，提高产品品质。
3. 对雇主要真诚尽力，建立互信，营造双赢，创造工程佳绩。
4. 对同事注重分工合作，提高作业效率，互勉互助，培养后继人才。

4. 职业道德修养

职业道德修养是指人们为了在职业道德方面达到一定的水平而进行的自我教育、自我锻炼、自我改造和自我完善的过程。职业道德修养是围绕着从业人员所应遵循的基本原则和规范在职业活动中进行的。其目的在于使人培育出良好的职业道德品质，达到较高的职业道德境界。职业道德修养可分为职业道德意识修养和行为修养两个方面。

（1）职业道德意识修养。职业道德意识是指人们对客观存在的职业道德活动和道德关系的认识和理解。其内容包括从认识到情感，转为意志，上升为信念等各个层次。

职业道德认识是指从业人员对职业道德原则和规范的认知和理解，是从业人员增强道德责任感、形成良好道德品质的第一步。

职业道德情感是指从业人员在职业活动中对事物进行善恶判断所引起的情绪体验。它比职业道德认识深化了一步，并且有一定的稳定性。它是一个人职业良心的重要体现。

职业道德意志是指从业人员在履行职业道德义务的过程中所表现出来的自觉地克服困难、完成任务的毅力和精神。一旦有了坚强的职业道德意志，就能够抵御外来的不良侵蚀和影响，就能够坚守道德规范，坚决推进职业活动。

职业道德信念是指人们对所从事的职业道德义务发自内心的笃信和强烈的责任感。它是职业道德认识、情感、意志的升华与结晶，是职业道德意识的最高层次。人们一旦确立了某种道德信念，就会矢志不渝地遵循它来选择行为，履行义务，并以此作为评定自身和他人行为的标准。

> 一个人如果能在职业实践中确立职业道德信念，其职业行为就有了高度的自律性和内在的活力，就会把职业道德的要求变成自我的需求。

在一次手术临近尾声的时候，主刀医生小心地从病人的腹腔中取出止血用的纱布，然后把它放在旁边一位护士托着的盘子里，接下来吩咐"准备缝合"。旁边的护士立刻制止道："不能缝合，还有一块纱布在腹腔里没有取出。"主刀医生又一次严厉地命令准备缝合。这时护士近乎愤怒地喊了起来："不能缝合，您往腹腔里放纱布时我已经数过了，一共12块，现在只取出了11块，少了一块，应该还有一块没有取出！"听了护士的回答后医生笑了，大声地赞扬这位护士，同时举起张开的手掌，他的掌心里有那最后一块纱布。

（2）职业道德行为修养。职业道德行为是职业道德意识的外在表现。良好的职业道德行为是在职业活动中不断得到强化的，主要体现为从业者将道德知识内化为道德信念，再将道德信念外化为道德行为。

提高职业道德修养的途径主要有三个方面：一是学以致用，重在实践，努力做到言行一致，知行统一；二是经常自省，加强自律，开展道德评价，勇于解剖自己；三是学习先进典型，不断激励自己，自觉追求"慎独"的精神境界。在培养职业道德修养时，要牢记四个要素：根在实践，贵在自觉，重在坚持，难在"慎独"。

（二）树立职业价值观

1. 职业价值观的含义

职业价值观是一个人对职业的认识和态度以及他对职业目标的追求和向往。职业价值集中地体现在个人选择职业的标准和对具体职业的评价，是我们在面对职业时最看重的东西。

职业价值观影响着人们的职业兴趣、职业评价、择业意向、从业态度、创业效果和职业行为，影响着人们对职业方向和职业目标的选择，对人的职业发展和生涯前程具有决定性的作用。

2. 职业价值观的培养

（1）树立正确的人生观。人生观、价值观对一个人观念的形成、行为的选择具有非常重要的影响。要确立正确的人生观，首先必须确立科学的人生目的。其次，要追求崇高的人生理想，从自身做起，从身边的小事做起。再次，要确立正确的人生态度，自觉抵制各种不良的社会风气。最后，要明确自己的人生责任，勤奋学习，真诚待人，用心做事，努力承担社会责任。

（2）培养社会责任感。一个有社会责任感的人，应该具备三点品质：坚持道德上正确的主张；坚持实践正义的原则；愿为他人作出奉献和牺牲。勇于承担社会责任是当代大学生实现自我价值的基本要求。爱因斯坦曾经说过：人只有献身社会，才能找到那实际上是短暂而有

> 拥有正确的价值观意味着一个人可以在大是大非问题上做出正确选择，意味着他是一个有道德、讲诚信、负责人的人，是一个值得信赖、值得托付的人。
>
> ——李开复

> 要拥有更美好的人生，得先给自己确定一个奋斗的方向，决定自己的生活方式，这是幸福的起点。
>
> ——[美]戴尔·卡耐基

风险的生命的意义。

（3）树立职业理想。职业理想是人们在职业上依据社会要求和个人条件、借想象而确定的奋斗目标，即个人渴望达到的职业境界。职业理想是理想的重要组成部分，大学生的职业理想是他们正确择业并激励自己克服求职及职业活动中的挫折、实现自己目标的重要支撑。

小案例

某校商务英语专业有两个女生小张和小陈。小张个性活泼，能说会道，对生活充满自信和热情，而且具有良好的家庭环境；小陈则比较内向，不太爱说话，家庭环境一般，但做事细心，思维灵活。在小张的职业理想设定中，她选择了外贸经理一职为自己将来事业的奋斗目标，并制定了相应的行动计划和一系列基本措施；而小陈则选择了商务翻译作为自己事业的奋斗目标，期待毕业后先找一份商务秘书的工作，在工作中逐渐提高，一步步实现自己的职业理想。

（4）涵养职业心理。职业心理是人们在职业活动中表现出的认识、情感、意志等相对稳定的心理倾向或个性特征。通过对大学生职业心理教育，积极引导新生代大学生勇于面对挫折，在环境的变化和角色的转变中保持健康自信、坚韧不拔的职业态度，消除求职者的各种心理困惑，提高求职者的心理承受能力和社会适应能力，帮助求职者顺利实现自己的职业理想。

（5）形成共赢思维。"共赢"是指交易双方或共事双方或多方在完成一项活动或共担一项任务的过程中互惠互利、相得益彰，能够实现双方或多方的共同收益。共赢品格的核心是利人利己、你好我也好，有成果之后懂得分享。

> 没有公司的赢，就没有员工自我价值的实现；没有公司的赢，也就没有员工的发展。但是如果没有共赢，就没有企业的长盛不衰。员工成长是公司发展的动力，公司发展是员工成长的根基，只有共同发展和成长才能实现共赢。
>
> ——[美]杰克·韦尔奇

二、案例分析 Case Study

案例一：道德缺陷挽救不了聪明

十几年前，有一个小伙子刚毕业就去了法国，开始了半工半读的留学生活。渐渐地，他发现当地的公共交通系统的售票是自助的，也就是你想到哪个地方，根据目的地自行买票，车站几乎都是开放式的，不设检票口，也没有检票员，甚至连随机性的抽查都非常少。

他发现了这个管理上的漏洞，或者说以他的思维方式看来是漏洞。凭着自己的聪明劲，他精确地估算了这样一个概率：逃票而被查到的比例大约仅为万分之三。他为自己的这个发现而沾沾自喜，从此之后，他便经常逃票上车。他还找到了一个宽慰自己的理由：自己还是穷学生嘛，能省一点儿是一点儿。

四年过去了，名牌大学的金字招牌和优秀的学业成绩让他充满信心，他开始频频地进入巴黎一些跨国公司的大门，踌躇满志地推销自己。

但这些公司都是先热情有加，然而数日之后，却又都是婉言相拒。一次次的失败，使他不解，更使他愤怒。他认为一定是这些公司有种族歧视的倾向，排斥外国人。

最后一次，他冲进了某公司人力资源部经理的办公室，要求经理对于不予录用他给出一个合理的理由。

然而，结局却是他始料不及的。下面的一段对话很令人玩味。

"先生，我们并不是歧视你，相反，我们很重视你。你一来求职的时候，我们对你的教育背景和学术水平都很感兴趣，老实说，从工作能力上，你就是我们所要找的人。"

"那为什么不收天下英才为贵公司所用？"

"因为我们查了你的信用记录，发现你有三次乘公交车逃票被处罚的记录。"

"我不否认这个。但为了这点小事，你们就放弃了一个多次在学报上发表过论文的人才？"

"小事？我们并不认为这是小事。我们注意到，第一次逃票是在你来我们国家后的第一个星期，检查人员相信了你的解释，因为你说自己还不熟悉自助售票系统，只是给你补了票。但在这之后，你又两次逃票。"

"那时刚好我口袋中没有零钱。"

"不、不，先生。我不同意你这种解释，你在怀疑我的智商。我相信在被查获前，你可能有数百次逃票的经历。"

"那也罪不至死吧？干吗那么认真？以后改还不行吗？"

"不、不，先生。此事证明了两点：

一、你不尊重规则。你善于发现规则中的漏洞并恶意使用。

二、你不值得信任。而我们公司的许多工作是必须依靠信任进行的，因为如果你负责了某个地区的市场开发，公司将赋予你许多职权。

为了节约成本，我们没有办法设置复杂的监督机构，正如我们的公共交通系统一样。所以我们没有办法雇用你，可以确切地说，在这个国家甚至整个欧盟，你可能找不到雇用你的公司。"

直到此时，他才如梦方醒、懊悔难当。然而，真正让他产生一语惊心之感的，却是对方最后提到的一句话："道德常常能弥补智慧的缺陷，而智慧却永远填补不了道德的缺陷。"

故事的主人公不久回国了。他凭着自己的努力成了一名小有名气

忠诚并不是从一而终，而是一种职业的责任感。不是对某个组织或某个个人的忠诚，而是一种职业的忠诚，是承担某一责任或者从事某一职业所表现出来的敬业精神。

的企业家。在一次电视访谈节目中，他向大家讲了这个故事，并告诫大家：一个人要是失去财富、失去职业、失去机会，你都可以再重新站起来，但要是失去诚信的人格，你的信誉将一败涂地，一生的前途都将为此蒙上阴影。诚信是事业成功的关键品质。

案例二：道德陷阱

汤姆是一家网络公司的技术总监，由于公司改变发展方向，他觉得这家公司不再适合自己，决定换一份工作。以汤姆的资历和在IT业的影响以及原任公司的实力，找份工作并不是件困难的事情。有很多企业早就盯上他了，以前曾试图挖走他，但都没成功。

很多公司都抛出了令人心动的条件，但在优厚条件的背后总是隐藏着一些东西，汤姆知道这是为什么，但是他不能因为优厚的条件就背弃自己一贯的原则，汤姆拒绝了很多公司对他的邀请。最终，他决定到一家大型的企业去应聘技术总监，这家企业在全美乃至世界都有相当影响力，很多IT界人士都希望能得到这家公司的工作。

面试汤姆的是该企业的人力资源部主管和负责技术方面工作的副总裁。对汤姆的专业能力他们并无挑剔，但是他们提到了一个令汤姆很失望的问题："我们很欢迎你到我们公司来工作，你的能力和资历都非常不错。我听说你以前所在公司正在着手开发一个新的适用于大型企业的财务应用软件，据说你提了许多非常有价值的建议，我们公司也在策划这方面的工作，能否透露一些你原来公司这方面的情况，你知道这对我们很重要，而且这也是我们为什么看中你的原因。请原谅我说得这么直白。"副总裁说。

> 工作不单是一个做什么事和得到多少报酬的问题，更是一个生命价值问题。工作不是为了谋生才做的事，而是我们用生命去做的事。
> ——[美]威廉·贝内特

"你们问我的这个问题很令我失望，看来市场竞争的确需要一些非正常的手段。不过，我也要令你们失望了。对不起，我有义务忠诚于我的企业，即使我已经离开，到任何时候我都必须这么做。与获得一份工作相比，忠诚对我而言更重要。"汤姆说完就走了。

汤姆的朋友都替他惋惜，因为能到这家企业工作是很多人的梦想。但汤姆并没有因此而觉得可惜，他为自己所做的一切感到坦然。没过几天，汤姆收到了来自这家公司的一封信，信上写着："你被录用了，不仅仅因为你的专业能力，还有你的忠诚。"这家公司在选择人才的时候，一直很看重一个人是否忠诚。他们相信，一个能对自己原来公司忠诚的人也可以对自己的公司忠诚。这次面试，很多人被淘汰了，就是因为他们为了获得这份工作而对原来的企业丧失了最起码的忠诚。这些人中不乏优秀的专业人才，但是，这家公司的人力资源部主管认为，如果一个人不能忠诚自己原来的企业，人们很难相信他会忠诚于别的企业。

由此可见，能力再强，如果缺乏职业道德，也往往会被人拒之门外。取得成功的因素最重要的不是一个人的能力，而是他优良的道德品质。一个人的忠诚不仅不会让他失去机会，相反会让他赢得机会。除此之外，他还能赢得别人对他的尊敬和敬佩。员工的忠诚和责任，有时胜过他们的智慧。

> 人的一生是短的，但如果卑劣地过这一生，就太长了。
> ——[英]莎士比亚

三、过程训练 Process Training

活动一：职业道德对个人发展的意义

职业道德是我们取得事业成功的重要前提。虽然各个企业的规模不尽相同，用人标准有一定的差异，在选拔人才时自有其独特之处，但是从根本上看，他们对人才的要求是一样的。依据企业员工工作能力与职业道德水准的不同，可以区分为4类员工。请参考 A、B、C、D4 类员工，与同学讨论职业道德对个人职业发展的意义所在。

	类型	职业道德	工作能力	企业认同度	结果
A	人财	好	强	高	给企业带来财富
B	人材	好	差	一般	"将就"使用
C	人才	差	强	低	很难使用
D	人裁	差	差	低	被裁员

讨论：在个人的职业发展过程中，职业道德具有什么样的重要地位？与工作能力相比较，哪一个更重要？

活动二：通过活动澄清价值观

以下列出了20种价值观，在每一项前面，做出1～20的排序。

排序	价值观	表现
	成就	获得成功的结果，达到预期的目标。
	审美	为了美而欣赏、享受美。
	利他	关心别人，为别人的利益献身。
	自主	能够独立地做出决定。
	创造性	产生新思想及革命性的设计。
	情绪健康	能够克服焦虑的情绪，有效阻止坏脾气的发生。
	诚实	公正或正直的行为，忠诚、高尚的品质或行为。
	正义	无偏见，公平、正直；遵从真理、事实，理性。
	知识	为了满足好奇心而寻求真理、信息或者原则。
	爱	温暖的依恋、热情、献身；无私的奉献，忠诚地接待他人。

> 没有完整的价值观，掌握再多的工具也无法真正获得成功。
> ——俞敏洪

续表

排序	价值观	表现
	忠诚	效忠于个人、团队或者组织。
	道德	相信并遵守道德标准。
	身体外观	关心自己的容貌。
	愉悦	一种惬意的感觉，更注重内心的满足与喜悦。
	权力	拥有支配权、权威或对他人的影响。
	认可	由于他人的反应而感觉自己很重要，很有价值。
	宗教信仰	对宗教观念信服和尊崇，并奉为自己的行为准则。
	技能	乐于有效使用知识、完成工作的能力；具有专门技术。
	财富	拥有大量的物质财富；富足。
	智慧	具有洞察内在品质和关系的能力。

从上述排序中，筛选出5种对你而言最重要的价值观写下来，如果对你而言很重要，但是上述20项中没有列出，也可以写下来。

讨论：通过这次活动，你对自己的价值观有什么新的认识和想法？

> 人只有献身于社会，才能找出那短暂而有风险的生命的意义。
> ——[德]爱因斯坦

四、效果评估 Performance Evaluation

评估一：诚信状况测评

（一）情景描述

1. 你认为自己是个讲诚信的人吗？　　（　　）

　　A. 是，诚信是人的基本道德，一向严格要求自己

　　B. 视具体情况而定，不诚信只是偶尔状况

C. 不是

D. 其他

2. 你认为目前大学生的总体诚信情况如何？　　（　　）

A. 很好，不值得担忧

B. 一般，不诚信只是个别行为

C. 较差，较多人存在不诚信行为

D. 很差，前景值得担忧

3. 你认为不少大学生诚信缺失的原因是什么？　　（　　）

A. 社会大环境中不诚信的影响

B. 家长、老师、朋友的影响

C. 高校考试教育体制不合理

D. 其他

4. 你认为加强大学生的诚信应该从哪些方面入手（多选题）？

　　　　　　　　　　　　　　（　　）

> 诚者，天之道也；思诚者，人之道也。
> ——孟子

A. 健全个人诚信档案

B. 建立失信的惩罚措施

C. 开展宣传教育

D. 加强舆论监督

E. 其他

5. 在成长过程中，长辈对你进行过有关诚信的教育吗？　　（　　）

A. 小时候有，长大以后没有

B. 经常，长辈很重视

C. 基本没有，被长辈忽略

6. 和他人交往时，你是否看重对方的诚信？　　（　　）

A. 十分看重，但不是决定性条件

B. 比较重视，但不是决定性条件

C. 无所谓，大家开心即可

7. 在申请国家助学贷款或特困生补助时，你会对家庭情况：

（　　）

A. 如实填写

B. 夸大经济困难程度，不惜出具假的家庭证明

C. 基本上照实说，稍微有点隐瞒

D. 其他

8. 你认为银行对助学贷款的担保及偿还要求：　　（　　）

A. 不可理解，要求过于苛刻，对大学生没有必要

B. 与诚信无关，是银行的原则问题

C. 理解，银行有其难处，毕竟现在社会不诚信现象很常见

D. 其他

9. 你对作弊行为的看法是：　　（　　）

A. 深恶痛绝，自己绝不会作弊

B. 不赞成，但也不会制止，是老师的事情

C. 无所谓，现在作弊司空见惯，没有什么大惊小怪的

D. 其他

10. 对于毕业求职简历中的修饰现象，你认为：　　（　　）

A. 是不诚信的体现，不值得提倡

B. 适当修饰可以理解

C. 允许，大家都明白有很多水分，没什么大不了的

11. 你怎么看待约会迟到和借物不还的情况？　　（　　）

A. 很生气

B. 有时候确实是有原因，没关系

C. 无所谓，个人性格问题

12. 北京大学一位教授因剽窃论文而被开除，你认为：　　（　　）

> 生命，不可能从谎言中开出灿烂的花朵。
> ——[德]海因里希·海涅

> 实际上，每一个阶级，甚至每一个行业，都有各自的道德。
> ——[德]恩格斯

A. 做法合理，有助于纠正学术风气

B. 没必要，学术作假大家心知肚明

C. 惩罚过分，有点不近人情

> 应该热心地致力于照道德行事，而不要空谈道德。
> ——[古希腊]德谟克利特

（二）讨论与评估

1. 3～5人一个小组，围绕调查问卷上的问题展开讨论。针对意见不同的问题，意见双方要有理有据对自己的想法进行阐述。

2. 小组成员之间结合自身学习生活经历，谈谈如何从小事做起，培养自己的诚信意识。

评估二：职业道德自我测评

（一）情景描述（对下列判断结合自己的实际做出"不同意"、"有点同意/有点不同意"、"同意"的选择）

1. 不拿公司财物，即使是一支水笔、一张信封。

2. 在规定的休息时间之后，会立即赶回工作场所。

3. 看到别人违反规定，会想办法让其反省，并告知相应部门。

4. 凡与职务有关的事情，会注意保密。

5. 不到下班时间，不会擅自离开工作岗位。

6. 不会做有损于公司名誉的行为，即使这种行为并不违反规定。

7. 自己有对本公司有利的意见或方法，都会提出来，不管自己是否得到相应的报酬。

8. 不泄露对竞争者有利的信息。

9. 注意自己和同事们的健康。

10. 能接受更繁重的任务和更重大的责任。

11. 在工作以外，不做有损于公司名誉的事情。

12. 在促进商业利益的团体和场合中，会显得积极。

13. 为了完成工作，在工作时间以外，会自行加班加点。

14. 为了保证工作绩效，会做到劳逸结合。

15. 会利用业余时间研究与工作有关的信息。

16. 保证自己的家庭成员也采取有利于公司的行动。

（二）评估标准及结果分析

1. 有四个及以上不同意的，职业道德和敬业程度较低；

2. 有两三个不同意的，职业道德和敬业程度中等；

3. 有一个不同意的，职业道德和敬业程度上等；

4. 没有不同意的，职业道德和敬业程度卓越。

第二节 职业态度与责任感

职场在线

一个偏远山区的小姑娘来到城市打工，在一家餐馆当服务员。在大多数人看来，这是一份简单的工作，只要招呼好客人就行了。虽然很多人从事这个职业多年，却很少认真用心地投入过，不就是客人来了，泡泡茶，帮客人点点菜、端端盘子之类的事吗？实在没有什么需要投入的。

可是，这个小姑娘不一样，她从一进入餐馆就十分地用心，只要有客人光顾，她总是千方百计地让他们高兴而来、满意而去。那些常来餐馆吃饭的客人，她不仅记得他们的姓名，还掌握了他们的口味和爱好，赢得了顾客的交口称赞。当别的服务员在嗑瓜子闲聊时，她却在厨房帮师傅们配菜或切菜，她还自费买来菜谱，细细地琢磨，为餐馆推荐了许多既营养又有特色的菜，招来了很多前来尝鲜的新客户，为饭店增加了收益。很多的老客人就是因为她的口碑好而常来这个餐馆的。

吃饭高峰期客人特别多，服务员们有时忙得连正点吃饭时间都没有。只有等客人吃好、吃饱，走了以后，他们才有时间吃饭。很多人抱怨工作量太大，不是喊肚子饿，就是说没力气了，虽然不敢怠工，但对待客户的服务就没那么细心周到和热情了，甚至有点心不在焉。而这个姑娘呢，脸上始终挂着微笑，别的服务员照顾一桌客人，她却独自招呼几桌的客人，并且让客人都感到满意。

老板很欣赏她的才能，提拔她做主管。餐馆生意在不断地做大，这个小姑娘也成为这家餐馆的合伙人。

小姑娘之所以能够脱颖而出，关键在于她有良好的职业态度，在平凡的工作岗位上无怨无悔地倾注自己全部的真诚与热情，勤奋工作，爱岗敬业，充分发挥了工作的主动性和积极性。一个人的工作态度折射着他的人生态度，而人生态度决定了一个人一生的成就。

> 我对青年的劝告只用三句话就可概括，那就是，认真工作，更认真地工作，工作到底。
> ——［德］俾斯麦

一、能力目标 Competency Goal

在一项对1000名成功者的调查中发现，导致这些人成功的因素中，积极、主动、努力、毅力、乐观、信心、爱心、责任心这些态度因素占到了80%左右。由此可见，无论选择何种工作，成功的基础都是你的态度、你的责任感、你的素养。一个人对职业的态度，一个人的基本职业素养决定了在职业上的成就。

> 凡事要主动，才能获得赏识，主动才有高薪，主动才能成功。眼中要有事，手中要有活。主动找事做，主动找领导沟通。

（一）端正职业态度

1. 职业态度的含义

职业态度是一个人对自己所从事的或者即将从事的职业所持的主观评价与心理倾向。它包括四个方面的内容：

职业认识	个体对自身特点、兴趣爱好等的认知，以及对某种社会职业的认识和评价。
职业情感	个体对某种职业的态度体验和相应的行为反应，是一种情绪表现。
职业意向	个体对所从事或者将要从事的某种社会职业的综合反应倾向。
职业行为	个体对职业劳动的认识、评价等过程的综合反映，调控和支配着职业行为。

▶ 小案例

三个工人在砌一堵墙。有人过来问他们："你们在干什么？"

第一个人没好气地说"没看见吗？砌墙！我正在搬运那些重得要命的石块。这可真是累人哪……"

第二个人抬头苦笑着说："我们在盖一栋高楼。不过这份工作可真不轻松啊……"

第三个人满面笑容开心地说："我们正在建设一座新城市。我们现在所盖的这栋大楼未来将成为城市的标志性建筑之一！想想能够参与这样一个工程，真是令人兴奋。"

十年后，第一个依然在砌砖；第二个人坐在办公室里画图纸；第三个人，是前两个人的老板。

在人生职业旅途中失败往往不是败给别人，而是败在自己的态度。在工作面前，态度决定一切。

"态度决定方法，态度决定一切"。一个人的态度直接决定他的行为，拥有良好积极的职业态度才会感到工作的乐趣、职业的前途，才有可能取得事业的成功。

2. 职业态度的内容

（1）择业态度。择业态度是毕业生在择业过程中所表现出来的各种心理状态与特征的总和，包括务实进取和逃避现实两种截然不同的择业态度。培养良好的择业态度，敢于面对竞争和迎接挑战，在择业过程中是十分重要的。大学生择业要知己知彼。所谓"知己"主要是指要全方位地了解自己，包括自己的兴趣爱好、个人能力、性格特征等，"知彼"就是要了解自己希望从事的职业，包括它的职业前景、任职条件、工作内容等。

小知识

良好的择业态度

1. 选择适当的就业目标并与所具备的实力相当或接近。

2. 避免理想主义，及时调整就业期望值。

3. 避免从众心理，从自身特点、能力出发。

4. 克服自卑心理，树立自信心和敢于竞争的勇气。

5. 不怕挫折。

（2）敬业态度。敬业是指对待工作有责任感，尽心尽责，忠于职守。敬业态度主要包括：对待工作要有恭敬的态度；在工作中要具备责任感，具备主动的精神；具备追求完美，勇于付出的精神。

比尔·盖茨在被问及他心目中的最佳员工是什么样时，强调了这样一条：一个优秀的员工应该对自己的工作满怀热情，当他对客户介绍本公司的产品时，应该有一种传教士传教般的狂热！一句话，将你的职业当成一项事业来做，它的荣誉感和使命感会立即将你工作中的一切不如意一扫而空。

（3）奉献精神。奉献精神不仅体现了对生活的态度，还表现了一个人对待职业认真与否。只有甘于奉献，才能胸怀祖国，服务人民；只有乐于奉献，才能热忱服务，恪尽职守；只有善于奉献，才能精益求精，开拓创新。

（二）增强责任意识

1. 责任意识的含义

责任意识也称责任心或责任感，是指一个人的行为在生活或工作中对待他人、家庭、组织和社会是否负责，以及负责任的程度。

责任意识是一种自我约束的价值取向。它是衡量一个人是否成熟的重要标准，是一个人立足社会、获得事业成功和家庭幸福的至关重要的人格品质。一个人有了责任意识，就不会对工作掉以轻心，就会一丝不苟、信心十足地做好工作，遇到困难，也绝不轻易放弃；有了责任意识，才会勇于担当，乐于贡献。相反，一个责任意识淡薄的人，不可能全身心地投入工作，他的潜能也不可能被激发出来，即使他工作得再久，也只能是碌碌无为。

> 负责任是一个人最基本的品质。如果我们放弃了责任，也就等于放弃了整个世界。
> ——［苏联］高尔基

> "能够负责"是人类存在最重要的本质。
> ——［英］维克多·费兰克

小案例

1985年，张瑞敏刚到海尔（时称青岛电冰箱总厂）。一天，一位朋友要买一台冰箱，结果挑了很多台都有毛病，最后勉强拉走一台。朋友走后，张瑞敏派人把库房里的400多台冰箱全部检查了一遍，发现共有76台存在各种各样的缺陷。张瑞敏把职工们叫到车间，问大家怎么办？多数人提出，也不影响使用，便宜点儿处理给职工算了。当时一台冰箱的价格800多元，相当于一名职工两年的收入。张瑞敏说："我要是允许把这76台冰箱卖了，就等于允许你们明天再生产760台这样的冰箱。"他宣布，这些冰箱要全部砸掉，谁干的谁来砸，并抢起大锤亲手砸了第一锤！很多职工砸冰箱时流下了眼泪。然后，张瑞敏告诉大家——有缺陷的产品就是废品。三年后，海尔人捧回了中国冰箱行业的第一块国家质量金奖。

> 人生须知负责任的苦处，才能知道尽责任的乐趣。
> ——梁启超

张瑞敏砸冰箱是对用户、对社会负责。正是这种社会责任感和质量至上的理念成就了海尔集团辉煌的今天。

2. 责任意识的内容

自我责任感 ▷ 这是对自己负责，能做出负责任的行为选择和承担该行为选择的后果。其基本的要求就是珍惜生命和追求有价值的生命；其主要内容是珍惜生命、提高自身修养的责任意识；其目的是培养自爱、自尊、自信、自律、自强的意识，充分发挥个人的聪明才智，使自己成为一个对社会有用的人。

家庭责任感 ▷ 这是一种爱自己的家庭、爱自己的亲人、爱自己的家庭生活的主体意识。作为一名家庭成员，应当尊老爱幼，孝敬父母，夫妻恩爱，在努力追求事业成功的同时，学会关心，学会感恩，学会担当，妥善处理家庭的感情和物质生活，承担相应的家庭责任，营造温馨和谐的家庭关系。

他人责任感 ▷ 这是对他人负责，尊重、接纳、关爱他人，与他人和谐相处与合作的意识。在社会生活中，接受他人的支持、帮助与合作不可避免，关爱他人也就是关爱自己，爱别人也就是爱自己，对别人负责也就是对自己负责。因此，树立关爱他人的责任意识，是实现人生价值的重要内容。

社会责任感 ▷ 这是社会群体或个人为了建立美好社会而承担相应的责任，履行各种义务的自律意识和人格素质。社会责任感往往通过人们对社会责任的认识、理解和态度以及人们的行为表现出来，具体体现为社会公德、责任意识、公民意识和履行公民责任的状况，以及法制观念、法律意识和守法状况等。

职业责任感 ▷ 这是从事一定职业的人们对社会和他人所承担的职责、义务以及相应行为后果。它主要包括敬业精神和诚信教育两方面的内容，能引导人们把职业理想同远大理想结合起来，寻求个人需求、能力同社会需求的结合点，使社会成员都能在自己的岗位上履行对社会、对他人的责任。

小案例

洗厕所出身的邮差大臣

一个女大学生到东京帝国酒店做服务员，这是她涉世之初的第一份工作。但她万万没有想到上司安排她洗厕所，而且对她工作质量的要求还特别高：必须把马桶抹洗得光洁如新！怎么办？是接受这个工作？还是另谋职业？一位前辈看到她的犹豫态度，不声不响地为她做了示范，当她把马桶洗得光洁如新时，她竟然从中舀了一杯水喝了下去！老清洁工自豪地表示，经他清洗过的马桶，是干净得连里面的水都可以喝下去的！

前辈对工作的态度，使她明白了什么是工作，什么是责任心，什么是境界，从此她漂亮地迈出了职业生涯的第一步，并踏上了成功之路。自然，她所清洗的厕所，一向光洁如新，她也不止一次地喝过马桶里的水。凭着这种把简单的事情做好，从小事做起，从基层做起的态度，37岁以前，她是日本帝国饭店最出色的员工和晋升最快的人。37岁以后，她步入政坛，成为日本政府的邮政大臣。她的名字叫野田圣子。

> 尽管责任有时使人厌烦，但不履行责任，只能是懦夫，不折不扣的废物。
> ——[美]刘易斯

3. 责任意识的培养途径

（1）明确自己的责任。大学生的责任就是要使自己成为社会需要的德才兼备的人才，为将来的职业生涯做好充分的准备。一是要探索自己的价值观、人格、兴趣和能力，不断完善自己的人格，明确自己的爱好、优势和目标；二是安排好自己的大学生活，管理好时间、情绪、压力和健康，使自己在大学期间高效地增长才干；三是从入学开始，就要规划好自己的生活，包括学习安排、身心健康、职业生涯、职业素养提升等，为实现自己的职业目标做好充分的准备。

> 失败常常从忽视小事的地方开始；成功则往往从重视做好每一个小事中获得。在职场中，无论在大事上，还是小事上，都要做到一丝不苟。只有这样，才能使你稳操胜券。

（2）善于从小事做起。要养成良好的责任感，就必须注重实干，积极主动，从身边的小事做起。无论从事何种工作，一定要有一种从零做起的心态，要放下架子，尊重他人，虚心学习，埋头苦干，千万不要抱怨，不要浮躁，不要好高骛远。所有的成功者，都与我们做着同样的小事，他们与我们的区别在于他们将每一件小事做到最好。

> 合抱之木，生于毫末；九层之台，起于垒土；千里之行，始于足下。
> ——老子

小故事

有位资深的职业人讲过这样一个故事：有一次他上门拜访新客户介绍自己的公司和产品，不想正碰上对方心情不佳，对主动上门的销售人员极不客气，开口就是："你给我滚！"当时气氛十分尴尬。只见这位职业人停顿片刻，笑眯眯地对他说："我也知道滚，你看我是往前好呢，还是往后好呢？"客户当时就愣了，过了一会儿，也笑了，跟我说："过来过来，我看你这人还蛮有意思的。"

这位职业人显然经验老到，情商很高，善于把握并控制自己的情绪。面对他人的盛怒，能片刻之间转换对方的情绪，表现出相当高的情绪管理能力。

（3）学会自我管理。责任心首先体现在对自己负责。这就要求大学生学会管理和控制自己。管理和控制自己主要表现在以下五个方面：

管理自己的时间：要充分利用每天的时间，要了解自己学习多长时间，休息多长时间，休闲多长时间，要有具体限定，不可放任自流。

管理自己的目标：要制定并践行自己制定的目标，把长期目标和短期目标结合起来，从量化的具体小目标做起。

管理自己的情绪：在实现自己目标的过程中，人人都会遭受困难和挫折，甚至失败。这时，要管理并控制好自己的情绪，不抛弃、不放弃，要振作精神，以积极的心态谋求解决的途径。

此外，还要对自己的学习、健康、人际关系进行管理。

当一个人实现了自我管理，体现出潜在的管理能力，他就是真正有职业精神的人。只有进行自我管理的员工，才能实现业绩的最优化，才能实现自己的职业化。

> "越来越多的职场人，需要学习'经营、管理自己'，他们要懂得将自己放在最能有所贡献的地方，并努力发挥自己的所长。"
> ——[美]彼得·德鲁克

小链接

负责拆信的研究生

研究生毕业后，俞玲应聘到一家外企公司。可没想到，她每天上班的工作就是：拆应聘信、翻译、整理，整理完了，再拆信。这些工作内容既量大枯燥，又索然无味，但俞玲不急不躁，一直耐心仔细地做，整天忙得不亦乐乎。

一段时间后，俞玲被提升为人事部经理助理。升迁的理由是：一个名牌大学毕业的硕士生，每天千篇一律地拆信，不厌其烦地整理出有价值的应聘信，推荐给上司，这充分展示了她对人事工作的责任心和管理才能。总经理认为：俞玲能够每天都尽职尽责，忠于职守，干一行爱一行，把自己岗位上的每一件事都干得非常出色，企业需要的就是这种无论放到什么岗位都能让人放心的员工。

职场无小事。把手头上的每一件事情做好，这是成功的起点，也是成功的习惯。从基层做起，把平凡的工作做得不平凡，把简单的事情做得不简单，就是好样的，迟早都会脱颖而出。

> 缺少了自我管理的才华，就好像穿上溜冰鞋的八爪鱼。眼看动作不断却搞不清楚到底是往前、往后、还是原地打转……
> ——[美]杰克森·布朗

（4）勇于承担责任。"人非圣贤，孰能无过。"一个人再聪明，再能干，也总有出错失误的时候。一个缺乏责任感的人，总爱把工作成绩归于自己，而把工作失误推给别人或客观条件。这种做法必然损害组织的利益，伤害他人的利益，也损伤自己的形象。在任何组织中，这种人都不会得到认可。只有勇于担当并及时改正、设法补救的人，才能成为组织中独当一面的人才，才有可能被赋予更多的使命，才有资格获得更大的荣誉。

二、案例分析 Case Study

案例一：巴林银行的倒闭

巴林银行成立于1763年，被誉为英国银行业的泰斗，享有"女王的银行"之美誉。

1995年2月27日，国际金融界传出一条举世震惊的消息：有着232年灿烂历史、4万名员工、全球几乎所有地区都有分支机构、曾一度排名世界第六的英国巴林银行，宣布倒闭。消息一经传开，全球无不感到惊愕，人们不禁要问："到底是什么原因造成了这一悲剧？"

造成这一悲剧的直接原因，是该行新加坡分行交易员尼克·里森在未经授权的情况下，赌输了日经指数期货，却利用多个户头掩盖其损失所致。

尼克·里森当年28岁，是巴林银行新加坡分行的经理。他25岁时到巴林银行，主要是做期货买卖，1992年被委以主持巴林银行在新加坡期货业务的重任。里森上任初期，业务表现非常出色，1993年为巴林银行赚了1400万美元，他本人从中获得100万美元的奖金。

巴林银行的高层决策者认为里森是一位才华出众的金融新星，对他委以更大的重任，让他既主管前台的交易，又负责后台报表统计，并直接向伦敦负责，对他的决策和管理能力，以及对银行的责任心毫无戒疑。

然而，里森对公司毫无责任心可言，他只想到他能拿多少年终奖，能挣多少钱。在这种念头的驱使下，他终于铤而走险。

从1994年年底开始，里森认为日本股市将上扬，未经批准就做风险很大的被称作"套汇"的衍生金融商品交易，期望利用不同地区交易市场上的差价获利。在已购进价值70亿美元的日本日经股票指数期货后，里森又在日本债券和短期利率合同期货市场上做价值约200亿美元的空头交易。不幸的是，日经指数并未按照里森的想法走，在1995年1月就降到了18500点以下，在此点位下，每下降一点，就损失200万美元。里森又试图通过大量买进的办法促使日经指数上升，但都失败了。随着日经指数的进一步下跌，里森越亏越多，眼睁睁地看着10多亿美元化作乌有，而且整个巴林银行的资本和储备金只有8.6亿美元。

眼看这个失误带来的恶果越来越严重，里森深知无力回天，于1995年2月22日在办公室留下一张条子，声称自己失误并道声"对不起"，便潜逃了。

在短短不到三年的时间里，里森以特殊账户，用偷天换日的手法，

> 要使一个人显示他的本质，叫他承担一种责任是最有效的办法。
> ——[英]威廉·萨默赛特·毛姆

> 责任就是对自己要求去做的事情有一种爱。
> ——[德]歌德

掩盖自己错误的交易，造成的损失达14亿美元。真相大白后，有232年历史的英国巴林银行轰然倒下。最后以1英镑的象征性价格，被荷兰皇家银行收购，现改名为霸菱银行。

巴林银行的倒闭，是因为尼尔·里森缺乏长久的责任心造成的。尼尔·里森一开始也是尽心尽力为银行负责，但时间一长就被一时的胜利冲昏了头脑，完全丧失了对银行的长久责任心，以至于到了后来为掩盖一个个失误而造成百年银行的倒闭。

缺乏责任心、不负责任的人给企业造成的危害有多大，几乎超出人们的想象。大家都知道在数学上，"100 - 1"等于99，而在责任上，"100 - 1"却等于0。无论企业管理制度多么严谨，一旦雇用没有责任心的人，就像组织中的深水炸弹，随时可能会引爆。

案例二：老木匠的最后一座房子

一个年纪很大的老木匠就要退休了，他告诉老板自己要离开建筑业，然后跟家人享受天伦之乐。

老板实在舍不得老木匠的精湛手艺，于是再三挽留。但是老木匠决心已定，不为所动。老板只好答应，但希望他能在离开之前，再盖一栋具有个人风格的房子。老木匠答应了。

在盖房子的过程中，大家都看得出来，老木匠的心已经不在工作上了。用料不那么严格，做出的活计也全无往日水准。

房屋落成时，老板来了，看都没看房子，就把大门的钥匙交给木匠说，"你一直都那样努力，让我感动，这所房子就是我送给你的礼物，谢谢。"

老木匠愣住了，心中充满了悔恨与羞愧。自己一生盖过多少好房子，最后却为自己建了这样一座粗制滥造的房子。如果他知道这间房子是他自己的，他一定会用百倍的努力，最好的建材，最精致的技术来把它盖好。可惜，这世界上没有后悔药。

> 没有伟大的品格，就没有伟大的人，甚至也没有伟大的艺术家，伟大的行动者。
> ——[法]罗曼·罗兰

我们其实都是那个木匠，每一天都在经营着将来属于自己的一砖一瓦，钉钉子、锯木板，但很少有人会意识到自己现在所有的努力都是为了将来的自己。直到结果呈现在自己面前，才会幡然醒悟，原来自己今日所得都是昨日所为的必然结果。因此，我们一定要有自己的长远目标和人生规划，从当下开始，用每天一点一滴的进步来一步步铸造属于自己的梦想。

三、过程训练 Process Training

活动一：培养责任感

（一）活动目的

1. 培养学员的责任感。

2. 增进学员彼此的信任与协作。

（二）活动过程

选择一片空地，中间放置一个高度为1.5～1.8米的平台（也可以用梯子或者树桩代替）。

要求所有学员在参加活动前摘下手表、戒指、带扣的腰带或其他的尖锐物件，并把衣兜掏空。

1. 准备。首先挑选两名学员，站在平台上。其中一名准备从平台往下跌落，另一名担任监护员。其余同学作为救护员，在平台前排成两列。队列与平台形成一个合适的角度（如垂直于平台前沿）。他们的共同任务是承接跌落者。

进行承接的救护人员必须按照从低到高、肩并肩地排成两列，相对而立；保持向前伸直胳膊、掌心朝上的姿态，形成一个安全的承接区。但是不能同对面队友拉手，也不能抓住对方的胳膊或者手腕。

2. 监护员职责。监护员要负责整个活动进程。监护员的首要职责是保证跌落者正确倒下，直接倒在两列队员中间的承接区。跌落者双手贴近大腿两侧，始终挺直身体，必须背对承接队列向后倒。

监护员要负责查看承接队列是否按照个头高低或者力气大小均匀排列了。必要时，要让队员重新排队。

3. 活动过程。跌落者要听从监护员的指挥，听到监护员发出喊声"倒"才可以按照规定的方式向后倒下去。

队列前部的承接员接住跌落者后，把他安全地传到队尾。

队尾的两名承接员要始终抬着跌落者的身体，直到他双脚着地。

4. 角色转换。每当跌落者站在承接队伍尾部时，开始角色转换。刚才的跌落者及其监护员变为队尾的承接员，靠近平台的两名承接员变成台上新的跌落者和监护员。如此循环，让每个同学都有机会充当跌落者。

每一对跌落者和监护员要安排互换，以便分别体验两种角色的感受。

（三）问题与讨论

1. 在参与活动之前，你对此活动有何认识？

2. 在参与活动之后，你对此活动有何感受？

世界上没有不必承担责任的工作，工作就意味着责任。职位越高，权力越大，其所肩负的责任就越重。

　　每一个人都应该有这样的信心：人所能负的责任，我必能负；人所不能负的责任，我亦能负。如此，你才能磨炼自己，求得更高的知识而进入更高的境界。

——［美］亚伯拉罕·林肯

3. 作为跌落者，当在平台上听到口令往后倒时，你有何感想？

4. 监护员应该具备什么样的职业意识？

活动二：运筹帷幄 共建高楼

（一）活动过程

1. 活动准备：30张报纸，6卷封箱胶，6把剪刀，长直尺2把，秒表1个，口哨1个。

2. 人数要求：每班分成6组，每组选3个人，共18人参加游戏。

3. 时间要求：20分钟。

4. 活动规则：每组各分5张报纸，1卷封箱胶，1把剪刀，每组队伍要求在10分钟内，利用分配给他们的纸和封箱胶，尽可能建立最高的高楼。当老师宣布游戏结束时，所有参加游戏的人必须离开高楼，使大楼独立耸立，不得有任何支撑。

游戏结束后，按照楼的高度评选出1至6名，楼最高者为第一名。

> 责任感与机遇成正比。
> ——[美]托马斯·伍德罗·威尔逊

（二）分享与评估

1. 评比结束后，每个小组总结游戏经验和体会。

2. 这是培养竞争意识、创新意识、合作意识和自身意识的团体活动，同时可以让每个参加游戏的同学更好地了解自己。

四、效果评估 Performance Evaluation

评估 测测你的责任感

（一）情景描述

对下列问题按照实际回答"是"或"否"。回答"是"得1分，回答"否"得0分，将每题的得分相加就是你最后的得分。

情景描述	是	否
1. 与人约会，你通常会提前出门，以保证自己能准时赴约吗？		
2. 当你发现自己脚下有纸屑时，会主动捡起来放到垃圾桶吗？		
3. 你会把零用钱储蓄起来吗？		
4. 发现朋友违规，你会举报吗？		
5. 当外出的你找不到垃圾桶时，你会把垃圾带回家吗？		
6. 你会坚持运动以保持健康吗？		
7. 你忌吃垃圾食物、脂肪过高或其他有害健康的食物吗？		
8. 你永远将正事列为优先，完成后再做其他休闲吗？		
9. 当你玩得正兴起时，母亲让你帮忙打酱油，你会中止玩耍吗？		

情景描述	是	否
10. 收到别人的信件，你总会在一两天内就回信吗？		
11. "既然决定做一件事情，那么就要把它做好。"你认可这一句话吗？		
12. 没有交警时，你会遵守交通规则吗？		
13. 求学时代，你经常拖延交作业吗？		
14. 你经常帮忙做家务吗？		
15. 你会认真写好每一个字吗？		
16. 每天出门前，你有照镜子的习惯吗？		
17. 当你作业做到深夜还未完成时，你会继续努力直至完成吗？		
18. 与人相约，你从来不会耽误赴约，即使自己生病也不例外吗？		

（二）结果分析

分数为13～18分：你是个非常有责任感的人。行事谨慎、为人可靠，并且相当诚实。

分数为9～12分：大多数情况下你都很有责任感，只是偶尔有些率性而为，没有考虑得很周到。

分数为4～8分：你的责任感有所欠缺，这将会使你难以得到大家的充分信任。

分数为4分以下：你是个完全不负责任的人。

> 生命跟时代的崇高责任联系在一起就会永垂不朽。
> ——[俄]车尔尼雪夫斯基

第三节　职场成功与职业化

职场在线

张明的学习成绩很好，毕业后却屡次碰壁，一直找不到理想的工作。他觉得自己怀才不遇，对社会感到非常失望。他为没有伯乐来赏识他这匹"千里马"而愤慨，甚至因伤心而绝望。

怀着极度的痛苦，他来到大海边，打算就此结束自己的生命。正当他即将被海水淹没的时候，一位老人救起了他。

老人问他为什么要走绝路。张明说："我得不到别人和社会的承认，没有人欣赏我，觉得人生没有意义。"

老人从脚下的沙滩捡起一粒沙子，让年轻人看了看，随手扔在了地上。然后对张明说："请你把我刚才扔在地上的那粒沙子捡起来。""这根本就不可能。"张明低头看了一下说。

老人没有说话，从自己的口袋里掏出一颗晶莹剔透的珍珠，随手扔在了沙滩上。然后对张明说：

"你能把这颗珍珠捡起来吗？"

"当然能！"

"那你就应该明白自己的境遇了！你要认识到，现在你自己还不是一颗珍珠，所以你不能苛求别人立即承认你。如果想要得到别人的承认，那你就要想办法使自己变成一颗珍珠才行。"

张明低头沉思，半晌无语。

有的时候，你必须知道自己只是普通的沙粒，而不是价值连城的珍珠。你要出人头地，必须要有出类拔萃的资本才行。要使自己有别于海滩上的沙粒，就要努力使自己成为一颗璀璨的珍珠。

> 一个职业化程度高的员工，他必将成为一个非常优秀的员工，一个团体职业化程度高的企业，它必将会成为一个社会尊敬的企业。

如何创造自己职业生涯与事业的辉煌？职业化就是你求索的答案之一。职业化是对工作的尊重与热爱，是对事业孜孜不倦的一种追求精神，也是现代企业要求员工必须具备的首要素质。职业化是成功的代名词，是生存与发展的硬道理，也是职场人士最强的竞争力。

一、能力目标 Competency Goal

福特基金会的一项问卷调查统计结果显示：在对应聘者主要素质的要求中，排在前五位的是责任意识、敬业精神、团队合作精神、品德、踏实肯干；在对应聘者主要能力的要求中，排在前五位的是沟通、专业、解决问题、灵活应变、自我管理。对于"当前大学生最欠缺的是什么？"排在前五位的回答是：工作经验、吃苦耐劳能力、解决问题能力、沟通能力、责任意识。事实上，一个人的成功智商占20%、情商占80%。我们所说的职业素养包含了责任意识、敬业精神、意志品质、自信心等情商要素。也可以说，一个人职业素养的高低是决定他事业成功与否的根本性因素。

> 认真做事只能把事情做对，用心做事才能把事情做好。
> ——李素丽

（一）职业化的概念

"职业化"简单来讲，就是一种精神，一种力量，一套规则，是对职业的价值观、态度和行为规范的总和。职业化就是以此为生，精于此道；职业化就是细微之处做的专业；职业化就是尽量用理性的态度对待工作；职业化就是敢于向不可能挑战；就是不断地富有成效地学习，就是责任心、敬业精神和团结协作……职业化要求员工的工作状态实现标准化、规范化、制度化，要求员工的知识、技能、观念、思维、态度、心理等方面符合职业规范和标准。

> 现代人最大的缺点，是对自己的职业缺乏爱心。
> ——[法]奥古斯特·罗丹

▸ 小故事

一次，微软全球技术中心举行庆祝会，员工们集中住在同一家宾馆。深夜，因某项活动日程临时变动，前台小姐一个个房间打电话通知，第二天她吃惊地说："你知道吗？我给50多个房间打电话，这帮来自全球不同区域的家伙起码有30个人拿起话筒的第一句是'你好，微软公司'。"

这个故事不禁让人肃然起敬，来自全球不同区域的员工能这么口径统一地接电话，说明这一定是一家非常规范的公司。这样的规范，给别人带来的第一感觉就是——这家公司，靠谱！所以，我们为什么需要职业化，因为职业化给我们带来的是别人对我们的信任和尊重。而信任和尊重不仅让我们赢得了那些百般挑剔的客户，同时也吸引了那些才华卓著的求职者。

（二）职业化的内涵

职业化就是专职化和专业化，其基本内涵包括：职业化的工作态度、职业化的工作道德、职业的工作技能和职业化的工作形象。

名称	释义	表现
职业化的工作态度	做事情要力求完善，把事情做到最好。有了这种态度，才能叫职业化或专业化。	以服务对象的眼光看事情；耐心对待你的顾客和工作伙伴；把职业当成你的事业；对自己的言行负责；用最高职业标准要求自己；一切以业绩为导向；为实现自我价值而工作；积极应对工作中的困难；懂得感恩，接受工作的全部。
职业化的工作道德	最大限度地维护组织和团队的利益和形象，这是职业化员工必须恪守的基本职业道德。	以诚信精神对待职业；廉洁自律，秉公办事；严格遵守职业规范和组织制度；绝不透露本组织机密；永远忠诚于你的团队；全力维护本组织和团队的品牌形象；克服自私心理，树立节约意识；培养职业美德，缔造人格魅力。
职业化的工作技能	努力修炼岗位所需的必要技能。简单地说就是做事要有做事的样子。	制定清晰的职业目标；学以致用，把知识转化为职业能力；把复杂工作简单化；加强沟通，把话说得恰到好处；重视职业中的每一个细节；多给客户和工作伙伴一些有价值的建议；善于学习，适应变化；突破职业思维，具备创新能力。
职业化的工作形象	在职场或公众面前树立的印象，是客户认知的直接出发点，即"像干那一行的样子"。	主要包括：职业化的服饰礼仪、职业化的形体礼仪、职业化的工作礼仪。可简单概括为：统一化、标准化、简单化、精致化。它是组织和团队鲜活的广告，是保持自己和组织竞争力的关键。

小案例

现任北京外交学院副院长的任小萍女士，大学毕业后被分配到英国大使馆做接线员。在很多人眼中，做一个小小的接线员，是没有出息的。但任小萍却尽职尽责，把使馆所有人的名字、电话、工作范围甚至他们家属的名字都记得滚瓜烂熟。有些电话进来，有事不知道该找谁，她就会多问问，尽量帮人家找到要找的人。慢慢地，使馆人员外出时，不是告诉他们的翻译或者秘书，而是告诉她会有谁来电话，请转告什么，有很多公事、私事也会告诉她通知。一天，大使竟然跑到电话间，笑眯眯地表扬她。不久，任小萍由于工作出色破格调去英国某大报记者处做翻译……

> 如果你在工作中，对待每一件事情都有一种"The buck stops here（责任到此，不能再拖）"的精神，出现问题绝不推脱，而是设法改善，那么你将赢得足够的尊敬和荣誉，你的职业化素质也会越来越高。

（三）职业化素养的特征

职业化素养包括显性素养和隐性素养：显性素养是指外在形象、知识结构和各种技能；隐性素养包括职业道德、职业意识和职业态度。职业化要求员工应当具备以下基本特征：

1.职业化就是训练有素、行为规范

训练有素，就是拥有训练有素的思想（共同的价值观、奋斗目标等），训练有素的行为（共同的行为规范、解决问题方法等）。21世纪职场中生存的第一要则：只有高度职业化才能生存。

> 职业化是一个过程，并且这个过程一定不会永远的风和日丽而只能是风雨兼程，要成功，就要努力，就要坚持，因为今天工作不努力，明天你就要努力找工作。

小链接

有一则古老的寓言：在非洲草原上，如果见到羚羊在奔逃，那一定是狮子来了；如果见到狮子在躲避，那就是象群发怒了；如果见到成百上千的狮子和大象集体逃命的壮观景象，那就是什么来了——蚂蚁军团！

蚂蚁是何等的渺小微弱，任何人都可以随意处置它，但它的团队，就连兽中之王也要退避三舍。蚂蚁虽小，可它们团队奋进，统一行动，整齐划一，无坚不摧！可见，即使是个体弱小的动物，也没有关系，如果做到训练有素，团结一致，精诚协作，它们就能变得非常强大。

2. 职业化就是细微之处体现专业

细微之处体现专业，是职业化的精髓。对职场中人来说，不论从事何种工作，我们的职业要求我们处处体现专业性，尤其在细微之处。

邮件往来，你有没有在主题上标明邮件的主旨，没有主题的邮件，你就要小心被别人当作垃圾邮件处理掉；和别人会面的时候，你是不是会注意眼神交流，老是举目顾盼或者脸红低头，别人会怀疑你心理有障碍；同女性客户走在一起的时候，有没有主动给她挡电梯的门、开出租车的门，这不是做作，而是绅士风度的职业化延伸。要记住，职场中影响你成功的最大障碍，就是从小养成疏忽的习惯。而职业化成功的最好方法，就是不分大小，把任何事都做得精益求精，尽善尽美。

3. 职业化就是共赢与共享

机遇与挑战并存的时代让竞争成为一个沉重的话题。市场上此起彼伏的广告战、价格战、渠道战乃至肉搏战经久不息，职场中尔虞我诈、明争暗斗、恶语中伤乃至拳脚相加的打拼仍在继续。难道我们不能用双赢与共享的智慧削去竞争的锋芒，携手同行吗？双赢其实可以很简单，即用美德为竞争镶边着色，让折射的阳光照亮携手同行的路程，在诚实守信、关爱和睦中共同进步。竞争体现着时代特色，共赢更是代表着一个民族和个人的高度。因此，共赢与共享，是职业化素质的基本要求。

小链接

提起鳄鱼，你所能联想到可能是残暴、嗜血……但在公元前450年，古希腊历史学家希罗多德来到埃及。在奥博斯城的鳄鱼神庙，他发现大理石水池中的鳄鱼，在饱食后常张着大嘴，听凭一种灰色的小鸟在自己嘴里啄食。

这种灰色的小鸟叫"燕千鸟"，又称"鳄鱼鸟"或"牙签鸟"，它在鳄鱼的"血盆大口"中寻觅水蛭、苍蝇和食物残屑。有时候，燕千鸟干脆在鳄鱼栖息地营巢，好像在为鳄鱼站岗放哨，只要一有风吹草动，它们就会一哄而散，使鳄鱼猛醒过来，做好准备。因此，鳄鱼和小鸟之间结下了深厚的友谊。

4. 职业化就是坚持不懈的勤奋付出

职业化就像你学习任何一项技能一样，刚开始总是举步维艰，不过努力到一定程度，你就可以触类旁通、举一反三了。职场中人都明白"二八法则"的推理：假设要实现完全的职业化需要你付出五年的时间，那么在你前四年的努力当中，你可能只能实现20%的职业化。但是如果你坚持进入第五年，你20%的努力也许会获得甚至超越80%的回报。所以，如果你没有得到你想要的回报，那说明你的努力还远远不够。要知道，勤奋胜过一切天赋！

5. 职业化就是自主自发地去做能做的事

什么是主动？阿尔伯特·哈伯德在《把信送给加西亚》一书中这样解释——"世界会给你以厚报，既有金钱也有荣誉，只要你具备这样一种品质，那就是主动。"主动，是一种态度，它反映着一个人对待问题、对待工作的行为趋向和价值趋向；主动，是一种品质，它是任何人取得成功所必须具备的一种重要品质。

> 你可以从别人那里汲取某些思想，但必须用你自己的方式加以思考，在你的模子里铸成你思想的砂型。
>
> ——［美］杰里米·兰姆

▶ **小案例**

麦当劳兄弟的故事

20世纪20年代，麦当劳兄弟告别乡村，勇闯美国著名影城好莱坞。

1937年，历经多次挫折的兄弟二人，抱着永不服输的念头，借钱办起了全美第一家"汽车餐厅"，由餐厅服务生直接把三明治和饮料送到车上。也就是说，麦当劳兄弟二人最初办的是路边餐馆，定位于服务到车、方便乘客的经营模式。

由于形式独特，方便周到，餐厅很快一炮打响，一时间他们的"汽车餐厅"独领风骚。后来人们纷纷仿效，办"汽车餐厅"的人日益增多。结果，麦当劳的生意大不如初，而且每况愈下。

在困难面前，兄弟二人没有丝毫的退缩、沮丧和消沉，而是继续琢磨着再一次超越现状的良策。他们摒弃了原有"汽车餐厅"的服务理念，转而在"快"字上大做文章，以简单、实惠、快捷的全新经营理念吸引了千千万万顾客蜂拥而来。

后来，他们兄弟二人一直都没有满足于现状，而是继续敢想敢干，想尽各种方法出奇制胜，比如推出小纸盘、纸袋等一次性餐具，进行了厨房自动化和标准化的革命等，不断迎接新的机遇和挑战。

6. 职业化就是勇于向困难挑战

在工作中，经常会遇到各种难题。"聪明的人"往往能够看出完成这些工作的困难程度和成功的可能性到底有多大，其结果却大多会选择退缩和回避，因为他们"聪明"地认为这些都是不可能完成的任务。

而有些"傻人"好像就不会想这么多，他们"傻乎乎"地迎难而上、全力以赴，即使最后失败了也在所不惜。有时想想，人生最精彩的华章，并不是你在哪一天拥有了多少钱，也不是你在哪一刻获得了美妙

> 我们所急需的人才，不是那些有多高贵的血统或者多么高学历的人，而是那些有着钢铁般坚定意志、勇于向工作中的不可能挑战的人。
>
> ——［美］戴尔·卡耐基

的赞誉。最激动人心也最令人难忘的，或许就是你在某一关键的瞬间，咬紧牙关战胜了自己。如果你想要摆脱平庸的工作状态，拥有精彩卓越的人生，就应当摆脱内心的恐惧和退缩，不断挑战自我。

（四）职业化能力的提升

职业化已经成为当今世界的一大特征。各种组织机构要实现其未来的职能，越来越依赖于员工的职业化能力。我国的职业化进程远远落后于发达国家，据调查资料显示，90% 的公司认为，制约企业发展的最大因素是缺乏高素质的职业化员工。入职后的职业过程，往往需要 2 ～ 3 年的时间。在大学阶段的职业化教育几乎是空白的情况下，如果从大一就开始启发学生树立职业化的意识，培养职业化素质，那么，到工作岗位之后，不仅适应得很快，还将大大缩短事业成功的时间。

> 不要在工作面前退缩，说这不可能，劳动会使你创造一切。
> ——印度谚语

要完成从非职业人向职业人的转变，将职业素养内化为态度和行为习惯，需要不断提升包括职业沟通能力、团队合作能力、礼仪素养能力、信息处理能力、解决问题能力、执行能力等在内的能力素养，以达到职业化的要求。这些能力将会在本书中一一为你展开。

二、案例分析 Case Study

案例一：每天进步一点点，成功就会变简单

有一个美国年轻人，小时候卖过报纸，做过杂货店伙计，还当过图书馆管理员，日子过得很紧。几年以后，他下定决心，用 50 美元开创出一片基业。一年后，他果真有了几万美元。但当他雄心勃勃准备大干一场时，存钱的那家银行破产倒闭，他也随之一贫如洗，还欠了两万美元的外债。万念俱灰的他，得了一种怪病，全身溃烂，医生说他只有三周的时间可以存活。绝望的他写了遗嘱，准备一死了之，就在这时，他突然看到一句话，这使他幡然醒悟。他抛开忧虑和恐惧，安心休养，身体慢慢恢复了健康。几年后，他成了一家大公司的董事长，开始雄霸纽约股市。他，就是大名鼎鼎的爱德华·伊文斯。他看到的那句话是：每天进步一点点，成功就随时在你的生活里。

> 管理者的最基本功能是发展与维系一个畅通的沟通管道。
> ——[美] 切斯特·巴纳德

职业化的过程就是一个职业人在职场中的成长过程，就是普通员工成长为卓越员工的过程。对于刚刚涉入职场的年轻人来说，一定要保持良好的心态，敢于挑战工作中的各种困难，同时充分利用一切机会锤炼自己，提升自己，通过点滴的进步来逐渐造就自己的职业化素养。如果每天都能进步一点点，那么成功肯定就在不远处。

案例二：我们都很重要

第二次世界大战以后，日本经济很不景气。一家濒临倒闭的食品公司，决定裁员三分之一，有三类人列在其中：清洁工、司机、仓管人员。经理找他们谈话，说明了裁员的意图。清洁工说："我们很重要。如果没有我们打扫卫生，没有一个清洁优美的环境，你们怎么能全身心地投入工作呢？"司机说："我们很重要。这么多产品，如果没有司机的话，怎么迅速销往市场呢？"仓管人员说："我们很重要。战争刚刚过去，社会秩序不好，如果没有我们，这些食品岂不被偷光？"

经理觉得他们说的都很有道理，决定不裁员，重新制定管理策略。最后，经理在厂门口挂了一块大匾，上面写着"我很重要"。从此以后，上至高层管理人员下至普通一线员工，每天走进公司大门的第一眼就看到这四个大字，每个人都觉得老板很重视自己，觉得自己是公司里不可或缺的一分子，因此工作积极性前所未有的高涨。几年后，公司迅速崛起，成为日本屈指可数的大公司之一。

> 学会集体工作的艺术。在今天的大部分工作中，只有集体的努力才会有真正的成就。如果一个人工作，即使你有非凡的能力，你也很难做出巨大的成绩，而你的同事将始终是你工作的扩音器和放大器，正如你自己——集体中的一员——也是别人工作中的扩音器和放大器一样。
> ——[美]泽林斯基

任何一个单位都是一个整体，每个员工都是所在单位"链条"中的重要一环。从这个角度来说，一个单位的进取目标，不仅是单位领导、一系列部门的目标，更是每一个员工的目标。每个人无论职位高低，都应该具有强烈的主人翁意识。只有每一个员工都以主人翁的姿态把自己的本职工作做到尽善尽美，整个团体才能获得成功。

三、过程训练 Process Training

活动一：团队合作能力

（一）活动目的

1. 了解团队协作的重要性。

2. 增加团队成员的归属感。

3. 激发学员的奋斗精神。

（二）活动过程

1. 将学员分成若干个小组，每组在五人以上为佳。

2. 每一组先派出两名学员，背靠背坐在地上。

3. 两人双臂互相交叉，合力使双方一同站起。

4. 以此类推，每组每次增加一人，如果失败需再来一次，直到成功才可再加一人。

5. 指导者在旁观看，选出人数最多且用时最少的一组为优胜。

> 吃别人不能吃的苦，忍受别人不能忍受的委屈，做别人不愿意做的事，就能享受别人不能享受的一切。
> ——[美]拿破仑·希尔

（三）问题与讨论

1. 你能仅靠一人的力量完成起立动作吗?

2. 如果参加游戏的队员能够保持动作协调一致，这个任务是不是更容易完成?

活动二：勇于承担责任

（一）活动目的

帮助学生克服心理障碍，在错误面前，勇于承担责任。

（二）活动过程

学生相隔一臂距离站成几排（视人数而定），教师喊一声，向右转；喊两声，向左转；喊三声，向后转；喊四声，向前跨一步；喊五声，不动。

当有人做错时，做错的人要走出队列，站到大家面前先鞠一躬，举起右手高声说："对不起，我错了!"

> 知道光阴易逝而珍贵爱惜，不做无谓的伤感，而向着自己应做的事业去努力，尤其是青年时代一点也不把时光溢用，那我们可以武断地说，将来是必然会成功的。
> ——聂耳

（三）问题与讨论

1. 当你站在大家面前，准备承认错误时，你有什么想法?

2. 当你面对大家勇敢地承认了错误之后，你有什么感受?

3. 结合你的成长经历，谈谈自己成长过程中曾经有过哪些犯了错误不敢承认和勇于承认的经历。

四、效果评估 Performance Evaluation

评估：测测你的工作主动性

（一）情景描述

1. 在工作当中，对于你力所能及的事情，你愿意 （　　）

　　　A. 与别人合作

　B. 说不准　　　　　C. 自己单独进行

2. 在接受困难任务时，你: （　　）

　　A. 有独立完成的信心　　B. 拿不准

　　C. 希望有能力强的人与自己一起进行

3. 你对自己的工作能力 （　　）

　　A. 充分相信　　B. 很不相信　　C. 介于 A 和 B 之间

4. 解决问题时，你常常: （　　）

　　A. 独立思考　　B. 与别人讨论　C. 介于 A 和 B 之间

> 要是一个人，能充满信心地朝他理想的方向去做，下定决心过他想过的生活，他就一定会取得意外的成功。
> ——[美]戴尔·卡耐基

33

5. 对领导布置的任务你总是： （ ）

    A. 为保证质量，需要反复检查

    B. 在规定时间内完成，并保证质量

    C. 能提前完成，并得到上司赞赏

6. 在社团活动中，你是不是积极分子？ （ ）

    A. 是的　　　　　　B. 看兴趣　　　　　　C. 不是

7. 领导指派你做一些简单的工作，你会： （ ）

    A. 认为领导看不起自己

    B. 心中有抱怨，但仍会把工作做好

    C. 不管工作多少，始终尽心尽力

8. 对于一件许多人都不愿意去做的工作，你会： （ ）

    A. 主动请缨，相信自己的能力

    B. 如果领导指派，自己会尽力做好

    C. 不显露自己，更不自寻烦恼

9. 在工作上，你喜欢独自筹划或不愿意别人干涉吗？ （ ）

    A. 是的　　　　　　B. 不好说　　　　　　C. 喜欢与人共事

10. 你的学习多依赖于 （ ）

    A. 阅读书刊　　　B. 参加集体讨论　　　C. 介于 A 和 B 之间

（二）评分标准与结果分析

请根据下列计分标准，计算自己的得分。

题号	1	2	3	4	5	6	7	8	9	10
A	0	2	2	2	0	2	0	0	2	2
B	1	1	1	0	0	1	1	2	1	0
C	2	0	1	1	2	0	3	1	0	1

15～20分：自主性很强。你就像上满发条的钟表一样，时刻地走着。对你而言，懒惰、拖延是你最痛恨的恶习。在工作中，你无论自己分内的工作是多少，都会尽心尽力地完成，而且对于艰难的工作，你还会主动请缨，排除万难。自动自发是你的习惯，坚持下去，你的职场前景一片光明。

11～14分：自主性一般。对你而言，没有出类拔萃，也没有落后于人，你有的只是平凡。在工作中，你不会有很高的效率，但一般都能按时完成自己分内的工作。如果企业裁员，你往往不用担心，因为有比你更差的员工；但升职之时，你同样也不在其中，因为有比你优秀的员工。

11分以下：自主性很差。你认为工作是谋生的手段，因此工作是为了生活。你少有激情、缺乏耐心、少有信心、缺乏目标，你就像一棵墙头草随风摇摆。在工作中，你依赖、随群、附和，表面上你很有人缘，实际上你很不受欢迎，也许明天被裁的人就是你。

> 一个好员工，应该是一个积极主动去做事、积极主动去提高自身技能的人。这样的员工，不必依靠管理手段去触发他的主观能动性。
> ——[美]比尔·盖茨

 思考与练习

1.近年来，许多招聘单位对求职者学历的要求越来越高，你是否认可这种倾向？为什么？

2.为什么说终身学习是现代社会职场中人的必然选择？你毕业后打算采取哪种方式继续学习？

3.职场中，有人认为应该"干一行，爱一行"，还有人坚持应该"爱一行，干一行"。你赞成哪一种观点？为什么？

4.大学生就业前应该做好哪些职业能力的准备？

> 人类一生的工作，精巧还是粗劣，都由他每个习惯所养成。
> ——[美]富兰克林

作 业

（一）作业描述

职业化离你还有多远，寻找差距并拟定计划和目标。

（二）作业要求

1.五人一组展开讨论，根据职业化的相关内容，成员之间相互指出彼此在职业化素质方面还存在哪些差距。

2.分析小组成员意见，了解别人眼中的自己。在此基础上，对自我进行深刻反省和剖析，找出自己离职业化的真实距离，并制定下一步的努力目标和详细实施步骤。

第二章 快乐工作——享受自在职场

人生是一个漫长的旅程，工作是旅程中必不可少的内容，它占据了生命三分之一的时间，我们的人生快乐与否，很大程度上取决于我们工作的状态。或者说，工作的质量往往决定了我们生活的质量。你的工作是否快乐，来自你对工作态度的选择。

在职业生涯中，我们的工作状态无不受到情绪与压力的影响，了解情绪与压力，学会情绪管理，培养积极情绪，认识压力，掌握压力管理策略，找到适合自己的减压方法，及时有效地调节自己的精神状态，做工作的主人，满怀热情，全力以赴去体会工作的快乐，你的生命将会因工作更有意义！

> 从事一项工作，不如喜欢这项工作，喜欢这项工作，不如享受这项工作。

本章知识要点：
- 情绪
- 自我情绪管理
- 积极情绪培养
- 工作的意义
- 快乐工作方法
- 压力
- 压力管理
- 压力管理方法

第一节　积极情绪培养

职场在线

总经理因为闯红灯而遭到警察罚款和扣驾照的处罚，心里很是不快。一到办公室，销售经理告诉他昨天那笔眼看到手的生意谈黄了。

经理大怒，说销售经理是白拿这么长时间的高薪。

销售经理被老总突如其来的怒火和指责弄得满心不快，快快地回到办公室。这时，秘书过来告诉他下午的会议安排。销售经理打断她，问昨天交代要打好的五封信有没有完成。秘书说："还没有，可是……""没什么可是，你虽然在这里工作了三年，但并不意味着你没有被解雇的可能。"销售经理没好气地说。秘书回到工作间，心想，几年来，我没日没夜地加班，现在倒成了奴隶了。这次我不就是没法同时做两件事耽搁了一下嘛，就拿解雇相威胁，越想越恼。

秘书回到家，看到自己儿子躺在沙发上看电视，满脸脏兮兮的，不由怒火中烧，怒吼道："多少次叫你放学后别到处乱疯，你就不听，你以为我容易吗？"

儿子气呼呼转身回到自己的房间，心想，怎么搞的，妈妈也不听我解释一下。这时，小猫喵喵叫着跑过来了。儿子不由得性起，一脚踹过去，怒喝道："滚开，你这死猫！"猫从阳台上滚下去，正好砸在下班回家的老总头上……

你有过这样的经历吗？好像有一股神奇的力量在左右着事情的发展，这种情形有没有改变的可能呢？有没有更好的解决问题的方法？完成本节的学习你将会有新的认识。

> 在成功的路上，最大的敌人其实并不是缺少机会，或是资历浅薄，成功的最大敌人是缺乏对自己情绪的控制。愤怒时，不能制怒，使周围的合作者望而却步，消沉时，放纵自己的萎靡，把许多稍纵即逝的机会白白浪费掉。

一、能力目标 Competency Goal

在我们每个人的身上，都存在这样一种神奇的力量，它可以使你精神焕发，也可以使你萎靡不振；它可以使你冷静理智，也可以使你暴躁易怒；它可以使你安详从容的生活，也可以使你惶惶不可终日。总之，它可以加强你，也可以削弱你，可以使你的生活充满甜蜜与快乐，也可以使你的成活抑郁、沉闷、暗淡无光。这种能使我们的感受产生变化的神奇力量，就是情绪。它存在于我们每个人的心中，让我们体验着工作与生活的酸甜苦辣。只有认识情绪，培养积极情绪，做情绪的主人，才能让我们享受工作的快乐。

> 使我们不快乐的，都是一些芝麻小事，我们可以躲闪大象，却躲不开一只苍蝇。
> ——[美]戴尔·卡耐基

（一）认识情绪

1. 情绪的含义

每一个人都有喜、怒、哀、乐，还伴随着相应的表情和心理体验，这就是人的情绪，又叫情感活动。这些情感活动是人对外界事物的一种态度的反应。例如，听到一个好消息时会产生高兴的体验，表情愉快，会笑起来；相反，听到坏的、不幸的消息时就会产生悲哀、痛苦的体验，甚至会哭起来。所以，情绪会随着外界事物的变化而发生改变。

2. 情绪的分类

一般而言，人类具有四种基本的情绪：快乐、愤怒、恐惧和悲哀。在这四种基本情绪之上，可以派生众多的复杂情感，如厌恶、羞耻、悔恨、嫉妒、内疚、喜欢、同情等。

情绪本身无好坏之分，由情绪引发的行为或行为的后果有好坏之分，因此，一般我们根据情绪所引发的行为或行为的结果，将情绪划分为积极情绪、消极情绪两大类。

3. 情绪的影响

在日常生活中，人们常有这样的体验：高兴时，神清气爽；悲伤时，会食欲不振；忧虑时，会辗转难眠；惊慌时，会心脏乱跳；愤怒时，会热血冲头……这些都说明了情绪会对身体的内部功能产生影响。

（1）积极的情绪可以提高人的免疫能力。"笑一笑，十年少；愁一愁，白了头。"积极的情绪可以提高人的免疫能力，消极的情绪则直接影响人的身体健康。

▶ 小案例

美国作家卡森，曾患了一种致残的脊椎病，医生预言，他存活的可能性只有1/500。可是，卡森经常阅读幽默小说，看滑稽电影。每大笑一次，他就觉得病痛减轻很多，浑身舒服一阵，他坚持这种"笑疗"，病情逐渐好转，几年后竟然恢复了健康。

（2）消极的情绪破坏人的身体健康。古代就有"怒伤肝、喜伤心、思伤脾、忧伤肺、恐伤肾"之说，这生动地说明了情绪对身心可能产生的负面影响。

（3）情绪会影响人的思维和行动。突然而强烈的紧张情绪的冲击会抑制大脑皮层的高级心智活动，破坏大脑皮层的兴奋和抑制平衡，使意识范围狭窄，正常判断减弱，失去理智和自制力。

> 不要在冬天的时候砍树，不要在情绪很坏的时候作决定，这样容易失去理智。

▶ 小案例

有一天，德国化学家奥斯特瓦尔德由于牙病疼痛难忍，情绪很坏。他拿起一位不知名的青年寄来的稿件粗粗看了一下，觉得满纸都是奇谈怪论，顺手就将其丢进了纸篓。

几天以后，他的牙痛好了，心情也好多了，而那篇论文中的一些奇谈怪论又在他的脑子中闪现。于是，他急忙从纸篓里把它捡出来重读一遍，结果发现这篇论文很有科学价值，他马上给一份科学杂志写信，加以推荐。这篇论文发表后轰动了学术界，该论文的作者后来获得了诺贝尔奖。

（4）情绪的失控导致异常恐怖的后果。情绪失控容易导致失去理智，而失去理智，冲动难免发生，常导致不可挽回的后果。

（二）自我情绪管理

情绪波动有时可能会影响一个人的命运，管理情绪是一件非常重要的事情，是要做情绪的主人还是奴隶，完全取决于我们自己。

1. 觉察情绪

当我们产生情绪时，表示生活中有事件刺激而引发警报。与此同时，若我们能察觉到情绪的产生并认知情绪的种类，可以延缓情绪瞬间的爆发，并有针对性的管理。

2. 管理情绪

当情绪冲动时，只要我们懂得把握自己，就可以避免许多的麻烦甚至不幸。情绪管理可以使用以下几种方法：

（1）注意力转移法。注意力转移法就是把注意力从引起不良情绪反应的刺激情境中，转移到其他事物上去或去从事其他活动的自我调节方法。比如，通过游戏、打球、下棋、看电影、读报纸、读小说、散步等有意义的活动，使自己从消极情绪中解脱开来，从而激发积极、愉快的情绪反应。再如，心情烦闷时，听听音乐、出去散散步、找人聊聊天；感到愤怒，想要发作时，赶紧把舌头在嘴里转上几圈，或喝几口水、去打开窗户等。

（2）适度宣泄。过分压抑只会使情绪困扰加重，而适度宣泄则可以把不良情绪释放出来，从而使紧张情绪得以缓解、轻松。发泄的方

> 我们可以做自己情绪的主人，它跟别人没有太多的关系，它完全是我们自己在决定。
> ——曾仕强

法，如大哭、做剧烈的运动（跑步、打球等）、放声大叫或唱歌、向他人倾诉等。

▶ 小故事

在古老的西藏，有一个叫爱巴的人，每次和人生气起争执的时候，就以很快的速度跑回家去，绕着自己的房子和土地跑三圈，然后坐在田边喘气。

爱巴工作非常勤奋努力，他的房子越来越大，土地也越来越广。但不管房地有多么广大，只要与人起争执而生气的时候，他就会绕着房子和土地跑三圈。"爱巴为什么每次生气都绕着房子和土地跑三圈呢？"所有认识他的人心里都想不明白，但不管怎么问他，爱巴都不愿意明说。

直到有一天，爱巴很老了，他的房地也更大了，他生了气，拄着拐杖艰难地绕着土地和房子转，等他好不容易走完三圈，太阳已经下了山，爱巴独自坐在田边喘气。

他的孙子在旁边肯求他："阿公，您已经这么大年纪了，这附近地区也没有其他人的土地比您的更广大，您不能再像从前，一生气就绕着土地跑三圈了。还有，您可不可以告诉我，您一生气就要绕着房子和土地跑三圈的秘密？"

爱巴终于说出了隐藏在心里多年的秘密，他说："年轻的时候，我一和人吵架、争论、生气，就绕着房地跑三圈，边跑边想自己房子这么小，土地这么少，哪有时间去和人生气呢？一想到这里气就消了，把所有的时间都用来努力工作。"

孙子问道："阿公！您年老了，又变成最富有的人，为什么还要绕着房地跑呢？"

爱巴笑着说："我现在还是会生气，生气时绕着房子和土地跑三圈，边跑边想，自己房子这么大，土地这么多，又何必和人计较呢？一想到这里，气就消了！"

> 上帝给了我一双眼睛，我用它来寻找；上帝给了我一张嘴巴，我用它来微笑；上帝给了我一个生存的机会，我用它来发现，发现每一个简简单单属于我的快乐。

（3）自我安慰。即阿Q精神。面对我们无法改变现实，学会安慰自己，追求精神胜利。这种方法，对于帮助人们在大的挫折面前接受现实，保护自己，避免精神崩溃是很有益处的。因此，当人们遇到情绪问题时，可以用"胜败乃兵家常事"、"塞翁失马，焉知非福"等词语来进行自我安慰，帮助我们摆脱烦恼，消除抑郁，达到自我安慰、自我激励的目的，从而带来情绪上的安宁和稳定。

（4）自我暗示。积极的自我暗示令我们保持好的心情、乐观的情绪、自信心等。如不断地对自己默语："我一定能行"、"不要紧张"、"不许发怒"等。

（5）冷静三思。美国临床心理学家阿尔伯特·艾利斯在20世纪50年代创立了理性情绪疗法，其核心是去掉非理性的、不合理的信念，建立正确的信念。非理性信念的特点是绝对化、过分概括化、糟糕透顶，如因与他人争论或吵架后产生许多非理性的想法而导致情绪异常。我们应当静下来，觉察自己的情绪，明白当前所处的状态。弄清楚事情的来龙去脉，增加情绪反应的选择性。

小知识

艾利斯总结的11类不合理信念

1	每个人绝对要获得周围环境尤其是生活中每一位重要人物的喜爱和赞许。
2	个人是否有价值，完全在于他是否是个全能的人，即能在人生中的每个环节和方面都能有所成就。
3	世界上有些人很邪恶、很可憎，所以应该对他们做严厉的谴责和惩罚。
4	如果事情非己所愿，那将是一件可怕的事情。
5	不愉快的事是外在环境因素所致，非己所能控制和支配，因此对自身痛苦和困扰无法控制和改变。
6	面对现实中的困难和自我所承担的责任是件不容易的事情，倒不如逃避它们。
7	人们要对危险和可怕的事随时随地加以警惕，应该非常关心并不断注意其发生的可能性。
8	人必须依赖别人，特别是某些与自己相比强而有力的人，只有这样，才能生活得好些。
9	一个人以往的经历和事件常常决定了他目前的行为，而且这种影响是永远难以改变的。
10	一个人应该关心他人的问题，并为他人的问题而悲伤、难过。
11	对人生中的每个问题，都应有一个唯一正确的答案。

（6）改变思维，调整心态。只要心态正确，心情就会变好，情绪也相对稳定。我们的情绪不同往往不是由事物本身引起的，而是取决于我们看待事物的不同思维方式。在不利的环境中，我们不妨换一种思维方式去思考，在不利之中，找出对自己有利的一面。若总是在不利的圈子里打转，那你就看不到光明，只会忧心忡忡，自寻烦恼。

（三）积极情绪的培养

积极情绪即正性情绪。许多研究者对积极情绪给出过具体的描述或定义，心理学家孟昭兰认为，积极情绪是与某种需要的满足相联系，通常伴随愉悦的主观体验，并能提高人的积极性和活动能力。

积极情绪有多种多样的表现形式，比如喜悦、感激、宁静、兴趣、希望、自豪、逗趣、激励、敬佩和爱。

积极情绪能够提高主观幸福感，积极情绪的表达能够促进心理健康，积极情绪有利于个人才能的发挥，积极情绪有利于身体健康，研究发现积极情绪对于疾病的预防和治愈起着重要的作用。

1. 放声大笑

笑是一种健身运动，可增加吸氧量，提高抗病能力。笑能增加人的积极情绪，促进免疫系统功能的改善。通过笑产生的积极情绪能够促进健康。

> 平衡和良好的心态不是麻木不仁，而是自我调试的结果，是理性学习的结果，是人格升华和心灵净化后的优美心境，是智慧的结晶。

美国一广告公司的部门经理弗雷德工作一向很出色。有一天，他感到心情很差。但由于这天他要在开会时和客户见面谈话，所以不能有情绪低落、萎靡不振的神情表现。于是，他在会议上笑容可掬，谈笑风生，装成心情愉快而又和蔼可亲的样子。令人惊奇的是，他的这种心情"装扮"却带来了意想不到的结果——随后不久，他就发现自己不再抑郁不振了。

2. 助人为乐

我们可以通过认知来调节情绪，也可以通过行为来调节。助人是一种很好的调节方法。我们在帮助他人的时候自己也有成就感、满足感，不但可以转移注意，而且能得到他人的感激和赞赏。所谓，助人为乐，不但让他人快乐，自己也会快乐——赠人玫瑰，手有余香。

3. 积极对待生活，培养乐观态度

乐观是一种对未来好结果的积极期望，在生活中的表现就是积极向上的生活态度。积极乐观的态度能够增强人免疫系统的功能，促进人的身心健康发展。要想保持乐观的心态，首先要相信任何事物都有两面性，尤其是在困难和挫折情境中，要学会发现事情好的一面，对未来抱有积极的期望。在困难中看到希望的机会，保持积极向上的乐观态度。

> 积极的人像太阳，走到哪里哪里亮；消极的人像月亮，初一十五不一样。
>
> 快乐的钥匙一定要放在自己手里，一个心灵成熟的人不仅能够自得其乐，而且还能够将自己的快乐与幸福感染周围更多的生命。

4. 保持希望

法国作家莫泊桑有一句名言："人是活在希望之中的。"我们要相信"面包会有的，牛奶也会有的"。希望和乐观是紧密相连的。乐观的人更容易看到希望，而悲观的人更容易陷入绝望。

5. 向情绪乐观的人学习

当我们容易陷入情绪低谷的时候，不妨观察一下周围的人们：别人是否也像我一样容易生气？在与人相处中，有的人对小事情斤斤计较，常常因别人的一点点错误而生气，却没有想到这恰恰是对自己的惩罚。试想一下：你在生别人的气时，你心情舒畅吗？你生别人的气，别人知道吗？为什么有的人整天乐呵呵的，不容易生气？如果你注意到了这个问题，就应该及时加以改正，学习别人健康的情绪反应。

6. 积极参加集体活动

在集体活动中，你可以结识许多志同道合的朋友，你会觉得自己的生活很充实，从而，拥有健康快乐的情绪。

二、案例分析 Case Study

案例一：他是怎么死的?

1965年9月7日，世界台球冠军争夺赛在纽约进行。比赛开始后，参赛选手路易斯十分得意，因为他远远领先其他对手，只要再得几分便可登上冠军的宝座。正当他全力以赴要拿下比赛时，意料不到的事发生了：一只苍蝇落在台球上，这时路易斯没有在意，一挥手赶走苍蝇，俯下身准备击球，可当他的目光落在主球上时，发现那只可恶的苍蝇又落到主球上。在观众的笑声中，路易斯又去赶苍蝇，情绪也受到影响。然而，这只苍蝇好像故意和他作对，他一回到台盘，它也跟着飞了回来，惹得在场观众放声大笑，路易斯愤怒地去打苍蝇，不小心球杆碰到台球，被裁判判为击球，从而失去了一轮机会。本以为败局已定的竞争对手约翰见状勇气大增，最终赶上并超过了路易斯，夺得了冠军，路易斯沮丧地离开了。第二天早上，有人在河里发现他的尸体。他投河自尽了。

一只小小的苍蝇，竟然击倒了实力非凡的世界冠军！由此可见，一个人保持积极情绪、学会控制情绪是多么重要！不良情绪会使我们冲动、消极，会让我们做出一些有悖常理的事情，因此我们要坚决地赶走它！本来可以一笑了之的事情，竟因情绪的失控而导致最后自杀的结局，让人扼腕叹息啊！

案例二：要不要管理好情绪?

有一个男孩脾气很坏，于是他的父亲就给了他一袋钉子，并且告诉他，当他想发脾气的时候，就钉一根钉子在后院的围篱上。第一天，这个男孩钉下了40根钉子。慢慢地，男孩可以控制他的情绪，不再乱发脾气，所以每天钉下的钉子也跟着减少了，他发现控制自己的脾气比钉下那些钉子来得容易一些。终于，父亲告诉他，现在开始每当他能控制自己的脾气的时候，就拔出一根钉子。一天天过去了，最后男孩告诉他的父亲，他终于把所有的钉子都拔出来了。于是，父亲牵着他的手来到后院，告诉他说："孩子，你做得很好。但看看那些围墙上的坑坑洞洞，这些围篱将永远不能恢复从前的样子了，当你生气时所说的话就像这些钉子一样，会留下很难弥补的疤痕，有些是难以磨灭的呀！"从此，男孩终于懂得管理情绪的重要性了。

如果对情绪没有足够的认识，就会犯很多情绪错误，不仅伤害自己，还会伤害别人。但如果我们对情绪有正确的认识，并学会如何管理好情绪，那么我们的个人力量就会增多。

快速息怒的7个小方法

1. 降低你的音量和语速；

2. 闭上你的眼睛，可以快速浇灭怒火；

3. 转转你的脖子，放松心情，缓解僵硬；

4. 拥抱你自己，用双臂交叉紧紧拥抱自己一下；

5. 闻闻植物，离健康的绿色植物10厘米左右，深呼吸5次；

6. 发扬阿Q精神，自我解嘲；

7. 击掌、跺脚，两三分钟即可。

三、过程训练 Process Training

活动一：快乐清单

1. 请学员回想最近两周令自己开心的事件，在笔记本上列出自己的"快乐清单"，每人至少列出10项。

2. 请部分学员读出自己的快乐清单。

3. 把短文《美国年轻人眼里的开心时刻》发给学员，请一位学员阅读，其他学生对照自己的"快乐清单"。

4. 小组脑力激荡法：在学员的"快乐清单"及短文的启发下，大家开动脑筋再尽可能多地寻找快乐，每个小组请一位学员做记录，完成小组的快乐清单。

5. 以小组为单位读出小组的快乐清单，给想得最多的小组颁发"快乐大使"奖状。

> 生活中不缺少快乐，只是缺少发现。快乐源于我们的内心，源自我们对生活的感觉。当我们感觉快乐时，快乐便会翩然而至，我们不是缺少快乐，而是缺少对快乐的发现和感受。

附：美国年轻人眼中的开心时刻

1	异性一个特别的眼神	15	有很多朋友
2	听收音机里播放自己最喜欢的歌曲	16	无意中听到别人正在称赞你
3	躺在床上静静地聆听窗外的雨声	17	醒来发现还有几个小时可以睡觉
4	发现自己想买的衣服正在降价出售	18	自己是团队的一份子
5	被邀请去参加舞会	19	交新朋友或和老朋友在一起
6	在浴缸的泡沫里舒舒服服地洗个澡	20	与室友彻夜长谈
7	傻笑	21	甜美的梦
8	一次愉快的谈话	22	见到心上人时心头撞鹿的感觉
9	有人体贴地为你盖上被子	23	赢得一场精彩的棒球或篮球比赛
10	在沙滩上晒太阳	24	朋友送来家里自制的甜饼和苹果派
11	在去年冬天穿过的衣服里发现20美元	25	看到朋友的微笑，听到他们的笑声
12	在细雨中奔跑	26	第一次登台表演，既紧张又快乐的感觉
13	开怀大笑	27	遇见多年不曾谋面的老友，发现都没改变
14	开了一个绝妙幽默的玩笑	28	送朋友想要的礼物，看他折包装时的惊喜

活动二：快乐动物园

（一）活动过程

请你学一种动物的叫声或你认为最能代表这种动物的一个动作。你姓氏汉语拼音的第一字母，决定了你要学的是哪种动物：

A—F	狮子	G—L	企鹅
M—R	猴子	S—Z	天鹅

规则一：现在选择一位不熟悉的同学作为伙伴。彼此盯着看，目光不能转移，同时用嘴大声学动物叫或做动作，至少10秒钟。

规则二：现在请挑一位你最熟悉的人做为伙伴，彼此盯着看，目光不能转移，同时用嘴大声学动物叫或做动作，至少10秒钟。

> 我要微笑着面对整个世界，当我微笑的时候全世界都在对我笑。
> ——[美]乔·吉拉德

（二）问题与思考
1. 游戏的两个阶段大家的表现有何不同？
2. 情绪对你或你身边的人产生过怎样的影响？

四、效果评估 Performance Evaluation

评估一：你的情绪稳定性如何

下面的测试能帮助你了解自己的情绪稳定性，请在下表中选择最适合你的表述，并根据评价标准计算自己的得分。

（一）情景描述

情景描述	是	不一定	不是
1. 你的情绪一般不受气候变化的影响			
2. 你常常善意待人，却得不到好报			
3. 如果能到一个新环境，你会把生活安排得和从前不一样			
4. 你所预期的目标一定会达到			
5. 至今你仍然敬佩你的小学老师			
6. 你认为有些人总是回避或冷淡你			
7. 即使是关在铁笼里的猛兽，你见了也会惴惴不安			
8. 你喜欢所学的专业和所从事的社会工作			
9. 即使有人在你身旁高谈阔论，你也能聚精会神地看电影			
10. 无论到什么地方，你都能清楚地辨别方向			
11. 你常常避开你不愿意打招呼的人			
12. 你常常因为生动的梦境而干扰睡眠			
13. 你有能力克服各种困难			

（二）评估标准与结果说明

题号	1	2	3	4	5	6	7	8	9	10	11	12	13
是	2	0	0	2	2	0	0	2	2	2	2	0	2
不一定	1	1	1	1	1	1	1	1	0	1	1	1	1
不是	0	2	2	0	0	2	2	0	1	0	0	2	0

17～26分，说明你的情绪倾向于稳定，常常有能力以沉着的态度应对各种问题。

13～16分，说明你的情绪倾向于基本稳定，有时会受环境的影响而表现出急躁不安。

0～12分，说明你的情绪倾向于激动，常常感到身心疲乏，甚至失眠等。要注意调控自己的心境，让自己的情绪趋于稳定。

心情提示： 以上测试仅供参考，不必刻意"对号入座"。

评估二：积极情绪影响测试量表（Positive Impact Test）

在日常的人际交往中，我们的言行常常反映着我们的心态和影响力，从而影响了人际关系和幸福指数。本量表可用来了解自己的积极影响能力，共由15道题目组成。请根据目前自己的实际情况如实回答"是"或"否"。

（一）情景描述

情景描述	是	否
1. 我在过去的24小时里帮助过一个人。		
2. 我是一个非常礼貌的人。		
3. 我喜欢与心态积极的人相处。		
4. 我在过去的24小时里夸奖过一个人。		
5. 我有一种本领，能让别人心情愉快。		
6. 我与心态积极的人在一起时效率更高。		
7. 在过去的24小时里，我告诉一个人，我对他／她很关心。		
8. 我每到一地，都刻意结识别人。		
9. 我每次受到表扬，都想表扬别人。		
10. 上星期，我听别人诉说他／她的目标和理想。		
11. 我能让心情不好的人笑。		
12. 我刻意以我的同事喜欢的方式称呼他们。		
13. 我关注同事们的优秀表现。		
14. 我见到别人时总是笑容满面。		
15. 见到优秀表现，及时给予表扬，使我心情舒畅。		

> 情绪是可以传染的能量，跟快乐的人多交往，会感染他人的快乐；与不快乐的人交往，会感染别人的不愉快。

（二）评估标准和结果分析

你的选择有几个"是"呢？如果你的"是"在6个以下，请反思一下吧，也许你较多时间在从别人的水桶中舀水，你缺乏良好的积极影响力和人际关系，而且主控权在你手里，你可以学习多往别人的水桶中加水，通过有意增加以上问卷中"是"的数量来改善自己的积极影响力，三个月以后，你将惊奇地发现，你的生活发生了积极的变化。

第二节　快乐工作方法

职场在线

　　1993年，刚刚毕业的王林被分配到海南某电气集团有限公司。作为一家国营企业，当时效益不太好，很多人都不愿意来。但他想，既然来了，就好好干吧。因为在他的心里有一个朴素而美好的想法，希望单位能好起来。他的心始终和企业在一起，把个人的荣辱和企业的命运紧紧地连接在一起。1997年厂子改制，之后，发展一年比一年好，特别最近几年，一年一个台阶，效益年年攀升。从起初到如今，这一路起起伏伏，从一名普普通通的工人，到如今的企业管理者，他始终保持乐观的态度，时刻享受工作的乐趣。在工作中责任心很强，对工作投入极大的热情，他说："如果你负责一件事情，那就一定要做得有头有尾，就像画圆，一定要把圈圈画圆，踏踏实实地做，一步一个脚印，搞实业的就要这样！"

　　在企业，他是一名优秀的好员工，就像集团一位领导说的"他勤勤恳恳，兢兢业业，心态很好，为工作付出，不计较，自发地做好工作"。的确，他以他的工作态度，在影响着一个团队。他就是一个榜样，一面旗帜。这种无形的精神力量所带来的团队凝聚力及生产效率的提高，对企业来说是一种用金钱所难以换来的价值！

　　说到个人发展他总是怀着一颗感恩的心，说是企业发展得好，是企业给自己提供了发展的平台。他以自己的行动为企业做出了贡献，工作上他获得了一定的成就感，也实现了他个人的人生价值。

　　王林的经历给我们诸多的启发，快乐工作有方法，王林以他乐观、积极的工作态度，踏实的工作作风，30年如一日，为企业带来了效益，个人的价值也因此而实现。

> 美国石油大王洛克菲勒曾说过："如果你视工作为一种乐趣，人生就是天堂；如果你视工作为一种义务，人生就是地狱。"快乐的秘诀，不是做自己喜欢的事，而是去"喜欢自己做的事"。

一、能力目标 Competency Goal

工作的最高境界就是快乐工作，积极的心态是快乐工作之本。无论从事哪种工作，都能找到兴趣和满足。当一个人全身心地沉浸在自己所热爱的工作之中时，就会感到前所未有的兴奋与满足，这就是一种幸福。

（一）工作的意义

人们在择业和从业活动中通常会把获取较高的报酬放在第一位考虑，这是无可厚非的，因为对很多人来说，工作是获取生活来源的主要途径，但是，通过工作来获取生活来源并不是工作的唯一价值，而且过分看重这个价值，就很容易沦为金钱的奴隶。

> 美国著名心理学家家亚伯拉罕·马斯洛提出的五大需求论，对于最基本的需求，金钱的作用是很大的，对越高层次的需求，金钱的作用也就越小，到最高需求时金钱几乎不起作用。最高需求是自我实现需求，只有充分地实现了自我的社会价值才能达到这一需求。个体对社会带来的价值越大作用越大，越会被社会所认可，价值大到一定程度，还会被世人所敬仰膜拜。

▶ 小案例

杰克在一家贸易公司工作了一年，由于不满意自己的工作，他愤愤地对朋友说："我在公司里的工资是最低的，老板也不把我放在眼里，如果再这样下去，总有一天我要跟他拍桌子，然后辞职不干。"

"你把那家贸易公司的业务都弄清楚了吗？做国际贸易的窍门完全弄懂了吗？"他的朋友问道。

"还没有！"

"君子报仇，十年不晚！我建议你先静下心来，认认真真地工作，把他们的贸易技巧、商业文书和公司组织完全搞通，甚至包括如何书写合同等具体细节都弄懂了之后，再一走了之，这样做岂不是既出了气，又有许多收获吗？"

杰克听了朋友的建议，一改往日的散漫习惯，开始认认真真地工作起来，甚至下班之后，还常常留在办公室里研究商业文书的写法。

一年之后，那位朋友偶然遇到他。

"现在你大概都学会了，可以准备拍桌子不干了吧？"

"可是，我发现近半年来，老板对我刮目相看，最近更是委以重任，又升职、又加薪。说实话，不仅仅是老板，公司里的其他人都开始敬重我了！"

工作剪影

工作没有高低贵贱之分，在工作中，人们总是以一定的职业身份与社会组织、部门和个人打交道，这就要承担和履行一定的社会责任，这是工作社会性的表现。人生价值只有在工作中才能得到实现，一个人如果不能通过自身的工作为他人、为社会创造价值，就不会被社会认同；反之，一个人如果能不断地为他人、为社会创造价值，那么他被社会认同的程度就会越来越高，其人生价值也就会得到最大限度的实现。

你在为谁工作？这是一个值得思考的问题。对待工作的态度就是我们对待人生的态度，每个人都应该为自己的人生负责，我们在为他人工作的同时，也是在为自己工作！

工作的意义还在于，它是实现人生愿景的重要途径，相对于个人的成长而言，我们的付出是很值得的。

（二）快乐工作方法

1. 积极的心态

世界上没有不好的工作，让我们对工作产生不满的是不平衡的心态。因此，快乐工作的关键取决于心态。放弃抱怨，用乐观的心态去面对当前的工作，那么，我们就会从这种积极转变中找到快乐。从自己胜任工作后的那一刻起，我们会发现，原来快乐工作就在自己身边。

> 每天早晨醒来，一想到所从事的工作和所开发的技术将会给人类生活带来的巨大影响和变化，我就会无比兴奋和激动。
> ——[美]比尔·盖茨

小案例

曾经有一位邮递员踏着自行车整天走街串巷，有时还被狗撵，觉得挺没意思的。如果不是为了糊口的话，或许早就不干了。后来他遇到一位高人，高人指点他说，你其实是福音传递者。一句话，让他恍然大悟。他算了一笔账，他每天送的100封信件中，有20封是父母寄给子女的，有40封是子女寄给父母的，有20封是同学朋友之间联络感情的，还有20封是帮忙做生意的。有的信可能是久旱逢甘雨，有的信可能是他乡遇故知，每一封信被打开的那一瞬间可能就是一份惊喜或是一串泪珠。他每天都在创造着这样令人激动的时刻。晚上躺在床上的时候，他都是伴着这些甜蜜的回忆进入梦乡，第二天又怀着同样心情开始一天的走街串巷。

2. 赋予工作意义

如果你赋予工作意义，无论工作大小都会感到快乐，那么人生就是天堂。如果你不喜欢做的话，任何简单的事都会变得困难、无趣，那么人生就变成了地狱。

3. 满腔热情，投入当下的工作

快乐不是对工作的喜爱，而是满怀热情，全力以赴去做才能体会到工作的快乐，得到别人的认可。唯有先看重自己，才能肯定自我价值。

4. 科学的时间管理

做事需要章法，不能眉毛胡子一把抓，要分轻重缓急。这样才能一步一步地把事情做得有节奏、有条理，免拖延。工作的一个基本原则是，要把最重要的事情放在第一位，这样可以提高效率，工作中才能游刃有余，轻松自在。

> 怀着爱心吃菜，胜过怀着恨吃牛肉。
> ——西方格言

5. 树立新的目标

任何工作在本质上都是同样的，都存在着周而复始的重复。如果是因为这永无休止的重复，而对眼前的工作失去信心的话，那么就要转变工作的态度，主动给自己树立新目标，反之，即使是一份让你称

心的工作，一个令所有人羡慕的工作环境，它一样会因为一成不变而变得枯燥乏味，你也不会从中获得快乐。因此想要工作快乐，就一定要给自己不断树立新的目标，挖掘新鲜感。

小案例

美国富豪洛克菲勒的第一份工作是簿记员，他每天天刚蒙蒙亮就去上班，每天都要面对许多枯燥的数字，但那份工作从未让他感到乏味，相反令他着迷和喜悦，办公室里的一切繁文缛节都不能让他失去热情。工作的结果是老板总是不断地为他加薪。他说："工资只是你工作的副产品，做好你该做的事，出色完成你承担的工作，理想的薪金必然会得到。而更为重要的是，我们劳苦的最高报酬，不在于我们所获得的，而在于我们会因此成为什么。"

你的成长永远比每个月拿多少钱重要。

6. 对工作心存感恩

工作为你展示了广阔的发展空间，为你提供了施展才华的平台。每一份工作或每一个工作环境都无法尽善尽美，但每一份工作中都有许多宝贵的经验和资源，如失败的沮丧、自我成长的喜悦、温馨的工作伙伴、值得感谢的客户等，这些都是成功者必须体验的感受和必须具备的财富。如果你能每天怀着感恩的心情去工作，在工作中始终牢记"拥有一份工作，就要懂得感恩"的道理，你一定会收获很多。

> 感恩既是一种良好的心态，又是一种奉献精神，当你以一种感恩图报的心情工作时，你会工作得更愉快，你会工作得更出色。

7. 建立和谐融洽的人际关系

在工作中，"和谐"经常会被忽略，但却是快乐工作的重要因素。因为，工作除了要有满意的薪资收入、能够学习之外，更重要的一点是要能跟领导、同事相处愉快。因此，在职场中，你要多花些时间与精力，去跟身边的领导、同事建立起和谐融洽的关系。这样你的工作环境才会愈加顺心遂意，而你的工作也会越加轻松自如。

8. 改变对事物或事态的解释风格

改变你对发生在身边的事物的看法，你将得到不一样的收获。

事态	悲观的解释	乐观的解释
我最近身体不好	我完蛋了	我只是累坏了
老板今天发脾气了	我的老板是个混蛋	老板现在情绪不佳
朋友之间没有沟通	你从来都不跟我沟通	你最近没有怎么跟我聊天
我买的股票跌入了谷底	我永远都不会投资	我只是那时买错了股票
我抽中了一个小奖	今天是我的幸运日	我的运气一向很好
我和同事吵架了	他（她）是个暴君	他（她）今天心情不好
我的一小块皮肤最近很痒	50%以上的概率是癌症	只不过是湿疹而已
我们的球队赢了	这完全是运气	我们能善于利用好运
今天我迷路了	我总是没有方向感	在十字路口我拐错了
我的方案被否决了	我总是不善于策划	老板觉得我的方案成本太高

二、案例分析 Case Study

案例一：工作着，快乐着

非洲的某个土著部落迎来了从美国来的观光旅游团。部落里的人虽然还没有什么市场观念，可面对这样好的赚钱商机，自然也是不会放过的。

部落中有一位老人，他正悠闲地坐在一棵大树下面，一边乘凉，一边编织着草帽。编好的草帽，他会放在身前一字排开，供游客们挑选购买。他编织的草帽造型非常别致，而且颜色的搭配也非常巧妙，可以称得上是巧夺天工了。游客们纷纷驻足购买。这时候一位精明的商人看到了老人编织的草帽，他立刻盘算开了：这样精美的草帽如果运到美国去，我敢保证一定卖个好价钱，至少能够获得十倍的利润吧。想到这里，他不由激动地对老人说："朋友，这种草帽多少钱一顶呀？""十块钱一顶。"老人冲他微笑了一下，继续编织着草帽。他那种闲适的神态，真让人感觉他不是在工作，而是在享受一种美妙的心情。"天哪，如果我买一万顶草帽回到国内去销售的话，我一定会发大财的。"商人欣喜若狂，不由得为自己的经商天才而沾沾自喜。

于是商人对老人说："假如我在你这里定做一万顶草帽的话，你每顶草帽给我优惠多少钱呀？"

他本来以为老人一定会高兴万分，可没想到老人却皱着眉头说："这样的话，那就要二十元一顶了。"

"什么？"商人简直不敢相信自己的耳朵了，买一顶草帽只要十元钱，可买一万顶草帽却要每顶二十元，这是他从商以来闻所未闻的事情。"为什么？"商人冲着老人大叫。老人讲出了他的道理："在这棵大树下没有负担地编织草帽，对我来说是种享受。可如果要我编一万顶一模一样的草帽，我就不得不夜以继日地工作，不仅疲惫劳累，还成了精神负担。难道你不该多付我些钱吗？"

那些在工作中能够真正感到快乐的人，更多的是被某种价值激励着，这种价值超越了金钱的影响力。在工作中，有些比钱更重要的东西应该引起你的重视。你发现了它们，然后让你的工作也向它们靠近，你就能工作并快乐着。所以，不管别人关心什么或希望你做什么，为了你的快乐，最终的决定只能由你自己做出。

> 我从未尝过失业的滋味，这并非我运气，而在于我从不把工作视为毫无乐趣的苦役，却能从工作中找到无限的乐趣！
>
> ——[美]沃伦·巴菲特

案例二：我工作，我快乐

美国哈佛大学曾经作过一个有趣的心理调查，调查人员给一位调查对象打电话，提出一个最简单的问题：

"请问您现在在做什么？"

"我在上班。"

"请问您上班的感觉如何？"

"枯燥乏味，毫无乐趣。"

"那么您觉得干什么更有趣？"

"下班以后，我可以和同事一起去酒吧，那里最有趣也最快活。"

过了两个小时，调查员又打电话给他："请问您现在做什么？"

"我和同事在酒吧喝酒。"

"怎么样，现在感觉好多了吧？"

"好什么啊！虽然喝了很多酒，还是没劲。大家谈论的都是些无聊的话题，我想还是去找女朋友好些。"

过了一个小时，调查人员再次给那个人打电话："您现在和女朋友在一起吗？感觉怎么样？"

"别提了，简直令人无法忍受。一位女同事打电话来问一件工作上的事，她竟然怀疑我有外遇，不依不饶地盘问我，真是烦死人了。我现在就回家休息。"

到了午夜，调查员又把电话打到那个人的家里。他拿起电话没等调查员问话就烦躁地说："你不用问了，没意思极了。电视几十个台竟然没有喜欢的节目，杂志全看完了，光碟也看了个遍，真不知道干点儿什么好。仔细想想，还是上班的时候最开心，和同事们一起工作的时候最有趣。明天开始要努力工作，并且尽情享受工作中的快乐。"

上面的调查对象，从最初的感到工作"枯燥乏味，毫无乐趣。"到"明天开始要努力工作，并且尽情享受工作中的快乐"，心里有一个很纠结的过程。你有过这样的纠结吗？李大钊说："我觉得人生求乐的方法，最好莫过于尊重劳动。一切乐境，都可由劳动得来，一切苦境，都可由劳动解脱。"脚踏实地地工作，积极主动地工作，高效工作，愉快工作，问心无愧，这让我们感到从容和快乐。

> 工作是一个施展自己才华的舞台，我们寒窗苦读来的知识，我们的应变能力，我们的决断能力，我们的适应能力以及我们的协调能力都能在这样的一个舞台上得到展示。除了工作，没有哪项活动能够提供这么好的充实自我、表达自我的机会。
>
> ——[美]约翰·D.洛克菲勒

三、过程训练 Process Training

活动一：工作是……

（一）活动目的

对工作的认识，会影响我们的工作态度，进而会对工作状态及工作效率产生影响。此活动的目的在于了解自己对工作的认识。

（二）活动过程

1. 你会用怎样一个句子来说明："工作是……"

2. 在班级中统计，对工作的认识有几大类，各有多少人，如有多少人会说工作让人觉得充实？有多少人会说工作是因为兴趣？

活动二：公益爱心活动

（一）活动目的

感恩的心态可以帮助员工树立快乐工作的观念，让人更易体会到工作的快乐。通过此活动，增强每个人的社会责任感，唤醒学员感恩回报的心态。

（二）活动过程

活动形式：可联系一家希望小学、留守儿童学校或敬老院等爱心机构，组织慰问活动，募捐一些必需品。

费用预估：以义工形式或旧物募捐。

备注：可能会产生一些购买募捐物品的费用。

四、效果评估 Performance Evaluation

评估一：测测你的快乐工作指数

（一）情景描述

根据你的实际情况，对下面的问题作答，情况与所描述相符合的回答"是"，不符合的回答"否"。

1. 公司业绩不错，年终奖金令你满意；

2. 能经常和老板 QQ 聊天；

3. 公司给你安排的岗位很适合你；

4. 大伙儿常开老板玩笑，对此老板并不介意；

5. 公司每年安排体检；

6. 国家规定的劳动法规公司执行得不含糊；

7. 老板基本能做到一碗水端平，公平待人；

8. 公司打小报告的人没市场；

9. 不担心会因生孩子丢掉工作；

10. 员工有持股的机会。

> 在工作中，不管做任何事，都应将心态回归到零：把自己放空，抱着学习的态度，将每一次任务都视为一个新的开始，一段新的体验，一扇通往成功的机会之门。千万不要视工作如鸡肋。食之无味，弃之可惜，结果做得心不甘情不愿，于公于私都没有裨益。

（二）评估标准和结果分析

每选中一项为1分。如果你的得分在6分以上，说明你拥有较高的快乐工作指数，目前这份工作对你而言，基本意味着舒心和有价值；如果得分低于4分，你就要小心啦。因为工作对你而言，不仅仅是每月的进账那么简单，可能还包括很多烦恼。

评估二：职场幸福指数测试

（一）情景描述

说明：本测试目的旨在帮助大家分析自己当前的职业满意状态，并帮助大家找出原因，以期及时调整。作题时需要大家抱着对自己负责的态度，诚实作答即可。每个问题的答案包括"是"、"不确定、""否"三种，请在题后写出符合你情况的答案。

1. 我很热爱现在的工作。

2. 在工作中我很有成就感。

3. 上司能及时了解我的需求。

4. 我与同事间的关系很融洽。

5. 公司在工作时间安排和任务分配方式上很人性化。

6. 我每天过得都很充实。

7. 公司有良好的激励机制。

8. 我所从事的工作与自己的期望值和能力相匹配。

9. 公司有很灿烂的远景，让我觉得工作有目标。

10. 我对公司有一种家的感觉。

（二）评估标准和结果分析

回答"是"得2分；"不确定"得1分；"否"得0分。将各题得分累加即为总得分。

得分为0～3：你的工作满意度极差，在工作中你无法获得幸福感，你很有必要找个职业规划专家或比较有资质的职场人士为自己把把脉，重新勾画和设计一下自己的职业规划，调整一下自己的生活方式。

得分为4～7：你的工作幸福感较差，工作状态不怎么样，这让你容易沮丧，情绪低落。你不妨检讨一下自己的状态，看看是不是目标太高，过分追求完美，或是自卑感等让你工作难以开展。变变想法，也许感觉会有改变。

得分为8～17：你的生活状态一般，有喜有忧的日子使得你和多数人一样。

得分为18～20：你有相当高的职业满意度。你不一定就是富人或有地位的人，但你的心态很好，一个人能感到幸福是件不容易的事，在这里我们向你表示祝贺，并希望你永远幸福。

> 如果只把工作当作一件差事，或者只将目光停留在工作本身，那么即使是从事你最喜欢的工作，你依然无法持久地保持对工作的热情。
> ——[美]比尔·盖茨

第三节　压力管理策略

职场在线

A先生在房地产行业工作十多年了，主要在公司的行政部门负责一些日常的管理工作，同事对他的评价是很认真也很敬业，领导也很欣赏他。A先生一直也很喜欢这份工作，生活和工作对于他来说都算开心。

去年九月份，工程部需要一名土建主管，领导经过讨论，决定让A先生来担任这个职位。A先生虽然在这个行业很多年，但是对于工程部不熟悉，看到了这个可以挑战一下自己的机会，他认为是突破自己的时候来了，欣然领命。

九月中旬到了新岗位上班之后，每天的工作地点也从公司来到了工地上。十月份的时候出现睡眠不好，接下来饮食也出现问题，睡不着，吃不下，每天最害怕的事情就是上班，情况越来越严重，到了年底提交了辞职报告。领导觉得他在闹情绪，也做了不少思想工作，但A先生的情绪越来越低落，对上班的恐惧也越来越强。

A先生因为职位变换面临着很大的压力，压力导致他身体出现什么症状？他辞职的原因是什么？在职场上，当我们遭遇压力的时候应该如何应对呢？

> 压力就像一根小提琴弦，没有压力，就不会产生音乐。但是，如果琴弦绷得太紧，就会断掉。你需要将压力控制在适当的水平——使压力的程度能够与你的生活相协调。

一、能力目标 Competency Goal

随着社会竞争的日趋激烈，每个人都要面对来自工作、生活、学习和情感等多方面的压力。压力——已经成为现代社会所使用的高频词，它是每个人都在面临的一种无法逃避的心理状态。沉重的压力导致人们情绪不良，学习效率下降，生活质量降低。据现代医学研究表明，70% ～ 80% 的疾病都与压力有关。我们想要获得健康幸福的生活，必须正确地面对压力、处理压力、管理压力。

（一）认识压力

1. 什么是压力

压力是指一种认知反应，是个体认为某种刺激或境遇超出个人能力所能应付的范围所表现出的一种激动、紧张、不安、威胁等心理体验的总和。确切地讲，压力是一种主观的心理状态，即所谓心理压力。

比如，对于某些人来说，能够在公司的全体大会上担当主要发言人是无上的光荣；但对另一些人，这却是一场最恐怖的噩梦。

◤ 小故事

有一支淘金队伍在沙漠中行走，大家都步履沉重、痛苦不堪，只有一个人快乐地走着。

别人问："你为何如此惬意？"他笑着说："因为我带的东西最少。"

2. 压力的分类及影响

我们不能通过辞职来逃离自己的上司，不能关掉电脑来预防死机，也不能干脆拔掉电话线，拒绝接听任何电话，而且我们也完全没有必要做到这么极端。因为压力也是有好有坏的，一种压力究竟是给我们带来好处还是导致不良的影响，取决于其性质和程度的不同。根据认知学的理论，有一种压力叫做"良性应激"或"善压"，它不仅可以振奋情绪、激发活力、通过加强免疫系统功能以达到增进健康的作用，还能够激发我们的自信和内在潜能，帮助我们应对各方面的挑战。

并非所有压力都能给人带来快乐，而"不良应激"就是造成现代人苦恼的罪魁祸首！一般来说，"不良应激"导致的恶性变化，首先会表现在心理方面：在短期的巨大压力下，人往往会感觉自己不能集中注意力，烦躁失眠，情绪波动很大，产生挫败感和自卑感。随后，心理上的问题就会进一步影响人体的各项生理机能，前期症状通常表现为头疼、背部酸胀、肠胃不适，进而在长期的发展过程中逐渐影响神经系统、内分泌系统及免疫系统的功能，最严重的甚至还有可能导致心肌梗死和中风。压力的出现会对人的生理、情绪、精神及行动等产生影响，使其表现出一些症状。这也是压力的早期预警信号，其内容如下表：

生理信号	情绪信号	精神信号	行动信号
头疼； 肌肉紧张； 肠胃功能失调； 心悸和胸部疼痛； 呼吸问题； 皮肤功能失调； 心率加快； 血压升高； ……	容易烦躁； 喜怒无常； 消沉； 经常性的忧愁； 丧失信心； 自负自大； 感觉精力枯竭； 缺乏积极性； 疏远感； ……	注意力缺乏； 优柔寡断； 记忆力减退； 判断力削弱； 自信心不足； 持续地对自己及周围环境持消极态度； ……	睡眠易受打扰； 酗酒和吸毒； 从朋友和家庭的陪伴或同事的友谊中退出； 发现自己很难放松； 暴饮暴食； 拖延和逃避工作； 自杀或企图自杀； ……

适度的压力可以使人集中注意力，提高忍受力，增强机体活力，减少错误的发生。压力可以说是机体对外界的一种调节的需要。人在压力情境下不断地学会应对的有效办法，可以使应对能力不断提高，工作效率也会随之上升，所以压力是提高人的动机水平的有力工具。

小案例

宋徽宗是一位喜欢书画并且有很深造诣的皇帝，他有一天问随从："天下何人画驴最好？"随从回答不出来，退下后急寻画驴出名者，焦急中得知一名叫朱子明的画家有"驴画家"之称，即召朱子明进宫画驴。朱子明得知被召进宫是为皇上画驴时，吓出一身冷汗，原来他根本不会画驴，他本是画山水的画家，因为有同行戏弄而给他起了个"驴画家"的绰号，并非擅长画驴才得的"驴画家"。但皇命不可违，情急之下的朱子明苦练画驴技术，先后画了数百幅有关驴的画，最后竟阴错阳差地得皇上赏识，真正成了天下第一画驴之人。

古人云：生于忧患，死于安乐，所以生活中的忧愁困苦给我们带来的压力就是生命发出光芒的最好肥料！

3. 压力的来源

压力是一种主观的心理状态，其起因或来源大体分为三方面：工作压力、家庭压力和生活压力、社会压力。

（1）工作压力。工作压力是指在工作中产生的压力。它的起源可能有多种情况。如工作环境（包括工作场所物理环境和组织环境等），分配的工作任务多寡、难易程度，工作所要求完成时限长短，员工人际关系，工作岗位的变更等，这些都可能是引发工作压力的诱因。

警惕"心身耗竭综合征"

压力来自生活的各个方面：不仅工作上有压力，家庭中有压力，就连休闲娱乐也能给人们带来压力。据专家估计，现在的就业人群中有大约10%～15%的人正在忍受"心身耗竭综合征"的煎熬。如果赶上经济不景气的时期，这个比例还会进一步明显增长。

"心身耗竭综合征"这个概念最早出现于20世纪70年代早期，是由美国心理分析学家赫伯特·J.弗罗伊登贝格尔提出的。这种病症由过度的压力引起，表现为躯体和心理方面的双重疾患。

（2）家庭压力和生活压力。每一个人都有自己的个人家庭生活，家庭生活是否美满和谐对个人也具有很大影响。这些家庭压力可能来自父母、配偶、子女及亲属等。

（3）社会压力。包括社会宏观环境（如经济环境、行业情况、就业市场等）和身边微观环境的影响。如IT业职场要求掌握的专业技术日新月异，职场竞争压力大，专业人员淘汰率高，此时就对IT从业人员造成很大社会压力。人们所处的社会阶层的地位高低、收入状况同样对其构成社会压力。如当自身收入状况与其他社会阶层相比，或者与其他同行业从业人员相比较低时，对他也会产生压力。

香港特区第三任行政长官曾荫权的另类减压法：不开心的时候，他就会把鞋柜里10多双皮鞋拿出来，重新擦一遍。这也不是很奇怪，不开心或压力大时，一个人坐下来，容易胡思乱想。擦鞋这类简单、机械的动作，反而能令人专注。

（二）压力管理

1. 压力管理

所谓压力管理，包含两方面的内容：一是针对压力源本身去处理；二是处理压力所造成的反应，即情绪、行为，以及生理等方面的缓解。简而言之，压力管理就是以管理为目的，并有组织、有计划地对压力产生行为进行有效的预防和干预，从而维护自身健康，提高工作学习效率，改善生命质量。

2. 压力管理策略

（1）着重于问题的应对——针对压力源造成的问题本身去处理。努力改变目前的环境，将引发情绪的事件看作待解决的问题，采取按部就班的方式加以解决。比如，觉得能力不够，就要进修；觉得自己没有很好的管理时间的技巧，就要学习时间管理；有的人不相信下属，不会授权，就要学习授权。如果这个压力源是不可承受的，就要选择远离。

吴芳，女，24岁，办公室职员。

"为什么每次都是让我顶班，难道就因为我太顺从了。"会议上，当部门领导宣布让吴芳代替请假的小王顶班时，一股无名之火不觉涌上吴芳心头，但她还是强忍着接下了任务。她所在的是一家教育培训机构，工作性质决定必须有人值晚班。刚开始，碰到有出差、请假的，吴芳会主动要求帮忙顶班，可这样的次数多了，大家竟习以为常，很多跑腿的事也推给她干。这个月吴芳要值10个晚班。"工作累点没关系，我就是恨这种不公平的安排。可要去跟领导讲明吗？自己是不是又显得太小气了？以后还是这样？我又该怎么办？"吴芳陷入了苦恼之中。

咨询了相关职业顾问后，吴芳认识到自己在沟通方面有问题，为了所谓的"乖乖女"形象，什么事情都一味地应承，尽管心里很不情愿。吴芳鼓起勇气来到领导办公室，开诚布公地谈了自己的想法，使吴芳感到欣慰的是领导并没有对她产生成见。在对待同事方面，吴芳还是保持着以前的热情，对于自己不能接受的事情，她都会真诚地讲明原因并拒绝，大家的关系并没有因此而弄僵。

（2）着重于情绪的应对——处理压力所造成的反应。尝试减轻情绪带来的不适感，如冷淡、逃避、回避，寻求社会支持。

3. 压力管理的技巧

（1）关于压力的提问。每当你感觉自己正处于极大的压力之下，失去了内心的宁静，就请问问自己：

到底是什么造成了现在的这种压力？

在现在这种状况下，可能发生的最糟糕的事情是什么？

哪几种因素会使这种最坏的打算变成现实？

我应该怎样解决这个问题？

请你始终谨记这四个关于压力的问题。通过对这些问题的回答，你就能够摆脱"当局者迷"的劣势，客观分析自己面临的问题，将自己从压力的魔爪中解救出来。

（2）保持距离。当你感受到压力时，请你马上与自己保持距离。换句话说，你应该从消极情绪中跳出来，试着以旁观者的身份分析自己的现状，从另一个角度思考一下："如果我是这个人，如果我也遇到相同的问题，我会怎么办呢？"或者，你也可以把自己的生活想象成舞台上的一出戏，而你反而是坐在台下的一位普通观众。换个角度你会看到，原来自己的问题根本没什么大不了！

（3）展望未来。压力在一定程度上只是一种暂时的自我欺骗。如你固执地坚持这种感觉，它就会嚣张地自我膨胀，直到占据你的全部思绪为止。只要一感受到压力，就冷静地问问自己："刚才发生的这件事

缓解压力的灵丹妙药
就是一个字：笑！俗话说得好：一个小丑进城，胜过十个医生。"开怀大笑能够为我们的身体注入活力，调动全身至少八块肌肉，使呼吸变深，加速氧气的吸入和输送，还有助于降低血压。笑，意味着快乐和放松；笑，能够让我们的大脑忘掉所有烦恼，让我们的身体和心灵感受到自由；笑，还能激发我们的想象力创造力，使我们在不知不觉中，提高办事效率。

情到底有多么重要？"最常见的压力来源通常是都是一些小事：办公桌上堆满了文件，上班的路上遇到大堵车，出差途中的飞机延误……与长期的目标相比，这些所谓的压力来源其实真的不值一提！即使在个别的情况下，你也会发现这些事情是相对不太重要的。因此，要想解决压力问题还有一个很好的办法，那就是展望未来。请你将眼光放得更长远一些，问问自己：尽管这件事情现在让我这么头痛，但在一个月或者一年之后，它对我来说是否仍然至关重要？五年或者十年之后又会怎样呢？

> 张弛有道，一切方得长远。

小案例

禅师的兰花

唐代的慧宗禅师是一位著名的禅师，他酷爱兰花，在寺庙中养了很多兰花。禅师经常为弘法讲经而云游各地，他出门时，叮嘱弟子看护好他的兰花。

有一次，禅师出外云游，弟子们在寺庙里殷勤地看护着兰花。但一天深夜，狂风大作，暴雨如注，偏偏当晚弟子们一时疏忽，将兰花遗忘在了户外。第二天早晨一起来，弟子们便叫苦不迭，数十盆珍贵的兰花已然从架上掉到地上，东倒西歪，憔悴不堪，狼藉遍地。

不几日，慧宗禅师归来，众弟子忐忑不安。但慧宗禅师依然是平和如常，只淡淡地说了一句："没什么，我又不是为了生气而种兰花的。"

"我又不是为了生气而种兰花的。"——多么充满智慧的话语啊！

4. 压力管理的方法

改变认知	改变感知是成本最低很容易操作的舒缓压力的方法。改变自己对事物或世界的认识和感知，用积极乐观的风格来解释事态变化，同时，要把自己的心态摆平，不要太在意得失。
放松身心	你可以学习画画、种花种草、练习瑜伽，做冥想、沉思、自我催眠等来放松紧张的情绪，舒缓压力，还可以从头到脚一点一点通过放松暗示来舒缓身心；呼吸放松，有意识地放慢呼吸，专注呼吸，到慢慢忘记呼吸进入一种无我状态。
寻求支持	每个人都需要有比较好的社会支持系统，不管是来自家庭、还是来自社会、社团或工作团队，一定要有朋友。要学会倾诉，找专业人士、自己相信的人倾诉，不要把压力隐藏在心里。
专注当下	有些人喜欢为那些根本不会发生的事情担心。结果让自己为那些发生概率极小，且担心也无济于事的"可能性"忧心忡忡。因此，要学会经常提醒自己：我现在做到什么程度了，将注意力只放在如何把眼前的事情做好。
增加营养	压力使肌肉处于紧张状态，身体制造出大量乳酸需要钙质与其反应，否则就会感到疲劳、焦虑和不满。人体要维护健康必须有几十种营养素，包括维生素、矿物质、动物脂肪和氨基酸，另外，补充体力则需要糖、蛋白质和脂肪。
运动减压	运动之后，消耗体力，身体会恢复平常的平衡状态，会觉得精神放松，提高了肌肉的强度、韧性和弹性，改善了心血管的机能，加快了新陈代谢率，减少了肌肉紧张度。

▶ **小知识**

以下是几种松弛神经的体操，可以用于繁忙工作中的减压：

当你感到愤怒时，身体左右转动，心中缓缓数着数儿，跟着呼吸并进。

当你感到疲乏时，抬起下颚作收缩下颚的活动，做深呼吸挺直腰杆。

当你感到悲伤或受挫折时，挺起胸膛，头向后背抬起，并作脚部伸缩运动。

当你感到焦虑不安时，跳动身体，并左右摇动三分钟左右。

当你感到畏惧时，可揉捏膝盖，脚拇趾使劲抓地，并挺起胸膛缓慢深呼吸。

二、案例分析 Case Study

案例：白岩松的工作减压"黄金法则"

作为电视节目主持人，白岩松长期承受着普通人无法想象的压力。刚做主持人时经常发音不准，读错字。当时，台里规定，主持人念错一个字罚50元，有一个月他被罚光了工资，还倒欠钱。压力重重，不愿意说话，只用笔和妻子交流。他有时候千辛万苦做了一个节目，但却因为种种原因被领导"枪毙"掉，心中滋味非常不好受。连续四五个月的时间一分钟都睡不着，天天琢磨着自杀，不想活了。当年还在《时空连线》时，挡不住观众的不良评价，一张明信片上写着："每天早上起来，看着你哭丧着脸，我一天的好心情都没有了。"

化解压力的四种武器
能解决的就解决
不能解决就暂停
不能暂停就转移
转移不了就放弃

但不管压力再大，白岩松认为这都是自己的工作，节目被领导毙掉也属于正常的工作状态，隔一段时间就可能遇到一次。因而面对这种隔三岔五的打击，白岩松对自己说，要学会坦然面对。

白岩松有很好的心理调节能力："状态特好的时候要有危机感，特差的时候也要能够平静下来想想，前面还有好事等着自己呢。"

白岩松迷恋摇滚乐，喜欢"清醒"乐队，因为他们"找回了旋律"。他也爱听马勒的交响作品，那乐声让他觉得"老马"还在继续痛苦，而自己过得挺好。

正是这样好的心理调节能力，让他能一直坚持走下去。

白岩松认为，从事新闻行业本身就是一个动态的学习过程。"谁要是不读书不看报就是找死。"他曾经跟年轻人说："别指望我停下来等你，你必须用更快的速度超过我。"

可见，服从领导的指挥，不断创新、学习，造就了金牌电视人白岩松事业的成功，他也把各种不良情绪赶出了自己的工作和生活。

正是勇于面对、积极调节，才铸就了白岩松乐观、创新的工作状态，才能让他在工作中不断接受挑战，不断创新。

> 发生在我们生命中的许多磨难、挫折、冲突、人际之间的误会，其实都可以帮助我们成长。

三、过程训练 Process Training

活动一：想象放松训练

活动准备：找一个安静、不被打扰的环境，找到一种让自己感到舒服的姿势。

闭上双眼，集中注意力，全身放松，调整呼吸，让呼吸均匀下来。

然后开始想象你来到一个朝阳照耀的海滩。海滩上没有别人只有你自己，你注意到脚下米白色的沙子很柔软，你感觉得到脚掌接触沙子的过程。海风轻轻地吹拂着你的头发，你感到很惬意。远处的大海缓慢地起伏着，涌起又滑落，如呼吸般，随着海潮声你的呼吸也变得均匀。想象蓝色的大海和橙色的朝霞，你感到十分的轻松。你躺在松软的沙滩上，阳光照到了你的身上，你感到一阵温暖舒适。阳光停在你的脚尖，你的脚尖很温暖，很放松。阳光来到你的小腿，你的小腿感到很温暖很放松。以此类推，放松身体的每一部分，注意在某一部分放松的时候，要停留一定的时间。

放松完后，暗示自己浑身感到很舒服，结束想象。想象的时候可以配合音乐，辅助你进入想象的情境。

活动二：验证"烦恼实验箱"的结果

把你未来7天所预料的烦恼事情写在纸条上，投入"烦恼实验箱"。在过后第三周打开"烦恼实验箱"，核对箱里的每项烦恼，取出已经不成为烦恼的纸条，留下你仍然认为是烦恼的纸条。记录剩下的烦恼有几个：再过三周，再拿出来核对，看还剩下多少烦恼？记录剩下的烦恼有几个。

你的结论是否与下面的论述接近？

1. 第一次核查，九成的烦恼没有发生。第二次核查，剩下的一成也没有发生。

2. 一般人的忧虑，40%属于过去，50%属于未来，只有10%属于现在。92%的忧虑并没有发生，剩下8%是你可以轻松应对的。

四、效果评估 Performance Evaluation

评估一：你有压力吗？

　　虽然仅凭20个题目很难测量出你是否有压力及压力水平，但它的确可以帮助你更了解自己现在的生活状况。请阅读以下每一个句子，在"同意"或"不同意"上画"√"，然后计算同意的个数，并根据最后的解释判断当前的压力水平。

> 　　上帝常常把祝福包装成一个问题送给我们。
> ——西方谚语

（一）情景描述

情景描述	同意	不同意
1. 晚上我入睡困难。		
2. 我肌肉紧张，或有偏头痛。		
3. 我担心自己的财务状况，怕收支失衡。		
4. 我希望我每天拥有更多的笑容。		
5. 经常因为工作不吃早餐。		
6. 如果我能够改变我的工作状况，我愿意去做。		
7. 望拥有更多的个人时间来休闲娱乐。		
8. 最近我失去了一位好朋友或家庭成员。		
9. 最近我的婚姻状况不佳或刚离婚。		
10. 我好长时间没有好好放假了。		
11. 我希望自己的人生有清晰的意义和目标。		
12. 我一周要在外面吃三顿以上。		
13. 我有慢性疼痛。		
14. 我没有很亲密的朋友圈子。		
15. 我没有每周定期锻炼三次以上的习惯。		
16. 在吃抗抑郁药。		
17. 我与异性交往时效果不太满意。		
18. 我的家庭关系不尽如人意。		
19. 我的自尊水平较低。		
20. 我没有时间冥想或内省。		

（二）评估标准及结果分析

每个同意的分数为1分。

低于5分：你的压力水平较低，保持良好的应对措施。

5～10分：你有中度的压力。

10～15分：你的压力水平较高。

15～20分：你的压力水平极高。

评估二：你的压力从何而来？

你的压力来自哪些方面？通过下面的简易测量，来判断一下你的压力具体是由什么造成的。测评时，请你如实回答：

0分＝没有；1分＝偶尔；2分＝时而；3分＝经常；4分＝总是。

（一）情景描述

过去一年的经历中，你：

情景描述	得分	
1. 我缺乏行使某项职责的权力。		
2. 我感觉陷在某种情形里，没有出路。		
3. 我不能在对我有影响的决定中起作用。		
4. 在执行某项任务时，会有许多要求妨碍我。		
5. 我不能解决指派给我的问题。		
6. 我不能确定我的学习或工作职责。		
7. 我没有足够的信息去执行某项任务。		
8. 我不能胜任别人认为我能做的某项任务。		
9. 同我一起学习或工作的其他人不清楚我在做什么。		
10. 不知道用来评价我的表现的标准是什么。		
11. 我是如何学习或工作的与我受到的何种评价没有关系。		
12. 我感觉人气和政治态度比学习或工作表现更重要。		
13. 我不知道我的上司是如何看待我的学习或工作表现的。		
14. 我不知道我做对以及做错了什么。		
15. 我如何表现和我受到的何种待遇无关。		
16. 在对立状态中我必须作出让步。		
17. 与合作者意见不同。		
18. 同上级意见不同。		
19. 我被夹在中间。		
20. 我得不到完成学习或工作所需要的支持。		
21. 对提升或发展的机会感到很悲观。		
22. 我的上级或老板很严厉。		
23. 感觉不能被同事接受。		
24. 好的表现不受重视或赞赏。		
25. 在学习或工作中的进步似乎不尽如人意。		
26. 在学习或工作中不被重用。		
27. 感觉同事或老板不支持我。		
28. 我的价值观与管理部门的不一致。		
29. 公司似乎不关注我。		
30. 在学习或工作中不能做自己所想的事。		

> 有压力才能有动力，有动力才能坚持进步。
> ——雷锋

续表

情景描述	得分
31. 我有太多事要做却苦于没有时间。	
32. 旧的任务没有完成，新的任务又来了。	
33. 我的学习或工作影响了我的生活。	
34. 我不得不利用业务时间学习或工作。	
35. 学习或工作太多以致我都不能很好地完成。	
36. 没什么可做的。	
37. 觉得目前的工作或学习对我来说太轻松。	
38. 学习或工作不具有挑战性。	
39. 大部分学习或工作都很平淡。	
40. 在学习或工作中缺乏与人接触。	
41. 学习或工作环境不愉快。	
42. 没有人关注我的学习或工作。	
43. 学习或工作环境的某些方面似乎危险。	
44. 与人打交道的机会太多或太少。	
45. 不得不去应付许多争论。	
46. 我不得不做一些违背良心的事情。	
47. 我不得不在价值观上妥协。	
48. 我的家人或朋友不尊重我做的事。	
49. 我的同事在做我不同意的事。	
50. 学习或工作的组织强迫我们做不道德或不安全的事。	

（二）评估标准及结果分析

该测试题目主要选取的是工作和学习方面的压力事件。

总分大于100分，表明工作或学习压力超过了均值；大于130分，表明学习或工作的压力非常高。

每个部分的得分大于12分，显示在该方面具有压力。其中：

1～5题，代表工作或学习中缺乏控制力；

6～10题，代表工作或学习中缺乏信息支持；

11～15题，代表学习或工作中感到非常无助；

16～20题，代表在学习或工作中与人冲突严重；

21～25题，代表在工作或学习上发展受到限制；

26～30题，代表在工作或学习中的疏离感；

31～35题，代表工作或学习的任务过于繁重；

36～40题，代表工作或学习的任务过于轻松；

41～45题，代表工作或学习的环境不好；

46～50题，代表与他人的价值观存在冲突。

> 很多时候当人们处于精神压力下，他们不愿意去思考，其实那是他们最需要思考的时候。
>
> ——[美]克林顿

 **思考与练习**

1. 列举你生活中遇到的情绪问题，并详加说明。

2. 以上情绪对你产生了哪些影响，应当如何正确地调节？

3. 请结合实际谈谈情绪对身心健康的影响。

4. "你在为谁工作？"这个问题你是怎么想的？

5. 列举自己曾经历过的压力实践，谈谈如何有效应对？

作 业

（一）作业描述

任务1：故事填补

不以物喜、不以己悲、随遇而安、知足常乐是高智商高情商的表现。古希腊哲学家苏格拉底生活境况并不尽如人意，但善于从不利中寻找欢乐，心境保持良好，还是单身的时候，和几个朋友挤在一间小屋，他总是乐呵呵的。有人问他："如此拥挤，何以高兴？"他说："朋友在一起，随时交流感情，难道不值得高兴？"

过了一段时间，朋友成家都走了，他一个人住依然很快乐。那人又问："现在一个人孤单单的，还有什么高兴的？"他说："……（请大家填补快乐语句）

> 一个精彩的今天，胜过两个未知的明天。

几年后，他成家住进楼房底层，条件不好，那人又问："现在快乐吗？"他说："进门就是家，搬东西方便，朋友来访容易，空地能种花，乐趣没法说！"

又过一年他搬到最高层，依然快快乐乐的，那人又问他："住最高层又有哪些好处？"他说："……"（请大家填补快乐语句）

按照个人想法填上表示快乐的语句，然后举出一例说明苏格拉底的心境可以解决生活中哪些不快乐的事情。

任务2：

在工作中有压力，就会有相应情绪反映，对很多人来说，这就会带来一定的情绪困扰，了解你身边的上班族他们的工作状态，当他们遇到工作的压力时，一般是如何处理的。

（二）作业要求

1. 可2～3人组成一个小组合作分工。

2. 完整记录任务完成的过程。

第三章　有效沟通——构建和谐关系

无论你是刚刚走出校门的毕业生，还是进入职场的新人，甚至经验丰富的职员，与人沟通对你的职业发展都是必不可少的。有效的职业沟通已成为人们生存与发展所必需的基本能力，拥有了沟通能力就等于掌握了成功的钥匙。

在当今的人才市场中，最有价值的技能是沟通技能，权威机构的调查表明，企业中70%以上的问题来自沟通不畅。给企业造成最大损失的，不是技术不精良、人手不够多，也不是资金不到位、理念不先进，而是企业与企业之间或企业内部部门与部门之间、人与人之间的沟通不通畅。

有效的沟通不仅能让你的工作一帆风顺，更是建立职场和谐人际关系的法宝。因此，有效沟通的技巧就成为职场人士最需要掌握的职业素养之一。

> 未来的竞争是管理工作的竞争，竞争存在于每个社会组织内部成员之间及其与外部组织的有效沟通之上。
>
> ——［美］约翰·奈斯比特

本章知识要点：
- 面对面沟通
- 倾听
- 反馈
- 说服
- 拒绝
- 赞美
- 电话沟通
- 书面沟通
- 工作沟通
- 演讲

第一节　倾听、说服与赞美

职场在线

李辉是一家知名软件公司的销售总监。他的顶头上司王总乃是搞技术出身，由于工作重点长期在研究和开发领域，因而对销售一知半解，但王总经常呼东喝西地插手销售部的事，碍着面子的李辉哪怕王总指挥错了，也顺从地去做。销售部的体系被折腾得乱七八糟，销售业绩也一跌再跌。一时间，高层批评，客户也埋怨，让曾经赫赫有名的销售大王李辉很郁闷，有苦诉不出。

经过慎重的思考，李辉觉得不能再让王总"瞎指挥"，而应该按照自己原有的思路做，问题是如何与领导进行沟通呢？

李辉决定与王总做一次深入的沟通。一个周五的下午，李辉走进王总的办公室，首先说明了自己的来意，王总听到李辉的想法后有些生气，大谈销售技巧，李辉并没有急于反驳，而是认真倾听并不时回应、领首，当王总喋喋不休地说完之后，李辉对王总对于销售的认识表示了肯定，并说即使他这样拥有多年销售经验的老手都受益良多，又检讨了自己最近销售业绩下滑的原因，如过于懒散、不够努力等，然后提出挽救和解决的途径，为了得到王总支持，他还特意列举了现在的市场背景以及同行业公司的成功案例，谈到下一步的工作计划，以及实施方案，他把事情的处理以及处理事情的几种方式、路径，每一种方式和路径的利弊等都详细列出后再去虚心地请教王总。王总再不懂销售，也知道采用成本最少、赚钱最多的那套销售方案。王总也被李辉的想法深深吸引，两人一直谈到深夜，大有相见恨晚之感。

就这样，李辉利用自己独有的沟通方式解决了一直以来的苦恼，达到了自己的目的，在销售方面因为业绩的持续攀升，也得到了更高层领导的认可与赞赏。见此情景，王总也渐渐退居幕后，把更多的时间用在自己的专业以及人事、财务的管理上，李辉的工作也开始顺风顺水，渐入佳境。

在职场中，面对面沟通并非易事。倾听是拉近沟通双方的最佳良药，适当的赞美能够在沟通中发挥意想不到的作用。李辉沟通之道的巧妙就在于，没有直接去和自己的顶头上司进行语言理论、争吵，反而是去承认错误，同时通过摆事实，让领导自己领会到错误所在，从而达到沟通的目的。

> 聪明的人，根据经验说话；
> 更聪明的人，根据经验不说话。
> ——古希腊谚语

一、能力目标 Competency Goal

在职场中，面对面沟通是最常用、最有效的沟通方式，在沟通的过程中，我们不仅要会说，更要会听，有效的倾听才能理解对方的意思，避免产生误会，同时对听到的内容也需要及时反馈给对方。此外，还要掌握说服与拒绝的技巧，沟通的目的就是归根结底说服或拒绝，但是不同的方式将产生不同的效果。而赞美在沟通的过程中也是必不可少的佐料，缺少赞美的沟通会使沟通双方感觉索然无味，缺乏继续沟通的兴趣。掌握倾听、反馈、说服、拒绝、赞美这些技巧必将使你的面对面沟通能力大大提升。

（一）面对面沟通

面对面沟通是指运用口头表达方式来进行信息的传递和交流，也就是我们常说的面谈，它不仅可以让你从语言上得到信息，而且可以从对方声音和身体语言上获得信息，使得信息、思想和情感得到充分交流。面对面沟通还可以实现双方即时交流，迅速得到对方的反馈信息，以便作进一步的、深层次的交流，此外，面对面沟通时，听话人可以即时提问，以澄清含混的情况，减少误解，实现快速有效沟通。但面谈沟通也有缺点，如需要反应敏捷，且不利于信息的保留和储存。

面对面交谈小技巧
第一，清除语音障碍，调整音色。
第二，试着保持适当的语速。
第三，不要以自我为中心，少说"我想"，"我认为"。
第四，要勇敢地开口说话。

小案例

星期五下午茶

三井物产是日本一家经营范围很广的公司，在世界上拥有广泛的影响。它在内部实行"星期五下午茶"制度。每个星期五下午，各个部门员工聚集在各自休息室喝茶。这里，交流才是真正目的。每位员工都可畅所欲言，无论工作还是生活。很多员工在交流中获得其他场合得不到的信任和友谊。而很多怨恨和误会，也在这样的沟通中冰消瓦解。结果是三井主管团队非常团结，他们工作时，被人们形容为"就像一个身体极其协调的人的运动"——这样的行动才是真正顺畅的团队工作。

1.面对面沟通的目的
（1）为传递信息，如通告、传达等；
（2）为寻求观念和行为改变，如劝告、训导、销售等；
（3）为作出决策，如招聘面试等；
（4）为解决问题，如绩效评估、纠正等；
（5）为探求新信息，如民意测验、调查研究、咨询等。

2.面对面沟通的过程
面对面沟通的过程包括沟通准备、营造氛围、阐明目的、交流信息、结束面谈，如下图所示。

| 沟通准备 | 营造氛围 | 阐明目的 | 交流信息 | 结束面谈 |

面对面沟通过程

◤ 小案例

敞开式大房间办公室

美国惠普公司创造了一种独特的"周游式管理办法"，鼓励部门负责人深入基层，直接接触广大职工。为此目的，公司的办公室布局采用美国少见的敞开式大房间，即全体人员都在一间敞厅中办公，各部门之间只有矮屏分隔。除少量会议室、会客室外，无论哪级领导都不设单独的办公室，同时不称职衔，即使对董事长也直呼其名。这样有利于上下左右沟通，创造无拘束和合作的气氛。

3. 面对面沟通的技巧

面对面沟通需要掌握"听"、"问"、"说"、"答"4种技巧。

> 听：听是第一步，只有通过倾听才能准确领会对方的意图，进而才可以做到"知己知彼"。

> 问：问的关键在于要准确把握时机，数量少而精，内容要紧扣谈话内容、切中要害。

> 说：要动之以情，要有赞美、尊重、宽容或关怀的话语，表述要"顺"感情要"真"。

> 答：回答前要考虑成熟，要整理对方的思路，找出其中关键点，针对性地提出自己的意见。

（二）倾听与反馈

1. 学会倾听、受益无穷

（1）倾听是信息的重要来源。缺乏经验的人可以通过倾听来弥补自己的不足，富有经验的人可以通过倾听使工作更出色，善于倾听各方意见有利于作出正确的决策。

（2）倾听有利于知己知彼。通往别人内心世界的第一步就是认真倾听。你只有认真倾听，才能真正了解对方的想法，在陈述自己的观点之前先让对方畅所欲言，才可以有的放矢，找到说服对方的关键。

（3）倾听有利于获得友谊和信任。在与人交谈时，认真聆听，对对方的话题表示出浓厚的兴趣，实际上是对对方最大的尊重。

> 我只盼望能找到一所能够教导人们怎样听别人说话的学院……假如你要是发动人们为你工作，你就一定要好好听别人讲话。
>
> ——[美]艾科卡

松下幸之助的倾听之道

日本的经营之神松下幸之助就是一位善于倾听的人。有一次，他在市场闲逛，听到几位妇女在议论说："现在家里电器多了，家用电器的电源插头要是能同时插上几种电器就方便多了。"说者无意，听者有心，松下幸之助回去之后，很快研制生产出了三通电源插头。

（4）倾听是最好的推销手段。在销售中倾听技巧的运用也是很重要的。若是在与顾客沟通时，对方出现了一会儿沉默，你千万不要以为自己有义务去说些什么。相反，你要留给顾客足够的时间去思考和作决定。千万不要自作主张，打断他们的思路，否则，你会后悔。

2. 有效倾听

从倾听的效果上，可以将倾听分为4种：听而不闻，这种倾听是心不在焉，别人讲别人的，自己想自己的；选择倾听，这种倾听只对自己感兴趣的部分予以倾听，其他部分则不理不睬；专注倾听，这种倾听是对所有的信息都认真倾听；有效倾听，这种倾听是真正主动参与沟通，它聚焦讲话内容，把注意力从自己转移至讲话者，不带偏见，不作预先判断，积极反馈，使讲话者从你的参与中受到鼓励。

苏格拉底话倾听

在古希腊，苏格拉底教授沟通技巧。有一个人慕名而来，他为了在老师面前展示自己的才能，滔滔不绝地谈论自己具有何等的天赋，他为了来学习作了多少准备。苏格拉底听完之后，表示可以收下他做学生，但是，"你必须缴纳双倍的学费"。此人大惑不解，怯怯地问："为什么要收我双倍的学费呢？"苏格拉底说："我除了要教你怎样说话以外，还得先教你怎样做一个听者，你先得要学会倾听。"

有效倾听不仅能捕捉完整的信息，注意对方肢体语言和语调这些隐含信息，还能真实全面地理解讲话者的意见和需要，觉察出讲话者所要表达的情感。有效倾听包含4个层次的内容：

（1）排除干扰。在倾听时，要排除干扰，不要让噪音、认知和情绪影响倾听的效果，不仅要听到对方所说的内容，还要听清楚对方所讲的中心思想，关注内容，捕捉要点。

（2）身体参与。对对方的讲话要给予积极地回应，如赞许地点头、关注的目光、对谈话感兴趣的表情、微笑等。

（3）语言参与。在对方讲话的过程中要适当地表示理解，如对、是这样、有道理等，对于有疑问或没有听清的地方要及时提问，如"你刚才说的是……""你的意思是……""有一点我不清楚，您能再解释

11个良好倾听习惯

1. 倾听是一个主动的过程；
2. 鼓励对方先开口；
3. 切勿多话；
4. 切勿耀武扬威或咬文嚼字；
5. 表示兴趣保持视线接触；
6. 专心，表示赞同；
7. 让人把话说完，切勿武断下结论；
8. 鼓励别人多说；
9. 让别人知道你在听；
10. 接受并作出回应；
11. 暗中回顾，整理出重点并提出自己的结论。

一下么？""您能举个例子么？""后来怎么样？"等。

（4）思想参与。思想参与也叫同理心倾听，是有效倾听的最高层次。要做到同理心倾听，就要站在对方的角度，专心听对方说话，让对方觉得被尊重，能正确辨识对方情绪、能正确解读对方说话的含义。要做到同理心倾听，要求掌握以下技巧：

第一，全神贯注地听，不可随便打断对方。

第二，控制自己情绪，等别人说完再下结论。

第三，充分理解对方之后，判断出对方的需要。

第四，找出问题的关键，尽量从对方立场和感受出发提出解决方案。

> **BEST 反馈方式**
> 1. B：behavior，即行为的描述，第一步该干什么。
> 2. E：express，即表达出这件事的后果是什么。
> 3. S：solicit，即征求意见，该如何改进。
> 4. T：talk，着眼未来，以肯定和支持结束。

3. 反馈

一个完整的沟通过程既包括信息发出者的"表达"和信息接收者的倾听，同时也包括信息接收者的反馈。因此，反馈是倾听的后果，也是沟通过程中的非常重要一环。积极的反馈不但能体现出你善于倾听别人的意见，而且也能显示出你对他人的想法给予了足够的关注，进而更容易获得对方的好感和信任。反馈的具体要求如下：

具体明确	反馈应该语义具体、真实、正面，理解对方目的，设身处地为对方着想。
主动有效	在沟通过程中，应该主动反馈，并使反馈达到应有的效果。
针对需求	反馈要站在对方的立场和角度上给予反馈。
针对事实	反馈应针对事实本身提出，不能针对个人，更不能进行人身攻击。

小案例

没有反馈，丢掉市场

20世纪80年代初，国内某著名品牌的洗衣机初入大连市场后，有一位老工人买了一台回家，可不久机器便出现了故障。老工人写信向厂家反映情况，要求厂家派人维修。

然而信寄出后如石沉大海，杳无音信，厂家对顾客反馈没有作出任何反应。这件事被当地一家报纸披露后，市民纷纷对厂家的服务质量表示不满，导致该品牌的洗衣机形象在大连大大受损。从此，这种品牌的洗衣机在当地便无人问津，至今该品牌的洗衣机依然在大连没有作为。

（三）说服与拒绝

在工作和生活中，为了让对方接受自己的观点、想法或思路，我们常常需要说服别人，同时，也常常需要拒绝别人的不合理要求。

1. 说服与拒绝的原则

（1）用真诚、可靠、权威、魅力来建立信赖感。在说服或拒绝的过程中，建立信赖感是基础。没有这个基础，任何说服或拒绝都不会取得理想的效果。

"使人信"五步定式

美国心理学家杜威提出了说服他人的"使人信"的五步定式：

第一，直截了当地告诉对方某处存在极其严重的问题或状态；

第二，帮助对方分析研究该严重问题产生的原因；

第三，帮助对方搜集解决问题的各种可能的办法；

第四，帮助对方依次分析和斟酌这些可能的解决方法；

第五，使对方认可并接受其中最理想的解决方法，即最后提出你认为最正确的方法。

（2）打造信息内容，利用真理的力量，晓之以理。说服或拒绝别人，必须有理有据，必须利用逻辑的力量，以理服人。

（3）关注说服或拒绝方式，依靠情感的力量，动之以情。用诚挚而令人感动的语气和情感说出来，往往更能打动人。

（4）了解说服或拒绝对象，感同身受，运用同理心。当你要说服或拒绝别人时，必须先了解他人，充分站在对方的角度，感同身受，体会了解，并产生并运用同理心。

> 如果我能说服别人，我就能转动宇宙。
> ——[美]弗里德里克·道格拉斯

2. 说服的技巧

（1）提问——苏格拉底说服术。说服的方式有许多种，但可以肯定的是，说服的最高境界是通过提问让被说服者自己去说服自己。问问题需要技巧，如先从简单的问题开始问起，要问让对方回答"是"的问题，要问二选一的问题。

（2）换位思考。要说服对方，必须换位思考，先承认对方的认识、态度存在的合理性，先避开矛盾分歧，从对方的认识基点出发，先赞同或部分赞同，寻找共同点，抵消对方的抵触情绪，逐步瓦解对方的心理防线，扩大说服的范围，最终迫近要害和问题的关键。

先"得寸"后"进尺"

在澳大利亚墨尔本，女记者帕兰要采访一位权威人士，打算请他就海洋动物保护问题做15分钟的广播讲话。这位权威人士非常忙，曾经拒绝过很多记者的要求。如果直接提出占用他15分钟时间，他可能会拒绝。

帕兰在电话里是这样说的："在百忙中打搅您很过意不去，我们想请您就海洋动物保护问题谈谈看法，大概只要3分钟就够了。听说您日常安排极有规律，每天下午四点都走出工作室，到户外散步。如果可能，我想是不是可以在今天下午的这个时候拜访您？"

结果这个权威人士接受了这个要求，采访于下午4点准时开始。当帕兰告别时，时间过去整整20分钟，帕兰出色地完成了任务，20分钟的录音编制为15分钟的广播讲话，材料是足够的。

（3）模仿对方，寻找相似点。在说服的过程中，有意识地去模仿对方，模仿他的动作、他的表情，模仿他说话的语气，甚至模仿他呼吸的频率，会达到意想不到的效果。

（4）名言支持法。人们相信名人和权威，在说服中，引用名人的语录或权威的理论来支持自己结论，能增加说服力。因为名人的话往往有一定的号召力，借助名人的话，可以达到事半功倍的效果。

（5）暗示说服法。暗示说服法就是通过委婉的语言形式，把自己的思想观点巧妙地传递给对方。暗示的方式有以下几种：借此言彼，利用事物之间的相似之处，互相比较；旁敲侧击，说话时避开正面，而从侧面曲折表达；鼓动，等等。

> 打动人心的最佳方式是跟他谈论他最珍贵的事物。
> ——[美]戴尔·卡耐基

（6）对比说服法。冷热水效应可以用来劝说他人，如果你想让对方接受"一盆温水"，为了不使他拒绝，不妨先让他试试"冷水"的滋味，再将"温水"端上，如此，他就会欣然接受了。

3. 拒绝的技巧

说"不"需要勇气，但要认识到"拒绝不等于伤害"。拒绝不仅需要勇气，更需要技巧。

直接分析法	巧妙转移法	微笑打断法	拖而不办法	李代桃僵法
遇到明显无理或过分的要求，可以直接拒绝。把拒绝的理由阐述清楚，并让对方体会到你的难处，让他也产生同感。拒绝时要清楚地表达，要自信、直截了当，拒绝时语气要肯定，不要吞吞吐吐。	先对对方的要求表示理解和赞许，在交谈中慢慢与你的困难靠近，让对方与你在情感上产生共鸣，对你的困难表示同情和支持，再提出你的看法，留待以后条件成熟再给对方解决。	人们都喜欢被倾听，而不是被打断。但遇到别人提出一个你已经预感到有困难的问题时，可运用这个方法。在对方谈问题或在作铺垫时，就用微笑的语言打断谈话，把话题引导到其他方面。	当对方的要求并没有很过分，但你却由于各种原因无法完成的情况下，可以采用拖的办法，可以说自己需要时间考虑，迟些时间答复或者要求对方提供更多的信息资料或作进一步的说明。	当对方提出一个很棘手的问题，或者你目前无法解决的时候，可以退而求其次，找到一个你们都能接受的替代办法。暂时性的和替代性的解决办法，往往是处理矛盾和预防危机的有效手段。

▶ 小故事

马克·吐温与邻居

有一次，马克·吐温向邻居借阅一本书，邻居说："可以，可以。但我定了一条规则：从我的图书室借的书必须当场阅读。"一个星期后，这位邻居向马克·吐温借割草机用，马克·吐温笑着说："当然可以，毫无问题。不过我定了一条规则：从我家借的割草机只能在我的草地上使用。"

拒绝最核心的原则是既能让对方理解你的苦衷，又不影响你们之间的感情。在此过程中，你最好认真倾听并对对方的处境表示理解，最重要的是要表现出你的热情、真诚，多多安慰对方，以舒缓对方压抑的心情。

（四）赞美

要建立良好的人际关系，恰当地赞美他人是必不可少的。莎士比亚说："赞美是照在人心灵上的阳光。没有阳光，我们就不能生长。"赞美不仅能使他人满足自我的需求，每一次赞美别人时，你也会获得满足。

赞美的方式可以有很多，如积极美好的语言、眼神、点头、拥抱、跷拇指、击掌、微笑等。

小故事

赞美的力量

意大利有位著名的女歌唱家，在少年时代就有歌唱天赋，被誉为少年之星。父亲为她请了位罗马最负盛名的教师。这位教师造诣高，这位小姐爱上了他，因此每次面对教师唱歌，她都很紧张。渐渐的，她歌唱得越来越生硬、表现越来越差。她与这位音乐教师结了婚后，也就放弃了歌唱生涯。

时光流逝，音乐教师不幸因车祸去世。有一天来了一位推销员，她正好在家唱歌赋闲。推销员夸赞说，"你的歌唱得真好，我很少听到这种美妙的歌喉，你为什么不去音乐厅唱呢？""没人请。"她忧郁地说，"怎么会呢，我可以推荐你去一间音乐厅"。演唱那天，推销员叫了许多熟人朋友坐在前排，她一唱完就拼命鼓掌欢呼，又及时献上鲜花。以后每当她登台，推销员就必定坐在前排，掌声最热烈。在他的真诚鼓励下，她歌唱得越来越好，最后终于成为意大利著名女高音歌唱家。

赞美别人的前提是善于发现别人的长处。每个人都有自己的长处。生活中其实不缺少美，缺少的是发现美的眼睛。在赞美别人时态度要真诚，内容要具体，时机要恰当，更要因人而异。此外，还要掌握适当的赞美技巧。

1. 寻找赞美点

赞美的前提是寻找赞美点。只有找到对方所具有的闪光的赞美点，才能使赞美显得真诚，而不虚伪。赞美点如下：

赞美点	举例	别称
外在的、具体的	穿着打扮（服装、领带、手表、眼镜、鞋子等）、头发、身体、皮肤、眼睛、眉毛等	硬件
内在的、抽象的	品格、作风、气质、学历、经验、心胸、兴趣爱好、特长、处理问题的能力等	软件
间接的、关联的	籍贯、工作单位、邻居、朋友、职业、用的物品、养的宠物、下级员工等	附件

2. 间接赞美法

背后赞美别人，效果更好。运用第三者赞美对方更容易接受。此外，要把赞美的焦点放在别人所做的事情上，而不是他们本身，他们就会更容易接受你的称赞，而不会引起尴尬。

3. 称呼名字法

人们认为，自从柏拉图和苏格拉底以来多数人都觉得自己的名字是世界上最动听的声音，会对包含其名字的话语给予更多的注意。此外，称呼对方的名字也可以让对方觉得你的赞扬是专门针对他的。

4. 先抑后扬法

赞美别人之前，不妨先指出对方一个小小的不足，然后再赞美，会取得意想不到的效果。因为人通常会谨记别人说的最后一句话，作为所有话的一个总结。而且经过被人否定后再经肯定，心情会更加雀跃，当然批评对方的时候要留有余地。

5. 希望赞美法

赞美你所希望对方做的一切。一般领导对下属常常运用这种方法。如果你希望对方很有耐心，就赞美对方是个富有耐心的人，对方也真的变得很有耐心了。

> 不要光批评而不赞美，这是我严格遵守的一项原则。不管你要批评的是什么，你必须找出对方的长处来赞美，批评前和批评后都要这么做。这就是我所谓的"三明治"策略。
> ——[美]玛丽·凯·阿什

▶ 小故事

猎人

有甲乙两个猎人，他们各自猎得两只野味回家了。甲猎人的妻子见后冷冷地说："怎么只有两只呀？"猎人不高兴了："你以为很容易打到吗？要不你去打打看？"整晚两个人心情都很郁闷。第二天，猎人故意空手而回，让妻子知道打猎不是容易的事。抱怨并没有使他们获得更多的猎物，还让他们关系因此紧张起来。得不偿失呀！

相比乙猎人就幸运极了，他的妻子看见他带回两只野味，惊喜地说："你竟然打了两只！"乙猎人心中欢喜，一身的疲惫似乎都被妻子的惊喜赶跑了。两只算什么呢，第二天他尽力打回来了四只。

在生活中，我们要循序渐进地实践"赞美"，可以通过模拟想象、文字演练、模拟练习等，熟练赞美的技巧，培养赞美的习惯。

记住：赞美他人时，请你高声表达！指责他人时，请你咬住舌头！

二、案例分析 Case Study

案例一：一个汽车推销员的故事

他是世界上最伟大的推销员，连续12年荣登世界吉尼斯纪录大全世界销售第一宝座，他所保持的世界汽车销售纪录：连续12年平均每天销售6辆车，至今无人能破。他也是全球最受欢迎的演讲大师，曾为众多世界500强企业精英传授宝贵经验，来自世界各地数以百万的人们被他的演讲所感动，被他的事迹所激励。他就是美国雪佛兰汽车推销员乔·吉拉德。他入职初始，曾经有过这样一次经历：

有一次，乔花了近一个小时才让他的顾客下定决心买车，然后，他所要做的仅仅是让顾客走进自己的办公室，然后把合约签好。

当他们向乔·吉拉德的办公室走去时，那位顾客开始向乔提起了他的儿子。"乔,"顾客十分自豪地说,"我儿子考进了普林斯顿大学,我儿子要当医生了。""那真是太棒了。"乔回答。两人继续向前走,乔却看着其他顾客。

"乔,我的孩子很聪明吧,他还是婴儿时,我就发现他非常聪明。"

"成绩肯定很不错吧?"乔应付着,眼睛在四处看着。

"是的,在他们班,他是最棒的。"

"那他高中毕业后打算做什么呢?"乔心不在焉。

"乔,我刚才告诉过你的呀,他要到大学去学医,将来做一名医生。"

"噢,那太好了。"乔说。

那位顾客看了看乔,感觉到乔太不重视自己所说的话了,于是,他说了一句"我该走了",便走出了车行。乔·吉拉德呆呆地站在那里。

下班后,乔回到家回想今天一整天的工作,分析自己做成的交易和失去的交易,并开始分析失去客户的原因。

次日上午,乔一到办公室,就给昨天那位顾客打了一个电话,诚恳地询问道:"我是乔·吉拉德,我希望您能来一趟,我想我有一辆好车可以推荐给您。"

"哦,世界上最伟大的推销员先生,"顾客说,"我想让你知道的是,我已经从别人那里买到了车啦。"

"是吗?"

"是的,我从那个欣赏我的推销员那里买的。乔,当我提到我对我儿子是多么的骄傲时,他是多么认真地听。"顾客沉默了一会儿,接着说,"你知道吗?乔,你并没有听我说话,对你来说我儿子当不当得成医生并不重要。你真是个笨蛋!当别人跟你讲他的喜恶时,你应该听着,而且必须聚精会神地听。"

> 一位优秀的管理人员应该多听少讲,也许这就是上天为何赐予我们两只耳朵、一张嘴巴的缘故。
>
> ——[美]玛丽·凯·阿什

听完这个故事,相信你对倾听的重要性已有所解了吧。乔·吉拉德对这一点感触颇深,因为他从自己的顾客那里学到了这个道理,而且是从教训中得来的。

案例二:说服罗斯福

第二次世界大战期间,美国的一批科学家要试制原子弹,他们把这项工程定名为"曼哈顿工程"。核物理学家西拉德草拟了一封信,由爱因斯坦签署后,交美国经济学家、罗斯福总统的私人顾问亚历山大·萨克斯面呈总统罗斯福,信的内容是敦促美国政府要抢在希特勒德国前面研制原子弹。1939年10月11日,萨克斯同罗斯福进行了一次具有历史意义的谈话。

萨克斯先向罗斯福面呈了爱因斯坦的长信，继而又朗读了科学家们关于核裂变发现的备忘录。可是罗斯福听不懂那深奥的科学论述，因而反应十分冷淡。

罗斯福对萨克斯说："这些都很有趣，不过政府若在现阶段干预此事，看来还为时过早。"鉴于事态和责任的重大，未能说服罗斯福总统的萨克斯整夜在公园里踯躅，苦苦思索着说服总统的良策。

第二天早晨7时，萨克斯与罗斯福共进早餐。萨克斯尚未开口，罗斯福就先发制人她说："今天不许谈爱因斯坦的信，一句也不许谈，明白吗？"

"我想谈一点历史，"萨克斯望着总统含笑的面容，"英法战争期间，在欧洲陆地上不可一世的拿破仑在海上却屡战屡败。这时，一位年轻的美国发明家罗伯特·富尔顿来到这位法国皇帝面前，建议把法国战舰上的桅杆砍掉，撤去风帆，装上蒸汽机，把木板换成钢板。但是拿破仑却认为，船若没有风帆就不能航行，木板换成钢板船就会沉没。他嘲笑富尔顿说：'军舰不用帆？靠你发明的蒸汽机？哈哈，这简直是想入非非，不可思议！'结果富尔顿被轰了出去。历史学家们在评论这段历史时认为：如果当初拿破仑采纳了富尔顿的建议，19世纪的历史就得重写。"萨克斯讲完后，目光深沉地注视着罗斯福总统。

罗斯福沉思了几分钟，然后取出一瓶拿破仑时代的法国白兰地，斟满了酒，他把酒递给了萨克斯，说道："你胜利了！"

这就是说服的力量。萨克斯顿说服了罗斯福总统，可以说是推进了人类历史的进程。说服随处可见，在职业场景中更是如此，领导说服下属，下级说服上级，推销员说服客户，等等，它在我们的职场中占有重要的地位。

案例三：改变人一生的赞美

戴尔·卡耐基小时候是一个公认的坏孩子，甚至被认为无可救药。在他9岁的时候，父亲把继母娶进家门。当时他们还是居住在乡下的贫苦人家，而继母则来自富有的家庭。

当父亲第一次向继母介绍卡耐基时，他说："亲爱的，希望你注意这个全郡最坏的男孩，他已经让我无可奈何。说不定明天早晨以前，他就会拿石头扔向你，或者做出你完全想不到的坏事。"

当时卡耐基就十分伤心，更想表现得坏一些来气气父亲。但出乎意料的是，继母没有露出厌恶的表情，反而微笑着走到他面前，托起他的头，认真地看着他。接着她回头对丈夫说："你错了，他不是全郡最坏的男孩，而是全郡最聪明最有创造力的男孩。只不过，他还没有

佛陀的故事

在旅途中，佛陀碰到一个不喜欢他的人。连续好几天，好长的一段路，那人用尽各种方法诬蔑他。

最后，佛陀转身问那人："若有人送你一份礼物，但你拒绝接受，那么这份礼物属于谁的？"

那人答："属于原本送礼的那个人。"

佛陀笑着说："没错。若我不接受你的谩骂，那你就是在骂自己？"

那人摸摸鼻子走了。

找到发泄热情的地方。"

继母的话说得卡耐基心里热乎乎的，眼泪几乎滚落下来。在继母到来之前，没有一个人称赞过他聪明。他的父亲和邻居认定，他就是坏孩子。但是继母只说了一句话，便改变了他一生的命运。就是凭着这一句话，他和继母开始建立友谊。也就是这一句话，成为激励他一生的动力，使他日后创造了成功的28项黄金法则，帮助千千万万的普通人走上成功和致富的道路。

卡耐基14岁时，继母给他买了一部二手打字机，并且对他说，相信你会成为一名作家。卡耐基接受了继母的礼物和期望，并开始向当地的一家报纸投稿。

他了解继母的热忱，也很欣赏她的那股热忱，他亲眼看到她用自己的热忱，如何改变了他们的家庭。所以，他不愿意辜负她。最终，在这样的信念下，凭着继母当时一句赞美的言语，他成为我们众所周知的成功学大师。

赞美的力量是无穷的，它能改变一个人的自我评价，令人重拾信心和希望，产生进取的力量，乃至改变人的一生。赞美是一种激励，可以使人信心十足，表现得比以前更好。不要吝啬你的赞美，每个人身上都有闪光点，去发现并赞美别人的同时，你会发现你也变得快乐，你的生活也在改变。

三、过程训练 Process Training

活动一：悄悄传话

（一）活动过程

1. 将学员分成若干组，人数不限，每组人数相同。
2. 每组学员从前向后纵向排列。

3. 培训师将不同的、50字左右、稍微有些拗口的一句话分配给每一组，以前面第一个成员开始，一对一用说悄悄话（说话时，不能让其他成员听到）的方式向依次后面传话。

4. 每组最后一个学员将自己听到的那句话在全体学员面前复述。结果证明，组员人数越多，误差越大。

好的倾听者，用耳听内容，更用心"听"情感。
——[美]约翰·P.迪金森

（二）问题与讨论

1. 误差从何而来？
2. 为什么会产生误差？

活动二：扑克牌游戏

通过这个游戏，可以体会在说服、提问过程中，一直说让对方说"是"的技巧。

（一）活动过程

1. 游戏道具：一副去掉大小王的普通扑克牌。

2. 游戏参与人数：一对一。

3. 游戏过程：让甲和乙面对面，其中甲拿着扑克，请乙随意抽取一张让甲看一下牌面花色，乙把牌握在手中（注意：甲提问结束之前乙不可看牌）。然后甲通过提问，让乙去回答，一步一步到最后，让在乙不看牌的情况下说出抽取出的牌的花色和点数。

提问的次序是：先是牌的数目的提问（简单问题入手），然后颜色的选择、花色的选择、人物牌和数字牌的选择、偶数和奇数的选择、大偶数（奇数）和小偶数（奇数）的选择，最后，得出具体的答案。通过一个具体案例，请认真体会：

例如，乙抽取的是方块10，甲看到以后开始如下提问：

甲：你有没有曾经玩过扑克牌，至少1到2次？

乙：有。

甲：扑克牌当中，有54张牌，去掉两张王牌，是不是还有52张牌？

乙：对。

甲：52张牌当中，有红色花样，还有黑色花样，是不是？

乙：对。

甲：你选择红色？还是黑色？

乙：红色。

甲：好，红色当中有方块，还有红桃，选择方块？还是红桃？

乙：方块。

甲：方块，很好。方块当中有人物牌，像J、Q、K，叫作人物牌，还有数字牌，你选择数字牌，还是人物牌？

乙：人物牌。

甲：人物牌，很好。那么，剩下来的是不是数字牌？

乙：对。

甲：数字卡当中，有奇数还有偶数，你喜欢奇数还是偶数？

乙：偶数。

甲：偶数当中有大偶数，如8和10，还有小偶数2、4、6，你会选择哪一个？

伏尔泰的机智

法国哲学家伏尔泰于1727年访问英国，他发现英国人非常仇视法国人，一群英国人向他怒吼："杀了他，把这个法国人吊死！"

伏尔泰说："英国人！你们因为我是法国人而要杀我，难道因为我不是英国人而受的惩罚还不够吗？"

英国人听了哈哈大笑，居然一路送他安全返回寓所。

乙：小偶数。

甲：好的，那么剩下来的是大偶数了。

乙：对。

甲：那么大偶数中，你会选择哪一个？ 8还是10？

乙：10。

甲：好的，你选择的是红颜色的，方块10，看一看你手中的牌是不是方块10。

乙：（打开牌）啊，是的。

（二）活动说明

整个游戏，看似神奇，其实简单。无论乙抽取到什么样的牌，在乙不看牌的情况下，甲都可以引导到乙在最后说出牌面的花色和点数。其关键点在于甲提问的方式，比如，在上面的案例中，如果一开始甲提问你会选择红颜色还是黑颜色，乙没有按照实际的牌面，选择了黑色，甲同样要说好，只不过需要另加一句："那么剩下来的是黑色了？"（二择一法，乙只能说是）同理，只要是乙说的答案和牌面不一致，那么甲都要说："好，那么剩下来的是……"直到最后引导到真实牌面情况。

在提问时，甲也可以使用语气来进行暗示："你会选择是红色（升调）呢，还是黑色（降调）？"其中把红色在前面也是一种暗示。如果对方喜欢唱反调，选择黑色，那么，下次要强调那个相反的。

（三）提问的技巧

1. 先从简单的问题开始问起。

2. 要问让对方回答"是"的问题。

3. 要问二选一的问题。

活动三：戴高帽

> 人性中最深的禀质，是被人赏识的渴望。
> ——[美]威廉·詹姆斯

通过活动可以学习发现别人的优点并加以欣赏，促进相互肯定与接纳，可以增加个人自信心。

（一）活动准备

1. 必须说优点。

2. 夸别人的优点时态度要真诚，不能毫无根据地吹捧，这样反而会伤害别人。

3. 参加者要注意体验被人称赞时的感受；怎样用心去发现别人的长处；怎样做一个乐于欣赏他人的人。

（二）活动过程

1. 围圈坐。

2. 请一位成员坐或站在团体中央，向大家介绍自己的姓名、个性、爱好等。

3. 其他人轮流根据自己对他（她）的了解及观察说出他（她）的优点及欣赏之处（如性格、相貌、待人接物的方式……）然后被欣赏的成员说出哪些优点是自己以前察觉到的，哪些是没察觉到的。

4. 请学员们谈谈受到赞美后的感受。

提示：赞美别人的角度

1. 从小事赞美对方，如"你这衣服的纽扣真好看"，"错了一点点，你就重新抄一遍，真是认真"。

2. 以第三者口吻赞美对方，如"他们都说你人很好"，"听你们班主任说，你的口才很好"，"同学们都说喜欢上您的英语课"。

3. 有意将对方优点公之于众，如"大家看！他又有一个新创意"，"告诉大家一个好消息，××又获奖了"。

4. 注意赞美对方隐藏的优点：如"你不但有耐心，而且还很细心"，"没想到你的字也写得这么好"。

5. 注意赞美对方新近的变化，如"最近你的皮肤变白了"，"最近你的数学进步很大"。

6. 注意非语言方式，如用眼神、点头、竖大拇指等赞美对方。

7. 赞美对方心理上的优点，如赞美他人品好、能力强、有才华、有气质、性格好、聪明、有耐心、细心、有同情心、很善良、善解人意、有智慧、有风度等。

8. 赞美对方生理上的优点，如赞美他人漂亮、帅气、苗条、高大、秀美、白皙、健康等。

9. 赞美与对方相关的人或事，如赞美他人服饰的样式、颜色，有关对方妻子、丈夫、孩子等家人，以及与对方有关的活动、观点、建议，等等。

> 称赞不但对人的感情，而且对人的理智也起着很大的作用。
> ——[俄]列夫·托尔斯泰

四、效果评估 Performance Evaluation

评估一：倾听习惯自测

（一）情景描述（用"是"或"否"回答）

1. 我常常试图同时听几个人的交谈。

2. 我喜欢别人只提供事实，让我自己作出解释。

3. 我有时假装自己在认真听别人说话。

4. 我认为自己是非言语沟通方面的好手。

5. 我常常在别人说话之前就知道他要说什么。

6. 如果我对交谈不感兴趣，常常通过注意力不集中的方式结束谈话。

7. 我常常用点头、皱眉等方式让说话人了解我对他所说内容的感受。

8. 常常别人刚说完，我就紧接着谈自己的看法。

9. 别人说话的同时，我评价他的内容。

10. 别人说话的同时，我也常常在思考接下来我要说的内容。

11. 说话人的谈话风格常常影响我对内容的倾听。

12. 为了弄清对方所说的内容，我常常采取提问方法，而不是进行猜测。

13. 为了了解对方的观点，我总会很下功夫。

14. 我常常听到自己希望听到的内容，而不是别人表达的内容。

15. 当我和别人意见不一致时，大多数人认为我理解了他们的观点和想法。

> 要受欢迎很简单，你只要做一件事就行了，那就是倾听对方说话。
>
> 倾听是一门艺术，会倾听必然会思考，会思考必然会表达。

（二）评估标准

根据倾听理论得出：1. 否；2. 否；3. 否；4. 是；5. 否；6. 否；7. 否；8. 否；9. 否；10. 否；11. 否；12. 是；13. 是；14. 否；15. 是。为了确定你的得分，把错误答案的个数加起来，乘以7，再用105减去它，就是你的最后得分。

（三）结果分析

得分在91～105分之间，表明你有良好的倾听习惯；

得分在77～90分之间，表明你还有很大程度可以提高；

得分低于76分，表明你是一个差劲的倾听者，在此技巧上就要多下功夫了。

评估二：沟通中的赞美能力

（一）情景描述

1. 不管有事没事，你喜欢微笑吗？　　　　　　　　（　　）
   A. 不喜欢　　　　B. 一般　　　　C. 常常微笑

2. 如果有人夸奖你，你会有什么反应？　　　　　　（　　）
   A. 对方肯定有求于我
   B. 对方夸得过了，不好意思
   C. 表示感谢

3. 如果一个人给你看了他小孩的相片，你会：　　　（　　）
   A. 你无声地放回去
   B. 一带而过，借机谈自己的孩子
   C. 要夸他的小孩

4. 如果你的朋友升职了，第二天你见到他，你会：　（　　）
   A. 和以前一样打声招呼
   B. 表示祝贺
   C. 一定要用新的职务去称呼他

5. 如果对方给你送上他的名片，你会：　　　　　　（　　）
   A. 直接装到兜里
   B. 看一看，然后装到兜里
   C. 读出名片上的文字，有不了解的请教对方并适时夸奖

6. 你碰到邻居买了一辆新车，你如何反应？　　　　（　　）
   A. 视而不见
   B. 看看然后说我也要买车了
   C. 你看着他眼睛，真诚地说："我真喜欢你的新车的颜色。"

7. 如果被邀请去参观朋友的住宅、办公室或公司，你会：（　　）
   A. 没反应
   B. 告诉他，我哥哥的房子比这还要好
   C. 告诉他，真不敢相信你竟有这么豪华的房子

8. 如果你是老师，学生回答问题时信口开河或驴唇不对马嘴，你会：　　　　　　　　　　　　　　　　　　　（　　）
   A. 批评他，让他下次注意思考成熟后再开口
   B. 请他坐下，对其他同学说，让我们听听正确的答案
   C. 表扬他的勇气，鼓励他再想想

9. 你的好朋友买了一件首饰，她让你作评价，你会说：（　　）
   A. 没什么，我早就买了

> 我认为，我那能够使员工鼓舞起来的能力，是我所拥有的最大资产。而使一个人发挥最大能力的方法，是赞赏和鼓励。再也没有比上司的批评更能抹杀一个人的雄心……我赞成鼓励别人工作。因此我急于称赞，而讨厌挑错。如果我喜欢什么的话，就是我诚于嘉许，宽于称道。我在世界各地见到许多大人物，还没有发现什么人——无论他多么伟大，地位多么崇高——不是在被赞许的情况下，比在被批评的情况下工作成绩更佳、更卖力气的。
> ——[美]查尔斯·史考伯

B. 嗯，挺好看的，多少钱啊

C. 非常漂亮，它太符合你的脸型了

10. 你的女朋友烫了发，她问你的看法，你会说　　　　（　　）

A. 好看，很有女人味，不过太成熟不适合你

B. 挺好看的，挺适合你

C. 太成熟了不适合你，不过很有女人味

（二）评估标准及结果分析

以上题目选 A 得 0 分，B 得 1 分，C 得 3 分。

如果得分是 25 分以上，说明你是一个懂得赞美并且有技巧的人，你很有人缘，大家很愿意和你在一起。

如果得分是 15 分以上，说明你可能知道在人际交往中需要赞美，但是赞美的技巧需要加强。

如果得分是 15 分以下，你是一个自我意识超强的人，可能不怎么在乎别人的感受，要注意改善自己。

> **说话的四要和四不要**
> 　要尽量具体、形象，不要太抽象；
> 　要以情动人，不要冷若冰霜；
> 　要学会倾听，不要只顾着自己说话；
> 　要注意尊重别人，不要居高临下。

第二节　电话与书面沟通

职场在线

研发部梁经理才进公司不到一年，工作表现颇受主管赞赏，在他的缜密规划之下，研发部一些延宕已久的项目，都在积极推进当中。

部门主管李副总发现，梁经理到研发部以来，几乎每天加班。他经常第二天来看到梁经理电子邮件的发送时间是前一天晚上10点多，接着甚至又看到当天早上7点多发送的另一封邮件。平常也难得见到梁经理和他的部属或是同级主管进行沟通。

李副总对梁经理怎么和其他同事沟通觉得好奇，开始观察他的沟通方式。原来，梁经理都是以电子邮件交代工作，很少当面报告或讨论。电子邮件似乎被梁经理当作和同事合作的最佳沟通工具。

但是，最近大家似乎开始对梁经理这样的沟通方式反应不佳。李副总发觉，梁经理所属的部门逐渐没有了向心力，除了不配合加班，还只执行交办的工作，不太主动提出企划或问题。

这天，李副总刚好经过梁经理门口，听到他打电话，讨论内容似乎和陈经理业务范围有关。他到陈经理那里，刚好陈经理也在说电话。李副总听谈话内容，确定是两位经理在谈话。之后，他找到陈经理，问他怎么一回事。明明两个主管的办公房间就在隔邻，为什么不直接走过去说说就好了，竟然是用电话谈。

陈经理笑答，这个电话是梁经理打来的，梁经理似乎比较希望用电话讨论工作，而不是当面沟通。陈经理曾试着要在梁经理房间谈，梁经理不是最短的时间结束谈话，就是眼睛还一直盯着计算机屏幕，让他不得不赶紧离开。陈经理说，几次以后，他也宁愿用电话的方式沟通，免得让别人觉得自己过于热情。

了解这些情形后，李副总找了梁经理聊聊，梁经理觉得。效率应该是最需要追求的目标。所以他希望用最节省时间的方式，达到工作要求。李副总以过来人的经验告诉梁经理，工作效率重要，但良好的沟通绝对会让工作进行顺畅许多。

随着科技的发展，电话、电子邮件越来越成为我们最常用的沟通方式，这种沟通方式效率高，但是有些情况下却达不到预期的效果。选择恰当的沟通方式才能真正达到沟通的目的。

> **沟通小故事**
>
> 第二次世界大战期间，一个小伙子与一个姑娘热恋了，可惜好景不长，美国正式参战，小伙子入伍远赴战场。此后，无论是战斗间隙还是战壕静守，无论是白天还是黑夜，只要一有空隙，小伙子就坚持给姑娘写信，以遥寄相思之苦。
>
> 几年后战争结束了，小伙子荣归故里，姑娘准备好当新娘。但新郎不是小伙子，姑娘嫁给了天天给她送信的邮递员。这个案例强调的是任何热烈的方式都替代不了面对面的沟通，因为人大部分的信息来自眼睛。

一、能力目标 Competency Goal

　　在信息时代，人与人之间的沟通方式越来越多，电话、视频会议等突破了空间限制的沟通方式等越来越为大家所青睐。而书面沟通作为传统的沟通方式也被赋予了新的内容，不仅包括职业文书的往来，短信、电子邮件，甚至微博、微信等也成为书面沟通的重要载体。

（一）电话沟通

　　电话沟通因其方便、经济、快捷，而逐渐成为人们在工作及生活中主要的交流方式之一。在许多大型机构中，电话礼仪和技巧往往是新员工上岗培训的必备内容。

1. 打电话的注意事项

　　（1）表现你的真诚和友善。微笑着开始说话，让对方能够感受到你的微笑。

　　（2）以职业化的问候开始。问候之后确认一下接电话的是何人，是不是你要找的人，接下来主动说明自己的身份。

　　（3）简要说明通话目的。要求说话简洁、清晰、明了。

　　（4）算好时间。打长途电话或给国外打电话要选择双方都方便的时间，以免打扰对方休息。

> **职场新人电话沟通基本礼仪**
> 1. 铃响2次，迅速接听；
> 2. 先要问好，再报名称；
> 3. 姿态正确，微笑说话；
> 4. 语调清晰，吐字准确；
> 5. 听话认真，礼貌应答；
> 6. 通话简练，等候要短；
> 7. 礼告结束，后挂轻放。

▶ 小案例

一通失礼的电话

小张有一次上午十点钟给新疆的一位老板打电话。

"喂，是刘总吗？"

"你是谁？"

"我是东莞莲花服装贸易公司经理办公室的秘书。"

"对不起，我在吃早饭，你等一会儿再打过来好吗？"

"哦，好的。"

小张就这样挂上了电话，但并不知道对方觉得他很失礼。

　　（5）写好通话提纲。如果内容多、时间长，应写好通话提纲，在电话结束前确认一下主要观点，要做的事，请人转告。如果你要找的人不在，可以请接电话的人转告，可以留言或者询问何时再打过来能找到本人，最后要道谢。

　　（6）拨错号。如果拨错了电话，要说声对不起，以表示歉意。

2. 接电话的注意事项

　　（1）及时接听。不要让铃声响太久，要迅速接听，最好在响过第二声铃声立即接听。

（2）自报家门。拿起电话先问好，接着介绍自己，报出组织和自己的名字，然后确认对方的单位、姓名及来电话的意图。

（3）适当回应。如对方讲话比较长，不能沉默，要有响应，否则对方不知你是否在听。

（4）做好记录。接电话前准备好纸和笔，认真做好来电记录，并随时牢记5W1H技巧：When（何时）、Who（何人）、Where（何地）、What（何事）、Why（为什么）、How（如何进行）。

（5）中断处理。有时在接打电话中需中断一下，处理别的电话或事情，要向对方解释清楚，处理后尽快返回并说："很抱歉，让您久等了。"

适宜电话沟通的情景

1. 彼此之间的办公距离较远、但问题比较简单时（如两人在不同的办公室需要讨论一个报表数据的问题等）；

2. 彼此之间的距离很远，很难或无法当面沟通时；

3. 彼此之间已经采用了E-Mail的沟通方式但问题尚未解决时。

需要特别注意的是：在成本相差无几的情况下，请优先采用当面沟通的方式。

（6）替人传达。如果对方要找的人不在，此时需询问对方可否转达，可否请别的人代接。

（7）接到误拨电话。如果接到打错的电话，记住：对方不是有意的，礼貌地告诉他："您打错了。"

▶ 小案例

态度冷淡，丢掉客户

某公司的业务主管打电话给甲公司，想要谈一笔大业务，但再拿起电话却不小心口误说成了乙公司。甲公司的接话人一听要找的是自己的竞争对手，没好气地说："你打错了"，然后"啪"的一下就挂断了电话。

这位业务主管半天才回过神来，发现是自己口误说错了，但同时他也觉得心里十分不舒服。因为在以前和这位接电话的员工联系过几次，对方的语言都是温文尔雅的，但现在看来，那些表面功夫都是装出来的。于是，这位主管看破真相后，打消了再打电话的念头，也不想再和这家公司合作了。

（二）书面沟通

书面沟通职业人最重要的沟通方式，掌握书面沟通是一个职业人基本的素养。对于短信、微博、微信、电子邮件等方式中书面沟通的要点，不多做阐述，可谨记礼貌、简洁、完整、及时8字方针。下文主要讲述职业文书的相关要点。

1.职业文书的种类

按照书面沟通所要达到的目的分类，职业文书大致可以分为六类：

介绍型文书	如求职信、简历、履历表、产品介绍书、项目介绍书等。
通知型文书	包括通知、通告、通报、简报以及各类报告等。
说服型文书	包括项目提案、申请、请示、建议书、商务广告等。
指导型文书	包括规划、方案、安排等计划类文书、领导讲话稿等。
记录型文书	包括工作总结、个人总结、会议记录、备忘录等。
协议型文书	包括合同、协议、合作意向书、标书、条约等。

2. 职业文书的一般格式

SCRAP 这种格式适用于一切书面文件，可以称为万能格式，SCRAP 格式能够使你的文字简洁明了，但又不会漏掉任何基本信息，这种办法会帮助你避免成为不受欢迎的人。

事态描述 Situation	陈述事件当前的发展状况，让收到信息的人能够知道你要说的事情，而且能够理解事件的前因后果。
复杂程度 Complication	写信描述事件复杂程度的具体情况，并解释出现复杂状况的真正原因或可能原因。
解决方案 Resolution	情况比较复杂就需要找到合理的解决方案，你需解释你将准备如何来解决整个问题。
行动 Action	你的关于事件本身的行动计划和步骤，不要忘记告诉别人你希望他们做什么，以及什么时候做。
礼貌用语 Politeness	你要保证礼貌地进行书面沟通。你需多说几句"非常感谢"、"致以最美好的祝愿"，等等。这比仅仅签上你的名字友好得多。

小案例

尊敬的李先生：

（S 事态描述）：以前，你问我你是否能参加下月在广州举行题为"国际教育和培训的新进展"的会议。由于国际教育与培训的最新成果对你的工作非常重要，因此我非常认真地考虑了你的申请。

（C 复杂性）：然而，问题是，这次会议与 CVCC 最后一轮的测试的时间发生了冲突，这事你也知道。

（R 解决方案）：我认为，在这样一个关键时刻无法给你 3 天时间让你去参加会议，因此，我不能答应你的要求。

（A 行动）：如果将来还召开类似会议，请告诉我，如果时间不是那么紧迫，或者不与其他重大事件发生冲突，那么我会很愿意让你去参加会议。

（P 礼貌用语）：感谢你有兴趣参加这样的会议，但这次真的非常抱歉不能让你去参加。

祝工作顺利！

王明

> 写文章要讲逻辑，就是要注意整篇文章、整篇说话的结构，开头、中间、结尾要有一种关系，要有一种内部的联系，不要互相冲突。
>
> ——毛泽东

3. 职业文书的撰写过程

书面沟通要花费准备、修改的时间，要求有较好的写作能力，在写作过程中一般具有以下的几个阶段：

（1）构思文章。分析可能的读者；分析书面沟通的必要性；明确书面沟通的目标是说明、论证还是有其他目的。

（2）收集资料。资料来源包括信件、文档、文章、书籍、电话采访、亲自拜访、互联网、头脑风暴、个人笔记等，可以是一手资料，也可以是二手资料。

（3）组织观点。通过分组、筛选材料，分析资料，归纳标题，提炼主题。

（4）撰写提纲。提纲是把要点用逻辑顺序列出，反映了写作材料的组织形式。

（5）起草文章。不要试图完美，不要在乎写作顺序，不要边写边改。

（6）修改文稿。宏观上的修改包括观点的重新提炼和结构的重组，微观上的修改主要对文稿的字词句段进行完善。

> 大学毕业生不一定会写小说诗歌，但是一定要会写工作和生活中实用的文章，而且非写得既通顺又扎实不可。
>
> ——叶圣陶

4. 职业文书的基本准则

职业文书沟通，很多人推崇国际流行的"7C"准则，即完整（Complete）、准确（Correctness）、清晰（Clearness）、简洁（Conciseness）、具体（Concreteness）、礼貌（Courtesy）、体谅（Consideration），具体要求如下：

完整	完整表达内容和意思，何人、何时、何地、何事、何种原因、何种方式等。
准确	文稿中的信息表达准确无误，从标点、语法、词序到句子结构均无错误。
清晰	所有词句都应非常清晰明确地表现真实意图，避免双重意义的表示或者模棱两可。
简洁	用最少的语言表达想法，去掉不必要的词，把最重要的内容呈现给读者。
具体	内容要具体而且明确，尤其是要求对方答复或者对之后的交往产生影响的函电。
礼貌	文字表达应表现出一个人的职业修养，客气而且得体，最重要的礼貌是及时回复。
体谅	在起草文书时，应以对方的观点来看问题，根据对方的思维方式来表达自己的意思。

在书面沟通中，除了要掌握写作的技巧，更要掌握阅读的技巧。阅读之于书面沟通犹如倾听之于面对面沟通。只有通过阅读才能获取信息，理解沟通的内容。

可根据材料的篇幅和重要性分别采用浏览、略读、精读三种不同的阅读方法。此外，还要掌握图表阅读的技巧。

二、案例分析 Case Study

案例一：一流的推销员

日本有一个非常有名气的推销员叫夏木至郎，在他身上曾经发生过这样的一件事情。

有一次，在一天晚上很晚了，夏木和太太都睡下了，突然他把棉被掀开，把睡衣换下，穿上衬衫、西服，打好领带，然后梳头发，梳完头发之后喷香水，然后穿好皮鞋，打好鞋油，一切准备停当，老婆看着这一切，还以为他有什么重要的事情要出门。这

> **处理抱怨电话技巧**
>
> 1. 首先平定自己的情绪；
>
> 2. 耐心聆听少插话；
>
> 3. 平复对方情绪；
>
> 4. 听到恶语不急躁；
>
> 5. 真诚致歉；
>
> 6. 主动表示出解决的态度；
>
> 7. 及时应对，提出办法；
>
> 8. 愉快结束通话。

时候，只见夏木拿出电话来打电话给顾客，跟顾客说："先生抱歉，这么晚打电话给你，因为我跟你说好今天晚上要跟你确定明天见面的时间地点，我们现在可以确定一下吗？"确定好了，谈话3分钟以后他挂了电话，回到卧房，脱掉鞋子、领带、西服脱掉，换上睡衣上床睡觉。

他老婆骂他："你有神经病啊你，你打个电话给顾客用得着大费周张吗？顾客又看不见你。"夏木说："太太，你不懂，我是一流的推销员，顾客看不见我可是我看得见我自己，如果我穿睡衣跟客户通电话，我感觉那不是我，我感觉那不是一流的推销员的做法，我感觉我对顾客不尊敬。顾客在电话中会感觉得到我的态度，我穿上西装打领带，我就尊重我的顾客，电话里面的语气都会不一样。"

夏木至郎提供给顾客的服务，好到顾客看不见他都要把自己打扮得非常正式地去打电话，这叫发自内心给顾客世界上最完美的服务。

在打电话的时候，无论是表情，还是语气都要到位，即便是对方看不到你。

案例二：一封致歉函

假如你是一位手机销售部经理，某老客户想购进700部BMC型手机，希望一周后交货，而这款手机因为销量好暂时脱销。你现在不能满足他的需求，为了表示歉意，也为了和该客户长期合作，你需要给他写一封致歉信函，你该怎么做呢？下面是一封参考致歉函。

刘经理：

您好！

我很遗憾地告诉您，BMC型手机目前缺货，所以昨天下午您说要的700部手机的要求我们不能够满足您。

这款手机目前在整个西南地区脱销了，本地一位客户提前一个月预定500部，才勉强满足了他的要求。

您是我们的老客户，以前我们合作一直很愉快。现在我向您推荐另一款CMC型手机，这款手机虽然不如当前的BMC型手机时尚，但也不算过时，而且实用性强、质量过硬，且价格要比BMC型手机低260元。见附件中我传给您的关于CMC型手机的详细说明。

如果您对这款手机感兴趣，希望您在这个周三下班前发邮件给我。届时，我们再考虑合作事宜。

再次感谢您对我们的支持！

×××手机专营连锁店　王鹏

2010年11月15日

电话沟通注意事项

1. 听到电话铃响，若口中正嚼东西，不要立即接听电话。

2. 听到电话铃响，若正嬉笑或争执，一定要等情绪平稳后再接电话。

3. 若是代接电话，一定要问对方是否需要留言。

致歉信开头给人以周到、礼貌、简洁明了的感觉，中间从有利于读者的角度提出解决问题的建议方案，结尾简明扼要地从5W1H原则出发，阐明撰写者希望读者采取的行动。由于行动陈述是商务信函的整个理由，要采取行动的要求出现在信函结尾处以加深印象，信函最后表示了真诚的赞扬并以友善的口吻结束。

三、过程训练 Process Training

活动一："三分钟恋爱"

（一）活动过程

1.学员分为两组，排成内外两圈面对面站立，每人准备一支笔和一个笔记本。

2.对面两位学员互相询问，尽可能多地了解对方的相关信息，如姓名、家乡、爱好、特长、恋爱要求等。限时三分钟。

3.三分钟后，内圈学员不动，外圈学员顺时针移动一人，再次互相交谈，循环进行，直至所有学员都互相交流。如学员人数较多，可分为两队或三队。

4.随机选取几名学员，让其他学员比较所获得的信息有何异同。看哪位学员获得的信息最全面、最深入。

（二）问题与讨论

1.怎样才能尽快得到更多的有效信息？

2.在交谈过程中，询问者的态度对信息的获得有影响么？为什么？

活动二：文书写作

（一）情景描述

1.请根据以下内容，为世纪职业学校学生会写一则通知。

世纪职业学校学生会准备通知各班文艺委员后天（201×年4月30日）下午五点到校学生会会议室203开会，研究学校第十届"五月之花"文艺会演有关事宜，并要求各班文艺委员带上本班节目的名称和演出人员名单。

2.温馨花卉超市拟招两名女导购员，请按以下基本条件为该超市写一则招聘启事。

条件：中专或高中以上文化程度，身高1.65米以上，年龄18～23岁之间，有本地户口。

书面沟通的九个要求

意思明确：明白无误，让人一目了然；

文理通顺：流畅表达，表达自然；

观点正确：要有逻辑，不搞歪理；

实事求是：真实，不夸张；

及时迅速：讲效率，不拖拉；

简明生动：增加可读性，防套话；

层次分明：有先有后，段落清晰；

标点规范：正确运用，防一逗到底；

格式适宜：不同文种用不同格式。

3. 某企业举办"铸爱国之魂，立民族之根"的演讲比赛，请你为这次比赛写一份主持词的开场白和结束语。

（二）评价标准

1. 应用文书写作 SCRAP。
2. 格式正确。
3. 语言准确、简练，符合题目要求。

四、效果评估 Performance Evaluation

评估：小组成员互动评估

> **书面沟通箴言**
> 文字沟通并没有高深的理论，其难度在于，你需要不断地训练自己，这一过程可能是漫长的。

阅读下面的简历：

姓名	张森林	性别	男	民族	汉	出生年月	1993.1.1
身高	180	体重	75	政治面貌	团员	籍贯	四川
学制	四年	学历	本科	毕业时间	2014.7	培养方式	非定向
专业	计算机科学与技术	毕业学校	××大学			就业范围	全　国
技能、求职意向							
外语等级	四级	计算机等级		三级		其他技能	无
专业技能	1. 有扎实的计算机基础，能熟练运用汇编语言、C语言、C++语言进行编程。 2. 熟悉软件测试流程，掌握相关的测试方法，测试工具。 3. 具有一定的计算机网络知识，有网站制作和维护相关工作经验。 4. 熟悉计算机操作系统，如win×P/Vista, Linux Ubuntu。 5. 有较强的英语读写听说能力，能够熟练阅读计算机相关专业的英语资料。						
求职意向	软硬件测试、软件开发、系统维护、网站开发维护等与计算机相关的工作。						
学习及工作经历							

2004.9～2008.7　××大学信息工程学院计算机科学与技术专业。

2008.12～2009.8　某数字电视设备公司系统部实习，对数字电视前端设备和STB设计测试用例，根据用例进行测试对VOD系统和前端设备进行技术维护。

2008.5～2008.11　太平洋财产保险股份有限公司×××营销部网络设备和电脑维护。

联系方式				
通讯地址	××省××市××区××街道××号		邮编	×××××××
E-mail	123@123.com	联系电话	138×××××××	
自我评价				

本人勤奋努力、虚心好学、积极上进，具备较强的自学能力和刻苦钻研精神，工作热情积极，勤恳踏实，认真负责，具有较强的敬业精神。性格爽朗、率直、坦诚，吃苦耐劳，具有团队协作精神、奉献精神和较强的工作能力和社会适应性。

1. 按"7C"准则，分析这则简历的优缺点。

2. 以上面的简历为模板写一份简历，并由小组成员评估，是否符合"7C"准则。

第三节　工作沟通与演讲

职场在线

　　陈晓峰大学毕业后，在一家较大的 IT 企业做研发人员。他刚到单位的时候，关系比较好的几个同事，都是和他一起新来的，由于大家被分配的办公室不同，平时也不容易看到。陈晓峰开始感到有点不适应，到了办公室都不知道和谁说话。感觉别人是一群人聚集在一起，讨论他们彼此熟悉的人和事，而自己作为新人，一下子感觉不合群。

　　但是，陈晓峰下定决心要打破这种被动的局面。一天，一个同事的行为启发了他，那是早上，一个同事见他进办公室就说了一句："晓峰，早啊！"正是这句温暖的话语让他觉得无比亲切。

　　他受到了启发：作为一名新人，很多同事在路上见到自己都和自己打招呼，但是他却叫不出其他同事的名字，甚至连他们的姓或者他们做什么工作，都不知道，这样很不礼貌，更不利于同事之间的交往。办公室里有一张名单，上面有每个同事的名字、所在部门，于是陈晓峰按照名单开始用心记住他们的名字和部门。每当他看到一个不认识的同事，他就问已认识的同事，知道他们的名字后，就了解他们的相关信息。

　　每当认识了一个新的同事，陈晓峰就在纸上做记号。过了大约一个星期，他终于把这一间大办公室的五六十人都能对上号了，路上碰到这些同事他也能自如地打招呼了。

　　很多同事都佩服他，短短时间，好像全公司的人都认识了。因为陈晓峰知道，在路上碰到一个同事，单单说一句"你好"和问候一句"某某，你好"是有本质不同的。

> 沟通在我们生活当中无处不在，从某种意义上讲，沟通已经不再是一种职业技能，而是一种生存方式。

　　作为职场新人，与人沟通特别是与上级、同事和客户的沟通是工作得以顺利开展的前提。掌握与上级、同事和客户沟通的原则与技巧是改善工作氛围和关系的基础。

一、能力目标 Competency Goal

在工作中，无论与领导、同事，还是客户的沟通，真诚、友好都是必不可少的，同时，与领导沟通时要有胆、有心，与同事沟通时要平等、谦和，与客户沟通时要有信、有礼，只有这样才能构建和谐的工作关系，促进自己的职业发展。

（一）与上级沟通

不可能每个人都成为领导，但几乎每个人都会成为下属。和自己的顶头上司打交道，是多数人日常工作的重点，沟通的效果既体现你的沟通能力，又影响你的职业发展，因此如何与上司沟通要高度重视。

1. 与上级沟通的原则

（1）尊重上级，是你和上级沟通的前提。尊重领导，是心理成熟的标志。当你满足了领导对于尊重的需要时，你同样会得到很好的回报。

（2）踏实搞好本职工作，是与领导沟通的基础。无论你从事什么工作，兢兢业业、踏踏实实地做好本职工作是良好沟通上下级关系的基础。

（3）摆正位置，领悟意图是与领导沟通的根本。和上级打交道，要能够领悟上级的意图，领导要你做什么？要你怎样做？应该有默契，有时一个手势、一个眼神，就要心领神会。

> **向领导汇报工作口诀**
> 明确目标，有的放矢；
> 先总后分，巧分层次；
> 巧用素材，精确数字；
> 抓住中心，用例典型；
> 用语朴实，态度乐观；
> 多种形态，能简能详。

▶ 小故事

割草男孩的故事

一个替人割草的男孩打电话给一位老太太说："您需不需要割草？"老太太回答说："不需要了，我已有了割草工。"

男孩又说："我会帮您拔掉花丛中的杂草。"

老太太回答："我的割草工也做了。"

男孩又说："我会帮您把草与走道的四周割齐。"

老太太说："我请的那人也已做了，他做得很好。谢谢，我不需要新的割草工人。"男孩便挂了电话。

此时，男孩的朋友问他："你不是就在老太太那儿割草打工吗？为什么还要打这电话？"男孩说："我只是想知道老太太对我工作的评价！"

2. 与上级沟通的技巧

（1）了解上级。要了解上级的个性与工作作风；了解上级的需求决定你的目标；了解上级的好恶，可以在工作中避免不必要的麻烦。

（2）树立与上司主动沟通的意识：多请示、勤汇报。作为领导判断下属对他是否尊重的重要因素就是是否经常请示和汇报工作，经常与上级领导沟通有助于建立起你与上级领导的融洽关系。汇报工作要把握分寸，选择时机，不要选择在领导很忙，以及领导心情不好的时候。

▌小故事

要保持适当距离

刚刚入职不久的张扬，工作十分认真、上进，上级主管领导对其也很关心。有一次，领导找他谈话说："在这里工作不必考虑太多，你就把我当成朋友，有话直说，有问题直接来找我。"

张扬听后，激动地说："这是领导第一次夸我，我会好好工作，正好我没哥哥，我就叫你大哥吧。"领导听了，微微一笑。

没多久，在一次部门会议上，张扬向主管汇报工作，结束之后，他对这位主管领导说："大哥，你看我做得对吗？"大家十分惊讶，领导也十分尴尬，于是张扬继续解释："前些日子，我认主管为大哥了。"渐渐地，张扬发现，领导疏远他了。

3. 如何向上级提建议

（1）不要否定和批驳上司的意见，不擅权越位。响应是维护领导权威的最好方式，下级对领导的命令应当服从，即便有意见或不同想法，也应执行。如果你认为领导的错误明显，和你想法严重相左，确有提出的必要，最好寻找一个能使领导意识到而不让其他人发现的方式纠正，让人感觉领导自己发现了错误而不是下属指出的，如一个眼神、一个手势或一声咳嗽都可能解决问题。

（2）灵活变通，让自己的想法被上级接受。即使你的意见是正确的，最好采取引导、试探、征询的方式说出来，更容易被上级采纳。

（3）必要时也要说"不"。当上级安排的工作超出了自己的能力，无论如何努力都完成不了的时候；当上级作出错误的决定，可能会严重损害个人或者团队利益的事情的时候；当上级要求你违背自己的原则和良心的事的时候——面对这些问题，必须对上级说"不"，不要勉强答应，以免陷入更大的困境。

当然，对上级说"不"，不仅需要讲求方式和方法，更需要讲求一定的技巧，一般来说，如是第一种情况，可以先答应或部分答应，然后再提出困难点，请上级体谅。如果是第二或三种情况，尽量站在上级的立场，协助上级作出正确的决定，不要当众指出上级的问题，不要迫使上级当场表态，尽量促成与上级单独沟通的机会，在拒绝上级的意见时候一定要给上级一个台阶或者一个备选方案，让上级有选择或者台阶下。

总之，与上级经常进行富有艺术性的沟通，可以帮你建立一个融洽和谐的工作环境，这也是事业取得成功的必要条件。

> 说服上司时你要：
> 1. 能够自始至终保持自信的笑容，并且音量适中。
> 2. 善于选择上司心情愉悦、精力充沛时的谈话时机。
> 3. 已经准备好了详细的资料和数据以佐证你的方案。
> 4. 对上司将会提出的问题胸有成竹。
> 5. 语言简明扼要，重点突出。
> 6. 和上司交谈时亲切友善，能充分尊重上司的权威。

（二）与同事沟通

在职场中，经常会听到有人抱怨同事关系不好，其实和同事相处是一门学问，需要我们用心经营。

1. 与同事沟通的原则

（1）要以诚相待，平等对待同事。真诚是人与人相处的根本，沟通的有效性在于真诚。在办公室里无论是什么样的同事，你都应当平等对待、互学互助，建立起和谐的工作关系。

（2）要学会尊重同事。有效的沟通必须做到尊重和理解，不是所有的沟通都能使彼此同意对方、达成共识，意见分歧、观点对立是常有的事，重要的是尊重和理解。

（3）对同事要宽容。宽容就是尊重个性，不能强求一律。要学会积极主动地适应别人的性格特点；容忍别人有和你不同的见解和感受，体谅别人的处境；在心理上接纳别人，学会欣赏别人。只有你欣赏别人，别人也才会欣赏你。

2. 与同事沟通的技巧

（1）灵活表达观点。和同事意见相左，或看到同事有明显错误或缺点，如果无伤大雅，不关原则，大可忽视，不必斤斤计较。即便是确有必要指出，也要考虑时间、地点、对象的接受能力，委婉指出。

（2）赞美常挂嘴边。同事的进步，要适时关注，适当赞美，同事的微小变化也要注意发现。要时常面带微笑，对他人微笑本身就是一种赞美。

> **职场五要五不要**
>
> 五要
> 1. 要爱你的工作。
> 2. 要学会微笑。
> 3. 要善解人意。
> 4. 要有原则。
> 5. 要尊重别人隐私。
>
> 五不要
> 1. 不要轻易表达意见。
> 2. 不要迟到。
> 3. 不要因为个人好恶影响工作。
> 4. 不要和上司发生冲突。
> 5. 不要太严厉。

▶ 小故事

富兰克林沟通技巧

有一天，富兰克林和助手一起外出，来到办公楼门口时，看见不远处一位女同事由于走路太匆忙，不慎跌倒在地。其助手刚要上前帮忙，却被富兰克林阻止，相反在走廊拐角处躲避了起来，悄悄关注着那位同事的动静。助手满脸困惑，富兰克林说，不是不要帮她，而是不是时候，因为这位女同事平时非常在意自己的外在形象，这种场景，她肯定不愿被同事看见自己狼狈的样子。

（3）务必要少争多让。不要和同事争什么荣誉，这是最伤害人的。你帮助同事获得荣誉，他会感激你的功绩和大度，更重要的是增添了你的人格魅力。

（4）同事勤联络。空闲的时候给同事打个电话、写封信、发个电子邮件，哪怕只是只言片语，同事也会心存感激，一个电话、一声问候，就拉近了同事之间的距离。

3. 与同事沟通的忌讳

（1）切忌背后打小报告。尊重别人的隐私是保护自己的最好方法。

绝不能把同事的秘密当作取悦别人或排挤对方的手段。

（2）切忌将所有责任背上身。最好专注去做一些较重要和较紧急的工作，这比每件工作都弄不好要理想很多。

（3）和同事交朋友一定要慎重。和同事过于亲密，就容易让彼此有过高的期望值，很容易惹麻烦，也容易被误解。

同事做朋友三要三不要

三要

要别人对你好，你先要对人好。

要保持人格上的平等。

要有敏锐的洞察力。

三不要

不要过多谈论是非。

不要搞小圈子。

不要回避竞争。

（三）与客户沟通

只有有效的沟通，才能发现客户需求，为客户提供优质高效的服务，更好地推销产品。随着竞争越来越激烈，每一个员工都要努力提升与客户沟通的水平。与客户沟通要把握好3个环节：了解客户、触动客户、维系客户。

▶ **小知识**

接待顾客"九避免"与"九应该"

序号	避免说	应该说
1	我不知道。	我想想看。
2	不行。	我想做的是……
3	那不是我的工作。	这件事可以由××来帮助你。
4	我无能为力。	我理解您的苦衷。
5	那不是我的错。	让我看看该怎么解决。
6	这事你应该找我们领导说。	我请示一下领导，看这事该怎么办。
7	你要求太过分了。	我会尽力的。
8	你冷静点。	我很抱歉。
9	你再给我打电话吧。	我会再给您打电话的。

1. 了解客户，是沟通的前提

（1）通过倾听来了解。学会倾听，不仅仅是听客户说话的内容，更重要的是在和客户的沟通中，体会客户说话的原因（目的），是如何表达的（语音语调），听上去的感觉（词语的选择），说话的时机（与接收者的心理活动相关），以及在话被说出来的时候看上去的感觉，等等。

（2）通过提问来了解。提问是一门非常有趣的学问，首先，要善于提问，其次，要问题提得好，提到点子上。只有将提问一步一步地深入客户的内心，你才能了解客户的真正需求。常用的提问技巧有主动式提问、选择式提问、建议式提问、诱导式提问、重复式提问。

2. 触动客户，是沟通的良剂

想要客户认同你的公司、产品，包括你个人，你就要学会触动客户。

（1）赞美认同与关怀感恩。赞美顾客一定要诚恳，在与顾客的沟通中要自始至终表现出热忱的欢迎和诚挚的感谢，要树立"为顾客服务不是给予，而是报答"的思想。

任何企业有两个，且只有两个职责，一个是满足顾客需求，另一个是创新。

——[美]彼得·德鲁克

（2）描绘美好未来与唤起眼前危机。和客户沟通的过程中你要强调假如买了以后可以带来的好处和利益，以及假如不买所带来的坏处和损失。尽可能描绘得具体详细，让客户有种身临其境的感觉。

（3）苦练内功提升自身。有人说，三流的推销员推销产品，二流的推销员推销公司，一流的推销员不仅推销产品，推销公司，更重要的是推销自己。

（4）对症下药，因人而异。要根据不同的客户的特点、个性采取不同的沟通方法。仁义者动情；明智者说理；好炫耀者夸奖；好言者倾听；好强者激将；好面子者提示；贪婪者送礼；无主见者给借口。

3. 维系客户

企业都有这样的感觉，开发一个新客户的成本要远远地高于维系一个老客户的成本。维系客户的方法如下：

（1）搜集客户信息，建立客户档案。从第一次和客户接触时就要有意识地搜集客户基本资料，然后不断地完善。

（2）采用多种方式，与客户联系。有的时候，一张小小的卡片，一个祝福的电话，一个联络的邮件，赠送客户一个小礼物，都可帮助你维系你的顾客关系，使你的顾客成为你永续的资源。

> **与客户沟通应避免的用语**
> 1. 冷淡的话。
> 2. 否定性的话。
> 3. 他人的坏话。
> 4. 太专业的话。
> 5. 太深奥，让人难以理解的话。

（四）公众演讲

职场中，几乎每个人都会面临各式各样的在公众场合讲话的机会，演讲能力已成为职场人士不可缺少的技能。

▶ **小故事**

乔布斯在斯坦福大学毕业典礼上的演讲（节选）

我今天很荣幸能和你们一起参加毕业典礼，斯坦福大学是世界上最好的大学之一。我从来没有从大学中毕业。说实话，今天也许是在我的生命中离大学毕业最近的一天了。今天我想向你们讲述我生活中的三个故事。不是什么大不了的事情，只是三个故事而已。

第一个故事是关于如何把生命中的点点滴滴串联起来。

我在 Reed 大学读了6个月之后就退学了，但是在18个月以后——我真正作出退学决定之前，我还经常去学校。我为什么要退学呢？

故事从我出生的时候讲起。我的亲生母亲是一个年轻的、没有结婚的大学毕业生。她决定让别人收养我，她十分想让我被大学毕业生收养。所以在我出生的时候，她已经做好了一切的准备工作，能使得我被一个律师和他的妻子所收养。但是她没有料到，当我出生之后，律师夫妇突然决定他们想要一个女孩。所以我的养父母（他们还在我亲生父母的观察名单上）突然在半夜接到了一个电话："我们现在这儿有一个不小心生出来的男婴，你们想要他吗？"他们回答道："当然！"但是我亲生母亲随后发现，我的养母从来没有上过大学，我的父亲甚至从没有读过高中。她拒绝签这个收养合同。只是在几个月以后，我的父母答应她一定要让我上大学，那个时候她才同意……

> **戴尔·卡耐基提倡的正确的演讲准备方法：**
> 1. 别一字字把整篇讲稿记下来。
> 2. 事先把想法组合安排好。
> 3. 在朋友面前练习。

1. 演讲的准备

在演讲前不仅要作准备，而且要作最好的准备。戴尔·卡耐基在其自传中写道："不论是大还是小的演讲，我都会作精心的、长时间的准备，以确保演讲的成功。"在演讲之前，首先要弄清楚：谁在说？对谁说？在哪里说？说什么？如何说？

谁在说？	对谁说？	在哪里说？	说什么？	如何说？
建立可信度是你演讲成功的关键。无论是讲述一个故事，还是说明产品或倡议说服听众，都需要听众对你的信任。 克服紧张心理。紧张是最正常的事情。将自己融于题材中，给自己积极的心理暗示，登台之前调整情绪，使你尽快进入演讲的状态。	要了解听众的基本信息，如知识、经历背景、个性、爱好、兴趣点、地位等。 要了解听众的需求和态度。可以通过调查问卷或其他方式来了解听众的需求。听众的态度也很重要。你对观众的需求和态度越是了解，你的演讲才能越对他们的口味。	你首先要调查一下演讲所处的地理环境，包括房子的布局结构，你是否需要讲台或者麦克风？准备一些你需要的东西，比如麦克风、扩音器、投影仪，甚至是一杯水。 你还要注意你演讲的场合，在不同的场合说不同的话，讲不同的事情。	能否实现演讲的目标，是衡量演讲成功与否的唯一标准。一般来说，演讲的目标有三种：告知、说明、说服。根据你的目标，尽可能从多种渠道搜集与演讲内容有关的不同材料，搜集不同的观点、故事、引例，甚至是笑话来丰富你的演讲内容。	使用有效的方式进行演讲是相当重要的，光说是不够的，你还要知道如何把话说出来。演讲，演讲，演在讲前面。 演讲的表达方式包括，使用语言、仪表举止、嗓音、语音的停顿、面部表情以及你所使用的演讲辅助工具等。

▶ **小故事**

论演讲技巧

卡耐基训练的演讲班上，曾经有一位佛莱恩先生。某天晚上，佛莱恩上台演讲，主题是华盛顿这个城市，整场演讲，所说的内容都是一些枯燥资料，不但他自己讲得难受，底下听众也听得昏昏欲睡。

两个星期后，他在演讲中再一次提到了华盛顿市，却整个人都不一样了。原来，他刚买的新车，在市中心让某个不知名的驾驶人给撞坏了，肇事者还逃之夭夭，佛莱恩一提到这件事，就怒火中烧，语气激昂了，表情也丰富了，最后听众全给他如雷的掌声。

总之，你要练习，练习，再练习。所有这一切都需要你事先准备，然后开始尝试练习演讲。让你的朋友来听你的演讲，他们的建议会让你发挥得更好。

2. 演讲的内容

对演讲内容的把握是演讲成功的必要条件。演讲对内容的具体要求包括：目的明确、主题突出、内容丰富、层次清晰。

（1）演讲的目的一般有三种，分别是告知、说明和说服。根据演讲者所要达到的目的，演讲的内容可以分为以告知或说明为目的的信息型演讲和以说服为目的的说服型演讲。

（2）演讲要突出主题，强化观点。演讲应有正确鲜明的主题，演

明白造成演讲恐惧的几个事实：

事实一：并非只有你害怕当众演讲。

事实二：适度的临场恐惧感是有用的。

事实三：许多职业学说家均承认，他们也一样有临场恐惧感。

事实四：一个人害怕在众人面前演讲，最主要的原因就是他还不习惯在众人面前演讲。

——[美]戴尔·卡耐基

讲的主题能体现演讲的思想价值和审美品位，使演讲具有深刻感人的艺术魅力。要想突出主题，就要在选取材料上下功夫。材料要能体现演讲的主题，不能滥竽充数。要选取典型意义的材料，要选取真实可信的材料，还要根据不同的听众来选取材料，同时演讲者所选择的材料，也必须与听众的切身需求相一致，与听众感情一致。

▶ **小知识**

精彩演讲的10条秘诀

1. 浓缩你的演讲主题。

2. 3个要点：将必须表达的、不同的想法归纳成围绕主题的3个要点。

3. 列举最有力的资料和事实：宁缺毋滥。

4. 借助视觉辅助工具：尽可能将幻灯片制作得简明扼要。

5. 使用卡片：若一定需要提示，就使用写有要点和事例的提纲小卡片。

6. 勤加练习。

7. 释放焦虑情绪：演讲前，进行一些简单的运动为自己的打气，释放一部分紧张情绪。比如说跳跃运动、挥舞手臂、在走廊边慢跑边听音乐等。

8. 登台之前，对自己说一些激励的话，如"今天我的演讲一定会很成功！"等来鼓励自己。

9. 保持微笑，轻松，自在。

10. 让你要发表一场严肃、庄重的演讲时，你不能面带微笑。

卡耐基总结的吸引人的演讲话题

把你生活体验告诉我们；由自己的经历中寻找题目；童年时光和成长经历；早年奋斗的经验；嗜好和娱乐；某些特别的知识；不寻常的经验；信仰与信念。

（3）演讲的开头，要求抓住听众，引人入胜。第一印象是很重要的。你可以在完成你的演讲主体以后再去考虑开场白。开场白能够建立起你的可信度和信誉，唤起听众的注意力，引发他们的兴趣。

（4）演讲的展开部分，要求是环环相扣、层层深入。演讲可以按时间、空间、因果、主题等顺序展开。

（5）演讲的结尾要简洁有力，余音绕梁。结尾发出信号，提示结束；再次增强与听众的情感交流，强化听众对演讲中心思想的理解和共鸣；告知型演讲应强调演讲主题，总结主要论点；说服型演讲应提出建议或要求，促动听众的反应。

3. 演讲的控制

知道说什么很重要，但是如何把话说出来同样重要。你要把热情传达给听众，过程的把握和控制是演讲成功的关键。我们可以通过声音、身体、辅助手段控制演讲的进程，达到最好的演讲效果。

声音控制	你的声音要足够响亮、清晰；你的音调要具有弹性，避免单一不变的音调；适当的停顿、适当的调整变化语速，免得显得单调，避免太快或太慢。避免过度使用"嗯"、"啊"等填充词，要学会用停顿来代替。通过合适的重音来表达你要强调的内容。
身体语言	要身体放松，自然直立，双脚应与肩同宽。要自然地移动，身体前倾，避免随机的紧张移动。面部表情要放松，看上去显得生动，能在适当的时候微笑，并能随着主题与情景的变化而变化。要与听众有目光交流。
辅助手段	恰当使用辅助手段能帮助你保持听众的注意力，能够让你的演讲更加生动，在某种意义上还可以让你增加控制演讲过程的自信。演讲的辅助手段有：多媒体、黑板、实物、模型、图解、挂图、表格、图示以及散发的材料等。

小知识

有魔力的3个短语

这三个短语是："设想一下"、"就像"、"例如"。

通过对这3个短语的合理运用，你的言谈能在第一时间引起听众的关注，并会使听众顺着你的思路来思考。

设想一下：如果劝说公众去参加义务献血，你可以说："设想一下，当你的家人或朋友遭遇了事故需要马上输血，却发现血库的鲜血不够用了。"

就像：一位美国科学家在演讲时，向公众讲解探测飞船的飞行速度，他说，"它能以每小时17万公里的速度飞往木星"。很多人对这个速度没有概念，他说："这就像在一分半钟里从纽约飞到旧金山一样。"

例如：经常用"例如"这个短语，听者的兴趣立刻就会被吸引住了。他们知道你要以一种更形象直观的方式来说明你的意图。

当然，具有魔力的短语不仅仅只有这3个，有更多的魔力短语需要从工作生活中去发现。

4. 即兴演讲

在很多场合你可能被叫起来即兴发言，在这种情况下通常会出现三种情况，第一是站起来以后发愣，不知从何谈起，结果造成冷场；第二是由于来不及思考，说出来的话欠妥当，甚至跑题；第三是没有思路、语无伦次、丢三落四，让听众云遮雾罩。

为解决这些问题，你可以运用"四个W法则"的讲话思路。四个W，即Where、Who、When、What，具体如下：

站起来先想，这是什么场合（Where）？联系场合说几句感谢或是点题的话。

再问自己，现场都有什么样的人（Who）？在你的发言中提到现场的听众，会让大家感觉亲近。

接着感觉一下，发言多长时间合适（When）？说一些和"时间"有关的概念，来让你最终想到发言的主题。

最后问自己：现场的观众喜欢听什么（What）？这才是进入到了真正的主题，说一些既符合自己的身份，又适合场合的话。

演讲中常见四种演讲手势

1. 大拇指一指：大拇指伸出，其他内收，意味着自信和鼓励。

2. 食指一指：食指伸出，其他内收，表示强调和指引。

3. 全掌式，五指伸出，表示开放和掌控。

4. 握拳式，五指握拳，表示激励和决心。

这个技巧的思路在于：当我们在毫无准备，乍一站起来无话可说时，围绕前三个"W"说一些贴近现场的话，既显得从容不迫，又让我们能够争取到理清思路的时间，最终解决最后一个"W"的难题。

二、案例分析 Case Study

案例一：老练的秘书

有一家公司，新近招聘来几位员工，在全员会上，老板亲自介绍这几位新员工，老板说："当我叫到谁的名字，就请他站起来和大家认识一下。"当念到第三个名字时"周华"，没有人站起来，"周华来了没有"？老板又问了一声，这时一位新员工怯生生站了起来。"您是不是在叫我，我叫周烨，是中华的华加一个火字旁。"人们发出一阵阵低低的笑声。老板脸上有些不自然。"报告总经理"，这时秘书小王站起来说，"是我工作粗心大意，打字时把烨字的火字旁丢了，打成了周华。""太马虎了，以后可要仔细点。"老板挥挥手，接着往下念，尴尬局面就此化解。没过多久小王得到了升迁。

领导错误不明显，其他人也没发现，不妨"装聋作哑"。新来的员工显然没做到。必要时要学会给领导提供台阶，秘书小王得到升迁不足为奇。

> 如果你仅仅提出建议，而让别人去得出结论，让他觉得这个想法是他自己的，这样不更聪明吗？
> ——[美]戴尔·卡耐基

案例二：35 次紧急电话

在日本东京奥达克余百货公司的一天下午，彬彬有礼的售货员接待了一位来买唱机的美国女顾客，为她挑了一台未启封的索尼牌唱机。事后发现，原来是错将一个空心唱机货样卖给了那位顾客。于是，立即向公司作了报告。经理接到报告后，觉得事关利益和公司信誉，马上召集有关人员研究。当时只知道那位女顾客叫基泰丝，是一位美国记者，还有她留下的一张"美国快递公司"的名片。据此仅有的线索，奥达克余公司公关部连夜开始了一连串接近于大海捞针的寻找。先是打电话向东京各大旅馆查询，毫无结果。后来又打电话，后来又打国际长途，向纽约的美国快递公司总部查询，深夜接到回话，得知基泰丝父母在美国的电话号码。接着，又给美国挂国际长途，找到了基泰丝的父母，进而打听到基泰丝在东京的住址和电话号码。几个人忙了一夜，总共打了 35 个紧急电话。

第二天一早，奥达克余公司给基泰丝打了道歉电话。几十分钟后，奥达克余公司的副经理和提着大皮箱的公关人员，乘着一辆小轿车赶到基泰丝的住处。两人进了客厅，见到基泰丝就深深鞠躬，表示歉意。除了送来一台新的合格的索尼唱机外，又加送唱片一张、蛋糕一盒和毛巾一套。接着副经理打开记事簿，宣读了怎样通宵达旦查询基泰丝住址及电话号码，及时纠正这一失误的全部记录。

基泰丝说她打开商品时火冒三丈，觉得自己上当受骗了，立即写了一篇题为《笑脸背后的真面目》的批评稿，并准备第二天一早就到奥达克余公司兴师问罪。没想到，奥达克余公司纠正失误如同救火，为了一台唱机，花费了这么多的精力，这些做法，使基泰丝深为敬佩，她撕掉了批评稿，重写了一篇题为《35次紧急电话》的特写稿。

若没有这35次紧急电话，错售空心唱机货样的事，势必会给公司的利益带来损害，更不会有如此漂亮的结局。《35次紧急电话》稿件见报后，反响强烈，奥达克余公司因一心为顾客着想而声名鹊起，使顾客对公司充满好感，门庭若市。后来，这个故事被美国公共关系协会推荐为世界性公共关系的典范案例。这种危机时与客户沟通运用得当所取得的效果比平时宣传要好得多。

案例三：丘吉尔演讲——"永不放弃"

丘吉尔在第二次世界大战后，应邀在剑桥大学一次毕业典礼上的演说，当时整个会场有上万个学生和其他听众，正迫不及待地要听这位伟大首相那美妙而幽默的励志演说，感受伟人的风采。

丘吉尔在他的随从陪同下准时走进了会场，慢慢地迈着自信的步伐登上讲台。他穿着厚重的外套，戴着黑色的礼帽。在听众的欢呼声中，他脱下外套交给随从，又慢慢地摘下帽子从容地放在讲台上。他看上去很苍老、疲惫，但很自豪、笔直地站在听众面前。

听众渐渐安静下来，他们知道这可能是老首相的最后一次演讲了。无数张兴奋、期待的面孔正注视着这位曾经英勇地领导英国人民从纳粹黑暗走向光明的老人，这位未上过大学，却知识渊博、多才多艺的举世闻名的政治家、外交家和诺贝尔文学奖获得者。作为政治家、诗人、艺术家、作家、战地记者、丈夫、父亲，丘吉尔走过了充实而丰富的人生之路，他被英国人称为"快乐的首相"。无论在公开场合，还是与家人在一起，他的谈话总是充满幽默感。甚至在生命垂危之时，他也没有忘记幽默。他曾说过"你能看到多远的过去，就能看到多远的未来"这句名言。那么，今天丘吉尔将如何将毕生的成功经验浓缩在这一次演讲中？究竟会对即将走向社会参加工作的大学生们提出什么宝贵的忠告呢？

> **8种实用开场白**
> 1. 开门见山；
> 2. 巧问问题；
> 3. 制造悬念；
> 4. 讲个故事；
> 5. 做个活动；
> 6. 引用名言；
> 7. 列举事实；
> 8. 赞美听众。

听众热切地期盼着，掌声雷动。

丘吉尔默默地注视着所有的听众。过了一分钟，他打着"V"型手势向听众致意，会场顿时安静下来。

又过了一分钟，他幽默地语重心长地说了四个字："Never, never, never, never give up!（永不放弃）"

一分钟后，掌声再次响起。

丘吉尔低头看了看台下的听众。良久，他挥动着手臂，又打着"V"型手势向听众致意，会场又安静了。他铿锵有力说出了四个字：

"永不放弃！"

这次他呼喊着，声音响彻整个会堂。

人们惊讶着，等待着他接下来的演说。

会场又安静下来了。

但大多数听众意识到了其实不需要更多的话语，丘吉尔已经道出了他一生的感悟和成功的秘诀，已经道出了他对学生的忠告。

听众知道，在丘吉尔一生所遭遇的危难中，他永远没有放弃他所要做的事情，世界因为他的出现而改变了。

丘吉尔说完，慢慢地穿上外套，戴上帽子，大家意识到演讲已经结束。

他转过身准备走下讲台，这时整个会场鸦雀无声，人们注视着他，期待着他继续演说。

又停顿了一分钟。丘吉尔转过身来，依然默默地看着听众。此时，他看上去红光满面，炯炯有神。接着，他又开口了，这次声音更加洪亮：

"永不放弃！"

丘吉尔再一次停顿下来，他那刚毅的眼中饱含着泪水。

听众想起了纳粹飞机在伦敦上空肆虐，炸弹落在校园、住宅和教堂上；想起了那个左手紧握着雪茄，右手挥舞着胜利的手势，带领大家从噩梦中冲出来的丘吉尔；想起了曾几次竞选首相失败的丘吉尔，但他毫不气馁，仍然像"一头雄狮"那样去战斗，最后终于取得了成功。他说过："我想干什么，就一定干成功。"他不但意志坚强，而且待人十分宽厚，能够谅解他人的过失，包括那些曾强烈反对过他的人。他的虚怀若谷，使他摆脱许多烦恼。在长时间的沉默和回想中，听众都感动地流下了眼泪。

丘吉尔又打着"V"型手势向听众致意，转身走下讲台，离开会场。

会场又爆起了热烈的经久不息的掌声。

这是丘吉尔一生中最精彩的一次演讲，也是世界上最简短最震撼的一次演讲。

这次演讲的全过程大概持续了20分钟，但是在这20分钟内，年迈的丘吉尔只讲了三句相同的话——"永不放弃！"却成了中外演讲史上的经典之作。

三、过程训练 Process Training

活动一：游戏——走出地雷阵

此游戏主要体会与同事进行积极沟通的重要性，并练习与同事进行沟通所需要的技巧。训练人数为20～30人，以8～10人为一组。

训练道具：每组一块蒙眼布；两根10米长的绳子；一些报纸。

（一）活动过程

1. 选择一块宽阔平整的游戏场地。

2. 每组同学2人一对作为搭档，其中一个做监护员，一个闯地雷阵。（人数多时，是一个有利因素，场地会变得喧闹，增加游戏难度。）

3. 给每对搭档发一块蒙眼布，闯地雷阵的人蒙好眼睛。由监护员领到游戏场地。

4. 眼睛蒙好之后就开始过雷阵了。两条绳子平行放置地上，绳距10～15米，标志着地雷阵的起点和终点。

5. 在两绳子之间，尽量多放些报纸作为地雷。

6. 被蒙上眼的同学在同伴的带领下，来到起点，同伴则只能站在地雷阵外面指挥他闯过地雷阵，一旦踩到报纸，则宣告"阵亡"。

7. 几组可同时进行，到达对面，另两名同组队员接力，看看哪一组率先完成任务，且"阵亡"人数最少。

（二）问题与讨论

1. 游戏过程遇到哪些问题?

2. 在沟通时会遇到哪些障碍?

3. 指挥者能够清晰指挥吗?

4. 良好的沟通是保证任务完成的先决条件。

活动二：故事接龙

先由一个学员开始讲故事，讲师随时打断，再由其他人继续接下去。

举例来说，第一个人可能这么开始："有天，我正驾着直升机。忽然发现一群飞碟逐渐向我开来。我开始下降，但离我最近的一个飞碟里有个体格瘦小的人开始向我开火。我……"

6种演讲结束模式
1. 总结式;
2. 号召式;
3. 故事式;
4. 幽默式;
5. 诗词式;
6. 对联式。

这时，讲师喊停，表示讲话的人到此为止，接下去由第二个学员继续把故事讲下去。等到每个学员都接上自己的部分，故事的结局往往是事前谁也预料不到的。

学员最后评出最符合逻辑奖、最生动离奇奖、最开心好笑奖，等等。（可发挥想象，自由设置奖项。）

提示： 刚开始时，大家讲得不怎么好，但毕竟都站起来开口讲了。不要放弃，你会发现自己比想象中要好得多。

四、效果评估 Performance Evaluation

评估一：与同事的沟通能力

（一）情景描述

1. 面对同事的缺点和错误时，你会：　　（　　）

    A. 委婉沟通，引导发现

    B. 直言相告

C. 和自己毫无关系

D. 当面不说，事后和别人谈起

2. 发现同事的优点或同事取得了成绩，你会：　　（　　）

    A. 及时赞美和祝福

    B. 非常关心，想要向他学习

    C. 羡慕

    D. 嫉妒

3. 当你听到同事在你面前说其他人的坏话时，你会：　　（　　）

    A. 不传话，只是静静地听

    B. 当面制止

    C. 当面制止，并指出对方的缺点

    D. 当面不说，事后悄悄告诉受诋毁的那个人

4. 请求关系很好的同事帮忙时，你如何去表达？　　（　　）

    A. 礼貌、委婉

    B. 有外人在时礼貌，单独在一起时直接

    C. 都很直接

    D. 命令的口吻

5. 参加老同学的婚礼后，朋友对婚礼很感兴趣，你会：　　（　　）

    A. 详细叙说从你进门到离开时所看到和感觉到的相关细节

    B. 说些自己认为重要的

    C. 朋友问什么就答什么

    D. 感觉很累了，没什么好说的

巡视基层　直接讨论

三星电子CEO尹钟龙说："我花了很多时间巡视公司在国内外的工作场所，从基层开始检查运营情况，听取面对面的报告，表扬他们取得的进展。这使我有机会随心所欲地与直接参与者讨论事务，从高级管理层到较低级别的职员我都能接触到。尽管许多人认为，数字技术的发展为打理全球企业业务提供了便利，但我仍认为没有任何革新能够取代通过直接讨论得到的信息真实。"

6. 由于公司需要，派你乘长途汽车去另一个地方，时间是10个小时，与你同行的是一个不爱多讲话的同事，你会：　　（　　）

　　A. 试图了解他，找出他感兴趣的话题

　　B. 主动沟通，找出共同话题

　　C. 和他交谈，谈谈自己的感受

　　D. 看书、睡觉或吃东西

7. 你刚就任一家公司的副总编辑，上班不久，你了解到本来公司中有几个同事想就任你的职位，对这几位同事你会：　　（　　）

　　A. 主动认识他们，了解他们的长处，争取成为朋友

　　B. 不理会这个问题，努力做好自己的工作

　　C. 暗中打听他们，了解他们是否具有与你进行竞争的实力

　　D. 暗中打听他们，并找机会为难他们

8. 与不同身份的人讲话，你会：　　（　　）

　　A. 不管是什么场合，你都是一样的态度与之讲话

　　B. 在不同的场合，你会用不同的态度与之讲话

　　C. 对身份高的人说话，你总是有点紧张

　　D. 对身份低的人说话，你总是漫不经心

9. 听别人讲话时，你总是会：　　（　　）

　　A. 对别人的讲话表示兴趣，记住所讲的要点

　　B. 请对方说出问题的重点

　　C. 对方老是讲些没必要的话时，你会立即打断他

　　D. 对方不知所云时，你就很烦躁，就去想或做别的事

李嘉诚非常善于同员工进行沟通，他认为在团队中，要和别人有效的沟通必须懂得倾听。李嘉诚说："在一个团队里，如果你说话时没人听，那么能说你进行沟通了吗？"

10. 当你在发表自己的看法时，别人却不想听你说，你会：（　　）

　　A. 仔细分析对方不听和自己的原因，找机会换一个方式去说

　　B. 等等看还有没有说的机会

　　C. 于是你也就不说完了，但你可能会很生气

　　D. 马上气愤地走开

11. 当你和同事出现误会时，你会：　　（　　）

　　A. 主动及时找对方沟通，消除误会

　　B. 通过第三方协调，消除误会

　　C. 等候对方找自己消除误会

　　D. 怀恨在心，找机会给对方点颜色看看

12. 当你进入一家新公司时，你会如何认识新同事？　　（　　）

　　A. 找机会主动介绍自己，认识每一个人

　　B. 积极认识本部门的人

　　C. 在工作中慢慢熟悉

　　D. 等待别人来认识你

（二）评价标准及结果分析

以上各题选 A 得3分，选 B 得2分，选 C 得1分，选 D 不得分。

28分以上：你与同事的沟通能力很好，请保持。

18～28分：你与同事的沟通能力一般，请努力提升。

18分以下：你与同事的沟通能力很差，亟须提升。

评估二：与客户沟通能力

（一）情景描述

1. 对于公司新开发的客户，你通过何种沟通方式进行了解？（　　）

　　A. 经常邀请客户参与公司活动

　　B. 登门拜访

　　C. 定期电话沟通

　　D. 通过邮件保持沟通

2. 在进行产品演示的时候，你如何同客户沟通？（　　）

　　A. 让客户亲自体验

　　B. 引导客户发表自己的看法

　　C. 以产品展示为主

　　D. 以口头表达为主

3. 当客户对你的介绍不感兴趣时，你如何激发其兴趣？（　　）

　　A. 从客户的需求中寻找突破

　　B. 宣讲自己产品给客户带来的好处

　　C. 更换客户

　　D. 质疑客户的眼光

4. 面对客户的无理抱怨，你如何做？（　　）

　　A. 认真倾听

　　B. 认真倾听，并对客户进行解释

　　C. 以理服人，指出客户的问题

　　D. 不理客户，冷处理

5. 针对客户的误解，你怎么处理？（　　）

　　A. 认真倾听，耐心解释

　　B. 认真倾听，委婉劝服

　　C. 直接指出客户的问题所在

　　D. 驳斥客户

6. 针对客户的无理要求，你如何处理？（　　）

　　A. 表示理解，但无能为力

　　B. 解释不能满足他要求的原因

　　C. 直接拒绝

日本推销之神原一平的格言

1. 推销成功的同时，要使客户成为你的朋友。

2. 任何准客户都有其一攻就垮的弱点。

3. 对于任何积极奋斗的人来说，天下没有不可能的事情。

4. 越是难缠的客户，购买力越强。

5. 找不到出路时，为何不去开辟一条。

6. 应该使准客户感到，认识你是非常荣幸的。

7. 不断地认识新朋友，这是成功的基石。

8. 说话时，语气要缓和，但态度要坚定。

9. 与客户沟通，善于听比善于辩更重要。

D. 先答应，后拒绝

7. 面对客户的无理投诉，你如何处理？　　　　　　（　　）

　　A. 记录投诉，安慰客户

　　B. 向客户解释

　　C. 直接反驳

　　D. 指出客户不合理的地方，以打消客户的念头

8. 如何增加客户购买后的满意度？　　　　　　　　（　　）

　　A. 定期邀请客户参与公司活动

　　B. 定期电话回访

　　C. 及时处理客户出现的问题

　　D. 不闻不问，等待客户自己上门要求服务

9. 在向不同的客户推销产品时，你如何运用你的表达能力？（　　）

　　A. 因人而异，发现需求

　　B. 展示产品，引导参与

　　C. 注意语气，赞美客户

　　D. 滔滔不绝，详细介绍

10. 你如何让客户再次向你公司购买产品？　　　　　（　　）

　　A. 在与客户的交往中体现出自己的真诚，找到客户的需求，切实地关心客户

　　B. 在与客户的交往中展现出公司的实力

　　C. 在与客户的交往中充分展示产品的优势

　　D. 在与客户的交往中打压别家公司的产品，抬高自己公司产品

> **顶尖人物的三大沟通策略**
>
> **策略一：**80% 的时间倾听，20% 的时间说话。
>
> **策略二：**沟通中不要指出对方的错误，即使对方是错误的；你沟通的目的不是去不断证明对方是错的。
>
> **策略三：**顶尖沟通者善于运用沟通三大要素——文字7%，声音38%，身体语言55%。沟通就必须练习一致性。

（二）评估标准及结果分析

选 A 得 3 分，选 B 得 2 分，选 C 得 1 分，选 D 不得分。

24 分以上：能在工作中很好地和客户沟通。

15～24 分：你已经掌握了一些沟通技巧，但是还需要你不断努力。

15 分以下：你需要学习一些和客户沟通的技巧。

 思考与练习

1. 倾听的障碍有哪些？怎样做才能排除倾听的障碍，做到有效倾听？

2. 动之以情、晓之以理，这句传统的说服技巧与我们学到的说服技巧有哪些异同？

3. 在电话、电子邮件、微信、微博充斥的今天，面对面沟通还需要么？为什么？

4. 在什么情况下必须使用书面沟通？书面沟通需要注意哪些方面？

5. 在与上级和同事沟通中，有哪些方面的技巧是共通的？还有哪些方面是不一样的？你是怎么做的？

6. 怎样准备一个演讲？要想做一场成功的演讲除了精心准备还需要注意哪些？

作 业

（一）作业描述

1. 从下面的题目中任选一个作为你的演讲主题，在小组中进行演讲。

（1）谈谈你的职业规划。

（2）说说互联网的利与弊。

（3）你怎样看待失败？

（4）现在我国学校教育最大的弊端是什么？

（5）刚入职场的你，最大的感受是什么？

2. 请你和你的同伴进行角色扮演，练习面谈。

（1）你的老板突然对你变得很冷淡，却又没有任何解释，你想问问发生了什么事。

（2）你最近参加了几次面试，但你发现自己的面试总是很被动，面试的人似乎因你不会推销自己而很失望，你向好朋友求助。

（3）你用了很长时间完成的一份特别报告却被领导贬得一无是处，你想当面解释。

（二）作业要求

1. 可2～3人组成一个小组合作分工。

2. 完整记录任务完成的过程。

第四章　团队合作——实现合作共赢

　　每个人都离不开团队。在团队中，我们必须处理好团队与个体的关系，将团队视为个人生存和发展的平台，以团队为中心，彻底摒弃个人英雄主义的思想。在一个组织或部门之中，团队合作精神显得尤为重要，那么怎样加强与别人的合作最终实现合作共赢呢？

　　在一个组织之中，很多时候，合作的成员不是我们能选择得了的，所以，很可能出现组内成员各方面能力参差不齐的情况，这就要求对个人角色要有明确认知，面对团队冲突危机，作为一个团队领导者，此时就需要很好的凝聚能力，能够把大多数组员各方面的特性凝聚起来，同时也要求领导者要有与不同的人相处与沟通的能力。同时，领导者也要有领导者的风范，工作上对成员严格要求，在生活上也要关心成员，做好团队成员之间的沟通和协调工作，使整个团队像一台机器一样，有条不紊地和谐运转，最终实现合作共赢。

　　所以，学会与他人合作，发挥团队精神在具体工作中的运用，可以使我们达到事半功倍的效果，可以使我们的工作更加良好地向前发展。

什么是团队呢？团队就是不要让另外一个人失败，不要让团队任何一个人失败。
　　　　——马云

本章知识要点：
- 高效团队
- 团队要素
- 团队角色
- 团队精神
- 团队责任
- 冲突危机
- 合作
- 团队凝聚力
- 团队激励

第一节　个人角色认知

职场在线

张乐乐毕业后留在了南京。一家广告公司招工的时候，她通过笔试和面试后被留了下来。

试用期间，总经理对她们同时应聘的5个人说："试用期满，将在你们中间选一名业务主管。"听了总经理的话，她更是雄心勃勃，发誓要当上业务主管！

然而，要想当上业务主管就必须战胜4个同事！张乐乐想，短短的3个月里要凸显自己的业绩仅靠埋头苦干是不行的，必须凭借聪明才智苦干加巧干。此后，她开始利用网络的优势进入广告设计网博览别人的设计创意并频频跟网络设计高手交流。她想，这样正当的学习，其他的4个同事同样能做到，如果是在同一起跑线上公平竞争，她的优势不一定能凸显出来。

> 大成功依靠团队，而个人只能取得小成功。
> ——［美］比尔·盖茨

为了确保自己能超过其他几个人，张乐乐开始"不耻下问"地向4个同事学习，而他们向自己请教问题的时候，张乐乐每次都把自己独特的见解藏起来，只说一些能在网上查询到的观点。

当然，她所做的一切都很隐蔽。

试用期满，张乐乐的业绩果然比其他4个人突出，自认为业务主管一职肯定非我莫属。然而，总经理的决定却让她大跌眼镜：不仅没能当上业务主管，还被公司淘汰了！面对总经理的决定，张乐乐想知道为什么。总经理平和地说："我们公司之所以能有今天，主要靠的是团队合作精神，因此，在我们公司，能跟同事共同提高的人才是最理想的人选。"

原来，总经理对她们的所作所为明察秋毫！离开公司的时候，总经理吩咐财务处多给她算了一个月的工资，他还拍着她的肩膀语重心长地说："记住，跟同事共同提高比只向同事学习受欢迎。"

随着社会竞争的日趋激烈，个人单打独斗的时代已经过去，只有更加注重团队合作，成为团队中的一员，与团队共同成长、共同发展才能在事业上获得成功。作为团队成员，每个人都要对自己有清晰的认知，只有这样才能更好地融入团队，发挥自己的作用，也才能被团队接受。

一、能力目标 Competency Goal

个人角色认知是指角色扮演者对社会地位、作用及行为规范的实际认识和对社会其他角色关系的认识。任何一种角色行为只有在团队中且角色认知十分清晰的情况下，才能使角色很好地扮演。角色认知是角色扮演的先决条件，一个人在团队中能否成功地扮演各种角色，取决于对角色的认知程度。角色认知包括两个方面，一是对团队特点及角色规范的认知，二是对团队精神和团队责任的认知。

> 一个人像一块砖砌在大礼堂的砖里，是谁也动不得的；但是丢在路上，挡人走路时，要被人一脚踢开的。
>
> ——艾思奇

（一）高效团队的特征

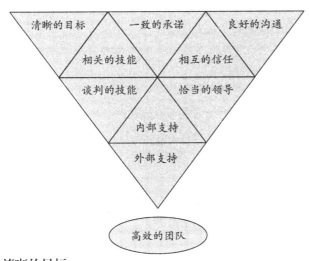

清晰的目标　一致的承诺　良好的沟通
相关的技能　相互的信任
谈判的技能　恰当的领导
内部支持
外部支持

高效的团队

1. 清晰的目标

高效的团队对要达到的目标有清楚的理解，并坚信这一目标包含重大的意义和价值，还要激励着团队成员把个人目标升华到群体目标。在高效的团队中，成员愿意为团队目标作出承诺，清楚地知道团队希望他们做什么工作，以及他们怎样共同工作并实现目标。

2. 相互的信任

团队成员间相互信任是高效团队的显著特征，每个成员对其他成员的品行和能力都确信不疑。因为信任是相当脆弱的，它需要花大量的时间去培养而又很容易被破坏。因此，只有信任他人才能换来被他人的信任，所以，维持团队内的相互信任是高效团队得以维持的关键。

3. 相关的技能

高效的团队是由一群有能力的成员组成的。他们具备实现目标所必需的技术和能力，而且相互之间有良好合作的个人品质，从而能出色完成任务。

4. 一致的承诺

高效的团队成员对团队表现出高度的忠诚和承诺，为了能使群体获得成功，他们愿意去做任何事情，我们把这种忠诚和奉献称为一致承诺。承诺一致的特征表现为对群体目标的奉献精神，愿意为实现这一目标而调动和发挥自己的最大潜能。

小故事

一位老农上山开荒，山上长满了茂密的杂草和荆棘。砍到一丛荆棘时，老农发现荆条上有一个箩筐大的蚂蚁窝。荆条倒，蚁窝破，无数蚂蚁蜂拥窜出。老农立刻将砍下的杂草和荆棘围成一圈，点燃了火。风吹火旺，蚂蚁四散逃命，但无论逃到哪方，都被火墙挡住。蚂蚁占据的空间在火焰的吞噬下越缩越小，灭顶之灾即将到来。可是，奇迹发生了。火墙中突然冒出一个黑球，先是拳头大，不断有蚂蚁黏上去，渐渐地变得篮球般大，地上的蚂蚁已全部抱成一团，向烈火滚去。外层的蚂蚁被烧得噼里啪啦，烧焦烧爆，但缩小后的蚁球毕竟越过火墙滚下山去。躲过了全体灰飞烟灭的灾难。老农捧起蚂蚁焦黑的尸体，久久不愿放下，他被深深地感动了。

5. 良好的沟通

良好的沟通是高效团队一个必不可少的特点。团队成员通过畅通的渠道交流信息，包括各种言语和非言语交流，此外，管理层与团队成员之间健康的信息反馈也是良好沟通的重要特征，它有助于领导指导团队成员的行动，消除误解。

> 村子团结力量大，家庭团结幸福多。
> ——藏族谚语

6. 谈判的技能

以个体为基础进行工作设计时，员工的角色有工作说明、工作纪律、工作程序及其他一些正式或非正式文件明确规定。但对高效的团队来说，其成员角色具有灵活多变性，总在不断进行调整。这就需要成员具备充分的谈判技能。

7. 恰当的领导

有效的领导者能够让团队跟随自己共同度过最艰难的时期，因为他能为团队指明前途所在，他们向成员阐明变革的可能性，鼓舞团队成员的自信心，帮助他们更充分地了解自己的潜力。优秀的领导者不一定非得指示或控制，高效团队的领导者往往担任的是教练和后盾的角色，他们对团队提供指导和支持，但并不试图去控制它。

> 人是需要帮助的。荷花虽好，也要绿叶扶持。一个篱笆打三个桩，一个好汉要有三个帮。
> ——毛泽东

8. 内部与外部的支持

要成为高效团队的最后一个必需条件就是它的支持环境。从内部条件来看，团队应拥有一个合理的基础结构，这包括适当的培训、一套易于理解的并用于评估员工总体绩效的测量系统，以及一个起支持作用的人力资源系统。从外部条件来看，管理层应给团队提供完成工作所必需的各种资源

（二）团队的构成要素

在了解了高效团队的特征之后，还需要对团队的构成要素有深刻的认识，我们可以把团队的构成要素，总结为5P。

1. 目标（Purpose）

团队应该有一个既定的目标，为团队成员导航，知道要向何处去，没有目标这个团队就没有存在的价值。

> 共同的事业，共同的斗争，可以使人们产生忍受一切的力量。
> ——[苏联] 奥斯特洛夫斯基

小知识

自然界中有一种昆虫很喜欢吃三叶草（也叫鸡公叶），这种昆虫在吃食物的时候都是成群结队的，第一个趴在第二个的身上，第二个趴在第三个的身上，由一只昆虫带队去寻找食物，这些昆虫连接起来就像一节一节的火车车箱。管理学家做了一个实验，把这些像火车车箱一样的昆虫连在一起，组成一个圆圈，然后在圆圈中放了它们喜欢吃的三叶草。结果它们爬得精疲力竭也吃不到这些草。

在团队中失去目标后，团队成员就不知道上何处去，最后的结果可能是饿死，这个团队存在的价值可能就要打折扣。

2. 人（People）

人是构成团队最核心的力量，3个或以上的人就可以构成团队。在一个团队中可能需要有人出主意，有人订计划，有人实施，有人协调不同的人一起去工作，还有人去监督团队工作的进展，评价团队最终的贡献。不同的人通过分工来共同完成团队的目标，在人员选择方面要考虑人员的能力如何、技能是否互补、人员的经验如何等。

3. 定位（Place）

团队的定位包含两层意思：即团队的定位和个体的定位。团队的定位是指团队在组织中处于什么位置，由谁选择和决定团队的成员，团队最终应对谁负责，团队采取什么方式激励下属。个体的定位是指作为成员在团队中扮演什么角色，是制订计划还是具体实施或评估。

4. 权限（Power）

团队领导人的权力大小跟团队的发展阶段相关，一般来说，团队越成熟领导者所拥有的权力相应越小。团队权限关系包括两个方面：

（1）整个团队拥有什么样的决定权？比方说财务决定权、人事决定权、信息决定权。

（2）组织的基本特征，比方说组织的规模多大，团队的数量是否足够多，组织对于团队的授权有多大，它的业务是什么类型。

5. 计划（Plan）

在这里，计划包含两个层面含义：

（1）目标最终的实现，需要一系列具体的行动方案，可以把计划理解为实现目标的具体工作程序。

（2）按计划进行可以保证团队的工作进度，计划可以使团队一步一步地贴近目标，从而最终实现目标。

 小案例

海尔团队的应变能力

一个周五的下午，一位德国经销商给海尔打了一个订货电话，因为事情很紧急，所以他希望海尔能在两天之内发货，否则订单就会自动失效。但是，如果在两天内发货，就意味着当天下午就要将所有的货物装船，而现在已经是周五下午2点，如果按海关、商检等部门下午5点下班来计算的话，时间只有3个小时，按照一般的程序，做到这一切是不可能的。海尔的团队精神在这时发挥了巨大的能量，他们采取了齐头并进的方式，调货的调货、报关的报关、联系货船的联系货船，每个人都全身心地投入了工作，抓紧每一分钟，使每一个环节都能顺利通过。当货船终于驶离海岸的时候，所有的员工都松了一口气，脸上出现了满意的笑容。当天下午五点半，这位经销商接到了来自海尔货物发出的信息，他感到很吃惊，对海尔更是相当地感激，后来，他还破了十几年的惯例给海尔写了一封感谢信。

> **贝尔宾团队角色理论**
> 1.高效的团队工作有赖于默契协作。
> 2.团队成员必须清楚其他人所扮演的角色，了解如何相互弥补不足，发挥优势。
> 3.成功的团队协作可以提高生产力，鼓舞士气，激励创新。
> 4.用个人的行为优势创造一个和谐的团队，可以极大地提升团队和个人绩效。
> 5.没有完美的个人，但有完美的团队。

（三）团队角色

剑桥产业培训研究部前主任贝尔宾博士和他的同事们经过多年在澳洲和英国的研究与实践，提出了著名的贝尔宾团队角色理论，即一支结构合理的团队应该由八种角色组成。这八种团队角色分别为执行者 IMP（Implementer）、协调者 CO（Coordinator）、塑造者 SH（Shaper）、智多星 PL（Planter）、外交家 RI（Resource Investigator）、监督员 ME（Monitor Evaluator）、凝聚者 TW（Team Worker）、完成者 CF（Completer Finisher）。每一种角色都有其不同的特征、积极特性、缺点以及在团队中的作用。

团队角色	典型特征	积极特性	能容忍的缺点	团队中的作用
执行者	保守，顺从，务实可靠	有组织能力、实践经验，工作勤奋，有自我约束力	缺乏灵活性，对没有把握的主意不感兴趣	把谈话与建议转换为实际步骤，考虑什么是行得通的，什么是行不通的，整理建议，使之与已经取得一致意见的计划和已有的系统相配合。
协调者	沉着，自信，有控制局面的能力	对各种有价值的意见不带偏见地兼容并蓄，看问题比较客观	在智能以及创造力方面并非超常	明确团队的目标和方向，选择需要决策的问题，并明确它们的先后顺序，帮助确定团队中的角色分工、责任和工作界限，总结团队的感受和成就，综合团队的建议。
塑造者	思维敏捷，开朗，主动探索	有干劲，随时准备向传统、低效率、自满自足挑战	好激起争端，爱冲动，易急躁	寻找和发现团队讨论中可能的方案，使团队内的任务和目标成形，推动团队达成一致意见，并朝向决策行动。
智多星	有个性；思想深刻；不拘一格	才华横溢；富有想象力；智慧；知识面广	高高在上；不重细节；不拘礼仪	提供建议，提出批评并有助于引出相反意见，对已经形成的行动方案提出新的看法。

续表

团队角色	典型特征	积极特性	能容忍的缺点	团队中的作用
外交家	性格外向；热情；好奇；联系广泛；消息灵通	有广泛联系人的能力；不断探索新的事物；勇于迎接新的挑战	事过境迁，兴趣马上转移	提出建议，并引入外部信息，接触持有其他观点的个体或群体，参加磋商性质的活动。
监督员	清醒；理智；谨慎	判断力强；分辨力强；讲求实际	缺乏鼓动和激发他人的能力；自己也不容易被别人鼓动和激发	分析问题和情景，对繁杂的材料予以简化，并澄清模糊不清的问题，对他人的判断和作用作出评价。
凝聚者	擅长人际交往；温和；敏感	有适应周围环境以及人的能力；能促进团队的合作	在危急时刻往往优柔寡断	给予他人支持，并帮助别人，打破讨论中的沉默，采取行动扭转或克服团队中的分歧。
完成者	勤奋有序；认真；有紧迫感	理想主义者；追求完美；持之以恒	常常拘泥于细节；容易焦虑；不洒脱	强调任务的目标要求和活动日程表，在方案中寻找并指出错误、遗漏和被忽视的内容，刺激其他人参加活动，并促使团队成员产生时间紧迫的感觉。

（四）团队精神

1. 团队精神

团队精神是指团队个体为了团队的整体利益和目标而协同合作的大局意识，它表现为成员对团队目标的认同，对团队的强烈归属感和团队成员之间紧密合作共为一体的意识。团队精神的形成并不要求团队成员牺牲自我，相反，挥洒个性、表现特长保证了成员共同完成任务目标，而明确的协作意愿和协作方式则产生了真正的内生动力。

2. 团队精神的内涵

团队精神并不是虚无缥缈的东西，它可以体现在以下5个方面：

（1）协作意识。即个人愿意与他人建立友好关系和相互协作的心理倾向。团队成员在工作中相互依从、相互支持、密切配合，并建立起相互尊重、相互信赖的协作关系。

（2）全局观念。团队成员对团队忠诚度高，对团队有一种强烈的归属感，不允许有损团队利益的事情发生，具有团队荣誉感。

（3）责任意识。即团队成员有着为团队的成长和兴衰而尽忠尽责的意识，忠于团队的目标和利益，尽最大努力完成团队任务。

（4）互助精神。团队成员有意愿将个人的信息与资源与团队的其他成员共享，为了达到团队整体目标与利益互帮互助交流，团队成员之间没有隔阂。

（5）进取精神。团队成员为了实现团队的整体利益努力进取，在团队发展、团队战略和价值实现的过程中努力进取、齐心协力，为一个共同的目标而奋斗。

> 天才并不是自生自长在深林荒野里的怪物，是由可以使天才生长的民众产生、培育出来的，所以没有这种民众，就没有天才。
>
> ——鲁迅

小案例

神奇的"汤石"

有一个装扮像魔术师的人来到一个村庄，他向迎面而来的妇人说："我有一颗汤石，如果将它放入烧开的水中，会立刻变出美味的汤来，我现在就煮给大家喝。"这时，有人就找了一个大锅子，也有人提了一桶水，并且架上炉子和木材，就在广场煮了起来。这个陌生人很小心地把汤石放入滚烫的锅中，然后用汤匙尝了一口，很兴奋地说："太美味了，如果再加入一点洋葱就更好了。"立刻有人冲回家拿了一堆洋葱。陌生人又尝了一口："太棒了，如果再放些肉片就更香了。"又一个妇人快速回家端了一盘肉来。"再有一些蔬菜就完美无缺了。"陌生人又建议道。在陌生人的指挥下，有人拿了盐，有人拿了酱油，也有人捧了其他材料，当大家一人一碗蹲在那里享用时，他们发现这真是天底下最美味好喝的汤。那不过是陌生人在路边随手捡到的一颗石头。其实只要我们愿意每个人都可以煮出一锅如此美味的汤。当你贡献自己的一份力量时，众志成城，汤石就在每个人的心中。

（五）团队责任

责任心是团队合作的核心。合作的成功与否，也取决于团队中每个成员的责任意识。在合作时，一个人的失职可能会造成整个团队的损失。这时候，便出现了两种态度：一种是拒不认账，推诿责任；另一种是坦率承认，并努力补救。

在职场中，大部分人都在为自己的安全作铺垫，这是本能。这个本能促使我们在遇到职场危险时，把借口拿出来当挡箭牌。如果一件事办砸了，有些人总会本能地找出各种冠冕堂皇的借口，以换得他人的理解和原谅。而长此以往，这种人就会疏于努力，推卸责任。

工作就意味着责任，找借口的实质就是推卸责任。在团队中，遇到困难在所难免。但责任不明、相互推诿会毁掉整个团队。同样，因为责任心不强，企图用各种借口掩盖自己的失败，也会给人不自信、能力不足的感觉，从而失去更多锻炼自己和提高自己的机会。

> 团队中的每一个人都是既能够满足特定需要而又不与其他角色重复的人。
> ——［英］贝尔宾

一位著名企业家说过："我希望下属有承担错误的勇气，我不会因为犯了小错就改变对他的看法，但我看重一个人面对错误的态度。"相信，这句话代表着绝大部分上司的观点。

在团队合作中，勇于承担责任，挑起属于自己的担子，已经造成的损失不仅不会成为职业发展中的障碍，反而会成为继续前进的助推器。

二、案例分析 Case Study

案例:"7个小矮人"的团队

相传,在古希腊时期的塞浦路斯,曾经有一座城堡里关着7个小矮人,传说他们是因为受到了可怕咒语的诅咒,才被关到这个与世隔绝的地方。他们住在一间潮湿的地下室里,找不到任何人帮助,没有粮食,没有水。这7个小矮人越来越绝望。小矮人中,阿基米德是第一个受到守护神雅典娜托梦的。雅典娜告诉他,在这个城堡里,除了他们等待的那间房间外,其他的25个房间里,一个房间里有一些蜂蜜和水,够他们维持一段时间,而在另外的24个房间里有石头,其中有240块玫瑰红的灵石,收集到这240块灵石,并把它们排成一个圈的形状,可怕的咒语就会解除,他们就能逃离厄运,重归自己的家园。

第二天,阿基米德迫不及待地把这个梦告诉了其他的6个伙伴。其他4个人都不愿意相信,只有爱丽丝和苏格拉底愿意和他一起努力。开始的几天里,爱丽丝想先去找些木材生火,这样既能取暖又能让房间里有些光线。苏格拉底想先去找那个有食物的房间;阿基米德想快点把240块灵石找齐,好快点让咒语解除,3个人无法统一意见,于是决定各找各的,但几天下来,3个人都没有成果。反而耗得筋疲力尽,更让其他的4个人取笑不已。

但是3个人没有放弃,失败让他们意识到应该团结起来。他们决定,先找火种,再找吃的,最后大家一起找灵石。这是个灵验的方法,3个人很快在左边第二个房间里找到了大量的蜂蜜和水。

美好的愿景是团队组建的基础;明确的目标是团队成功的基础;团结协作则是团队成功的关键。

在经过了几天的饥饿之后,他们狼吞虎咽了一番;然后带了许多分给特洛伊、安吉拉、亚里士多德和梅里莎。温饱的希望改变了其他4个人的想法。他们后悔自己开始时的愚蠢,并主动要求要和阿基米德他们一起寻找灵石,解除那可恨的咒语。

团队的阻力来自成员之间的不信任和非正常干扰。尤其在困难时期,这种不信任以及非正常干扰的力量更会被放大。因此,在团队运作时,建立一个和谐的环境非常重要。

短四寸的裤子

小宇明天要参加小学毕业典礼,他高高兴兴地上街买了条裤子,可惜裤子长了两寸。吃晚饭的时候,趁阿婆、妈妈和嫂子都在场,小宇把裤子长两寸的问题说了一下,饭桌上大家都没有反应,饭后这件事情也没有再被提起。

妈妈睡得比较晚,临睡前想起儿子第二天要穿的裤子长两寸,于是就悄悄地把裤子剪好缝好放回原处。半夜里,被狂风惊醒的嫂子突然想小叔子的裤子长两寸,于是披衣起床将裤子处理好又安然入睡。第二天一大早,阿婆醒来给孙子做早饭时,想起孙子的裤子长两寸,马上"快刀斩乱麻"。结果,小宇只好穿着短四寸的裤子去参加毕业典礼。

　　为了提高效率，阿基米德决定把7个人兵分两路：原来3个人，继续从左边找，而特洛伊等4人则从右边找。但问题很快就出来了，由于前3天一直都坐在原地，特洛伊等4人根本没有任何的方向感，城堡对他们来说就像个迷宫。他们几乎就是在原地打转。阿基米德果断地重新分配：爱丽丝和苏格拉底各带一人，用自己的诀窍和经验指导他们慢慢地熟悉城堡。

　　当然事情并不像想象中那么顺利，先是苏格拉底和特洛伊那组，他们总是嫌其他两个组太慢。后来，当过花农的梅里莎发现，大家找来的石头里大部分都不是玫瑰红的。最后由于地形不熟，大家经常日复一日地在同一个房间里找石头。大家的信心又开始慢慢丧失。

　　提高效率，尽快完成团队的目标是任何一个团队所追求的。知识是生产力，是提高效率的重要手段。而经验是知识的有机组成部分，也可以通过有意识的学习获得。

　　阿基米德非常着急。这天傍晚，他把6个人都召集在一起商量办法。可是，交流会刚刚开始，就变成了相互指责的批判会。

　　性子急的苏格拉底先开口："你们怎么回事，一天只能找到两三个有石头的房间？"

　　"那么多的房间，门上又没有写哪个有石头，哪个是没有的，当然会找很长时间了！"爱丽丝答道。

　　"难道你们没有注意到，门锁是圆孔的都是没有的，门锁是十字型的都是有石头的吗？"苏格拉底反问道。

　　"干吗不早说哪？害得我们做了那么多的无用功。"其他人听到这儿，似乎有点生气。经过交流，大家才发现，原来他们有些人可能找准房间很快，但可能在房间里找到的石头都是错的；而那些找得非常准的人，往往又速度太慢。他们完全可以将找得快的人和找得准的人组合起来。

　　相互指责只会使问题更加严重。对问题的解决没有丝毫的作用。一个团队里，具有专业素质的人非常关键。但是一个团队的运作，需要的是各种类型的人才，如何搭配各类人才，是团队管理要解决的重大问题。

　　于是，这7个小矮人进行了重新组合。并在爱丽丝的提议下，大家决定开一次交流会，交流经验和窍门。然后把很有用的那些都抄在能照到亮光的墙上，提醒大家，省得再去走弯路。

吃一堑，长一智，及时总结经验教训，并通过合适的方法将其与团队内的所有成员共同分享，是团队走出困境、走向成功的最好做法。

在7个人的通力协作下，他们终于找齐了所有的240块灵石，但就在这时苏格拉底停止了呼吸。大家震惊和恐惧之余，火种突然又灭了。

没有火种，就没有光线；没有光线，大家就根本没有办法把石头排成一个圈。

本以为是件简单的事，大家都纷纷地来帮忙生火，哪知道，6个人费了半天的劲，还是无法生火——以前生火的事都是苏格拉底干的。寒冷、黑暗和恐惧再一次向小矮人们袭来。灰暗的情绪波及了每一个人，阿基米德非常后悔当初没有向苏格拉底学习生火的技能。

分工有利于提高效率，但分工会使得团队成员知识单一。在一个团队里，不能够让核心技术掌握在一个人手里。应通过科学的体制和方法对核心知识进行管理。

在神灵的眷顾下，最终火还是被生起来了。小矮人们胜利了。

通过对团队的有效管理，团队的目标终将实现。

> **飞行的大雁**
> 大雁有一种合作的本能，它们飞行时都呈ｖ型。这些雁飞行时定期变换领导者，因为为首的雁在前面开路，能帮助它两边的雁形成局部的真空。科学家发现，雁以这种形式飞行，要比单独飞行多出12%的距离。

三、过程训练 Process Training

活动一：勇于承担责任

（一）活动过程

1. 每队4人，两人相向站着，另外两人相向蹲着，一个站着和蹲着的人是一边。

2. 站着的两个人进行猜拳，猜拳胜者，则由猜拳胜方蹲着的人去刮对方蹲着的人的鼻子。

3. 输方轮换位置，即站着的人蹲下，蹲着的人站起来，继续开始下一局。

（二）问题与讨论

1. 如何看待责任？

2. 当别人失败的时候，你有没有抱怨？

3. 两个人有没有同心协力对付外界的压力？

（三）总结

如果团队中的每个成员都有为整个团队考虑的责任感，那么这个团队就会在互敬互爱中不断提高、不断发展。

活动二：《西游记》中的团队角色分析

西游记中，唐僧、孙悟空、沙和尚、猪八戒去西天取经的故事，是大家都耳熟能详的，许多人会被这个群体中四位性格各异，兴趣不同的人物所感染。人们不禁会诧异：这样四个在各方面差异如此之大的人竟然能容在一个群体中，而且能相处得很融洽，甚至能做出去西天取经这样的大事情来。难道这是神灵、菩萨的旨意，而绝非凡人力所能及的吗？

请根据所学内容分析师徒四人在团队中的角色。如果唐王要裁员，您认为可以裁掉谁？为什么？

> 任何时候做任何事，订最好的计划，尽最大的努力，作最坏的准备。
>
> ——李想

活动三：信任背摔

（一）活动过程

1. 全队每个人轮流上到背摔台上背向队友，双脚后跟1/3出台面，（培训师做示范动作）身体重心上移尽量垂直水平倒下去，下面的队员安全把他接住即为完成。

2. 这个项目的危险性大，所以一定要端正自己的态度，保持极高的警觉性，一丝不得懈怠，以保证队友的安全。队员进行项目前都要将身上的尖锐物品（如：眼镜、发卡、手表钥匙、戒指等）放在一边，做完项目后再收回去。

（二）问题与讨论

1. 为什么信任？信任是如何产生并建立起来的？如何体现自己对背摔团员的生命安全的责任感？

2. 由孤立无助到感受团队力量（背摔者由空中无助到触及队友手臂的感觉），为什么会恐惧？

3. 如果是未知的领域，你怎么去面对？

四、效果评估 Performance Evaluation

评估：团队角色自测问卷

（一）情景描述

说明：对下列问题的回答，可能在不同程度上描绘了您的行为。每题有8句话，请将10分分配给这8个句子。分配的原则是：最能体现您行为的句子分最高，以此类推。最极端的情况也可能是10分全部分配给其中的某一句话。

请根据您的实际情况把分数填入后面的表中。

1. 我认为我能为团队作出的贡献是：

    A. 我能很快地发现并把握住新的机遇

    B. 我能与各种类型的人一起合作共事

    C. 我生来就爱出主意

    D. 我的能力在于，一旦发现某些对实现集体目标很有价值的人，我就及时把他们推荐出来

    E. 我能把事情办成，这主要靠我个人的实力

    F. 如果最终能导致有益的结果，我愿面对暂时的冷遇

    G. 我通常能意识到什么是现实的，什么是可能的

    H. 在选择行动方案时，我能不带倾向性和偏见地提出一个合理的替代方案

2. 在团队中，我可能有的弱点是：

    A. 如果会议没有得到很好地组织、控制和主持，我会感到不痛快

    B. 我容易对那些有高见却没有适当地发表出来的人表现得过于宽容

    C. 只要集体在讨论新的观点，我总是说得太多

    D. 我的客观看法，使我很难与同事们打成一片

    E. 在一定要把事情办成的情况下，我有时使人感觉到强硬甚至专断

    F. 可能由于我过分重视集体的气氛，我发现自己很难与众不同

    G. 我易于陷入突发的想象之中，而忘了正进行的事情

    H. 同事认为我过分注意细节，总有不必要的担心，怕把事情搞糟

3. 当我与其他人共同进行一项工作时：

    A. 我有在不施加任何压力的情况下，去影响其他人的能力

    B. 我随时注意防止粗心和工作中的疏忽

    C. 我愿意施加压力换取行动，确保会议不是在浪费时间或离题太远

> 一致是强有力的，
> 而纷争易于被征服。
> ——伊索寓言

125

D. 在提出独到见解方面，我是数一数二的

E. 对于与大家共同利益有关的积极建议我总是乐于支持的

F. 我热衷寻求最新的思想和新的发展

G. 我相信我的判断能力有助于作出正确的决策

H. 我能使人放心的是对那些最基本的工作都能组织得井井有条

4. 我在工作团队中的特征是：

A. 我有兴趣更多地了解我的同事

B. 我经常向别人的见解进行挑战或坚持自己的意见

C. 在辩论中，我通常能找到论据去推翻那些不甚有理的主张

D. 一旦确定必须立即执行的一项计划，我就有推动工作运转的才能

E. 我不在意使自己太突出或出人意料

F. 对承担的任何工作，我都能做到尽善尽美

G. 我乐于与工作团队以外的人进行联系

H. 尽管对所有的观点都感兴趣，但并不影响我在必要的时候下决心

5. 在工作中我得到满足，因为：

A. 我喜欢分析情况，权衡所有可能的选择

B. 我对寻找解决问题的可行方案感兴趣

C. 我感到，我在促进良好工作关系

D. 我能对决策有强烈的影响

E. 我能适应那些有新意的人

F. 我能使人们在某项必要的行动上达成一致意见

G. 我感到我的身上有一种能使我全身心地投入到工作中去的气质

H. 我很高兴能找到一块可以发挥我想象力的天地

6. 如果突然给我一件困难的工作，而且时间有限，人员不熟：

A. 在有新方案之前，我宁愿先躲进角落拟订出一个解脱困境的方案

B. 我比较愿意与那些表现出积极态度的人一道工作

C. 我会设想通过用人所长的方法来减轻工作负担

D. 我天生的紧迫感，将有助于我们不会落在计划后面

E. 我认为我能保持头脑冷静，富有条理地思考问题

F. 尽管困难重重，我也能保证目标始终如一

G. 如果集体工作没有进展，我会采取积极措施去加以推动

H. 我愿意展开广泛的讨论，意在激发新思想，推动工作

7. 对于那些在团队工作中或与周围人共事时所遇到问题：

A. 我很容易对那些阻碍前进的人表现出不耐烦

B. 别人可能批评我太重分析而缺少直觉

人与人最重要的精神、思想、物质的交换能力一旦确立，你在这个世界上就会不断得到别人的帮助。
——俞敏洪

C. 我有做好工作的愿望，能确保工作的待续进展

D. 我常常容易产生厌烦感，需要一两个有激情的人使我振作起来

E. 如果目标不明确，让我起步是很困难的

F. 对于我遇到的复杂问题，我有时不善于加以解释和澄清

G. 对于那些我不能做的事情，我有意识地要求助他人

H. 当我真正的对立面发生冲动时，我没有把握使对方理解我的观点

（二）评估标准及结果分析

示范：第1题，A给1分，B给1分，C给2分，D给2分，E给2分，H给2分，F、G不给分，以此类推，把题目对应的分数填在下表，最后把各项的总分加起来就是你扮演的各个角色的分数。分数最高的一项就是你表现出来的角色，如果你有一项突出，超过18分以上，你就是这类角色了，一般5分以下你不能去扮演这个角色，15分以上证明你特别适合这个角色。对照文中团队角色内容，进一步评估自己。

自我评价分析表

题号	IMP 执行者		CO 协调者		SH 塑造者		PL 智多星		RI 外交家		ME 监督者		TW 凝聚者		CF 完成者	
1	G		D		F		C		A		H		B		E	
2	A		B		E		G		C		D		F		H	
3	H		A		C		D		F		G		E		B	
4	D		H		B		E		G		C		A		F	
5	B		F		D		H		E		A		C		G	
6	F		C		G		A		H		E		B		D	
7	E		G		A		F		D		B		H		C	
总计																

第二节 冲突危机处理

职场在线

亚通网络公司是一家专门从事通信产品生产和电脑网络服务的中日合资企业。公司自1991年7月成立以来发展迅速，销售额每年增长50%以上。与此同时，公司内部存在着不少冲突，影响着公司绩效的继续提高。因为是合资企业，尽管日方管理人员带来了许多先进的管理方法。但是日本式冲突管理的管理模式未必完全适合中国员工。例如，在日本，加班加点不但司空见惯，而且没有报酬。亚通公司经常让中国员工长时间加班，引起了大家的不满，一些优秀员工还因此离开了亚通公司。亚通公司的组织结构由于是直线职能制，部门之间的协调非常困难。例如，销售部经常抱怨研发部开发的产品偏离顾客的需求，生产部的效率太低，使自己错过了销售时机；生产部则抱怨研发部开发的产品不符合生产标准，销售部门的订单无法达到成本要求。研发部胡经理虽然技术水平首屈一指，但是心胸狭窄，总怕他人超越自己。因此，常常压制其他工程师。这使得工程部人心涣散，士气低落。

> 当团队成员学会自己处理困难，他们会更高效，更有建设性地解决冲突，最终最大限度地为团队的创造性做出贡献。

在团队的交流和沟通过程中，由于成员与成员之间，成员与组织之间的目标、认识或情感有差异，甚至是相互排斥，同时每个人对问题理解的差异，看问题的角度不同以及其他原因，都会造成相互之间的矛盾，从而形成团队冲突。这种冲突如不能正确处理，会对成员相互之间的关系和整个团队的稳定性造成很大的破坏。

一、能力目标 Competency Goal

在团队合作过程中，冲突是不可避免的。但并不是所有冲突都是不良的、消极的，具有破坏性的，有些冲突对团队的建设和发展也能起到积极的作用，因此，作为团队或组织特别是领导者要能区别不同的冲突，并进行化解，以达到改进团队合作的目标。

（一）团队冲突危机的内涵及类型

团队冲突危机指的是两个或两个以上的团队或成员在目标、利益、认识等方面互不相容或互相排斥，从而产生心理或行为上的矛盾，导致抵触、争执或攻击事件。美国学者刘易斯·科赛在《社会冲突的职能》中指出，没有任何团体是能够完全和谐的，否则它就无过程和结构。在团队或成员之间的冲突在一定程度上总是存在的，因为人与人之间存在各种差异，差异必然会导致分歧，分歧发展到一定程度就会导致冲突。因此冲突是客观存在的，是无法逃避的。

从冲突的类型来看，团队或成员之间的冲突可以分为两类：

（1）建设性冲突。冲突双方对实现共同的目标都十分关心；彼此乐意了解对方的观点、意见；大家以争论问题为中心；互相交换情况不断增加。

（2）破坏性冲突。双方对赢得自己观点的胜利十分关心；不愿听取对方的观点、意见；由问题的争论转为人身攻击；互相交换情况不断减少，以致完全停止。

> 危机是有可能变好或变坏的转折点或关键时刻。
> ——《韦伯词典》

▶ 小案例

"千里家书只为墙，让他三尺又何妨"

清朝宰相张廷玉与一位姓叶的侍郎都是安徽桐城人。两家比邻而居，都要起房造屋，为争地皮，发生了争执。张老夫人便修书北京，要张宰相出面干预。没想到，这位宰相看罢来信，立即作诗劝导老夫人："千里家书只为墙，让他三尺又何妨？万里长城今犹在，不见当年秦始皇。"张老夫人见书明理，立即主动把墙往后退了三尺。叶家见此情景，深感惭愧，也马上把墙让后三尺。这样，张叶两家的院墙之间，就形成了六尺宽的巷道，成了有名的六尺巷。

破坏性冲突本身不利于团队或成员的成长，对达成团队目标起阻碍作用，但如果处理得好，则是一个契机，有可能转化为建设性冲突。所以，冲突是一种形式的沟通，冲突是发泄长久积压的情绪，冲突之后雨后天晴，双方才能重新起跑；冲突是一项教育性的经验，双方可能对对方的职责及其困扰，有更深入的了解与认识。冲突的高效解决可开启新的且可能是长久性的沟通渠道。

> 在没有出现不同意见之前，不作出任何决策。

（二）团队冲突危机产生的原因

导致团队或成员冲突的原因很多，只有对症下药，才能改善和优化团队或成员之间的关系，提高团队或组织的整体竞争力。团队冲突危机产生的原因主要有以下几种：

种类	原因
资源竞争	每个团队或成员的工作性质、岗位职责、地位以及目标等因素不同，在分配资金、人力、设备、时间等资源时不会绝对公平，会在有限的预算、空间、人力资源、辅助服务等资源展开竞争，产生冲突。
目标冲突	每一个团队都有自己的目标，每个团队都需要其他团队的协作，不同团队的目标是不同的，例如在一个公司中，营销部门、生产部门、行政部门、人力资源部门等都有自己的考核内容，不可避免地会出现不一致的情况，冲突就随之而来。
相互依赖	相互依赖性包括团队或成员之间在前后相继、上下相连的环节上，一方的工作不当会造成另一方工作的不便、延滞，或者一方的工作质量影响另一方的工作质量和绩效。相互依赖的团队或成员之间在目标、优先性、人力资源方面越是多样化，越容易产生冲突。
责任模糊	组织或团队内有时会由于职责不明造成职责出现缺位，出现谁也不负责的管理"真空"，造成团队或成员之间的互相推诿甚至敌视，发生"有好处，抢，没好处，躲"的情况。
地位斗争	组织内团队之间或团队内成员之间对地位的不公平感也是产生冲突的原因。当一个团队或成员努力提高自己在组织或团队中的地位，而另一个团队或成员认为对自己地位的产生威胁时，冲突就会产生。
沟通不畅	团队或成员之间的目标、观念、时间和资源利用等方面的差异是客观存在的，如果沟通不够，或沟通不成功，就会加剧团队之间的隔阂和误解，加深团队之间的对立和矛盾。

（三）团队冲突危机处理的方法

托马斯·基尔曼冲突模型为团队冲突处理提供了最优的解决方案和选择方法。如图所示：

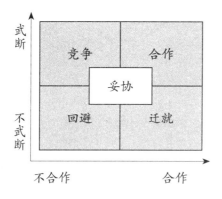

> 每个人只有两个选择：直面冲突并把它解决，或者放弃冲突。
> ——[美]霍华德·葛特曼

其中，武断或不武断是指对自己的观点或行为是否放弃，合作或不合作是指是否对冲突方采取宽容、合作的态度。按照武断程度和合作程度的不同，形成五种冲突处理策略。

竞争：高度武断且不合作。

合作：高度武断且高度合作。

回避：不武断也不合作。

迁就：不武断且保持合作。

妥协：中等程度的武断和合作。

具体的团队冲突危机处理方法有以下几种。

（1）交涉与谈判。交涉与谈判是解决问题的较好方法，这是因为通过交涉，双方都能了解、体谅对方的问题，交涉也是宣泄各自情感的良好渠道。具体来讲，要将冲突双方召集到一起，让他们把分歧讲出来，辨明是非，找出分歧的原因，提出办法，最终选择一个双方都能接受的解决方案。

> 管理不在于"知"，而在于"行"。
> ——[美]彼得·德鲁克

（2）第三者仲裁。当团队或成员之间通过交涉与谈判仍无法解决问题时，可以邀请局外的第三者或者较高阶层的主管调停处理，也可以建立联络小组促进冲突双方的交流。

（3）吸收合并。当冲突双方规模、实力、地位相差悬殊时，实力较强的团队可以接受实力较弱团队的要求并使其失去继续存在为理由，进而与实力较强的团队完全融为一体。

（4）强制。即借助或利用组织的力量，或是利用领导地位的权力，或是利用来自联合阵线的力量，强制解决冲突。这种解决冲突的方法往往只需要花费很少的时间就可以解决长期积累的矛盾。

（5）回避。当团队之间的冲突对组织目标的实现影响不大而又难以解决时，组织管理者不妨采取回避的方法。

（6）激发冲突。在设计绩效考评和激励制度时，强调团队的利益和团队之间的利益比较；运用沟通的方式，通过模棱两可或具有威胁性的信息来提高冲突水平；引进一些在背景、价值观、态度和管理风格方面均与当前团队成员不同的外人；调整组织结构，提高团队之间的相互依赖性；故意引入与组织中大多数人的观点不一致的"批评家"。

> 如果你希望团队多元化，就必定会有冲突的发生，关键在于你必须把冲突视为沟通的机会。
> ——[美]里拉·博思

▶ 小案例

"鲶鱼效应"

挪威人喜欢吃沙丁鱼，尤其是活鱼。市场上活鱼的价格要比死鱼高许多。所以渔民总是千方百计地想办法让沙丁鱼活着回到渔港。可是虽然经过种种努力，绝大部分沙丁鱼还是在中途因窒息而死亡。但有一条渔船总能让大部分沙丁鱼活着回到渔港。船长严  格保守着秘密。直到船长去世，谜底才揭开。原来是船长在装满沙丁鱼的鱼槽里放进了一条以鱼为主要食物的鲶鱼。鲶鱼进入鱼槽后，由于环境陌生，便四处游动。沙丁鱼见了鲶鱼十分紧张，左冲右突，四处躲避，加速游动。这样沙丁鱼缺氧的问题就迎刃而解了，沙丁鱼也就不会死了。这样一来，一条条沙丁鱼活蹦乱跳地回到了渔港。这就是著名的"鲶鱼效应"。

（7）预防冲突。加强组织内的信息公开和共享；加强团队之间正式和非正式的沟通；正确选拔团队成员；增强组织资源；建立合理的评价体系，防止本位主义，强调整体观念；进行工作轮换，加强换位思考；明确团队的责任和权利；加强教育，建立崇尚合作的组织文化；设立共同的竞争对象；拟定一个能满足各团队目标的超级目标；避免形成团队之间、成员之间争胜负的情况。

二、案例分析 Case Study

案例一：郭子仪以德报怨

唐朝大将军郭子仪，在平定"安史之乱"和抵御外族入侵中屡立奇功，却遭到了皇帝身边的红人、太监鱼朝恩的嫉恨。郭子仪率兵在外征战，鱼朝恩竟暗地里派人挖毁了郭子仪父亲的墓穴，抛骨扬灰。郭子仪领兵还朝，众人无不以为会掀起一场血雨腥风，不料当代宗皇帝忐忑不安地提及此事时，郭子仪伏地大哭，说："臣将兵日久，不能禁阻军士们残人之墓，今日他人挖先父之墓，这是天谴，不是人患。"家仇的烈焰竟被他宽容的泪水熄灭。

郭子仪手握兵权，在朝中日益得到皇帝的信任，鱼朝恩担心早晚会被郭子仪收拾，便想来个先下手为强，在家中摆下"鸿门宴"，然后请郭子仪赴宴。鱼朝恩的险恶用心连郭子仪的下属都看得一清二楚，他们极力劝阻郭子仪不要去。郭子仪淡淡一笑，不以为然，只便装轻从，带上几个家仆从容赴宴。鱼朝恩见了惊讶不已，在得知实情后，阴毒无比的一代奸臣竟被感动得号啕大哭，从此以后再不以郭子仪为敌，反而处处维护他。

这是一个极端典型的对破坏性冲突的成功处理案例。郭子仪以宽容消灭了一个敌人，为自己增加了一个支持者。冲突的一方采取了迁就、妥协等方法，最后达到了化敌为友、合作双赢的境界。

案例二：良性冲突救钢厂

这是美国一家面临倒闭的钢铁厂，在频繁更换几任总经理，花费了巨大的财力人力物力后，对于走向破产的钢铁厂大家已经黔驴技穷、一筹莫展，员工也都士气涣散，唯一能做的事情就是等着工厂宣布破产清算。新到任的总经理似乎也拿不出什么好的办法来，但他却在几次员工会议上发现了一个现象，公司的每次决策制度公布时，大家似

> 每一个人事业能否成功。20%取决于他的智商，80%取决于他的情商。
> ——[美]丹尼尔·戈尔曼

乎都不愿意提出反对意见，管理者说什么就是什么，以前怎么做的就怎么做，会议总是死气沉沉。因此这位总经理果断作出了一个决定，以后会议，不分层级，每个人都有平等发言的权利，如果发现问题，谁提出解决方案并且没有人能够驳倒他，他就是这个方案项目的负责人，公司给予相应的权限和奖励。新制度出台后，以往静悄悄的会议逐渐出现了热烈的场面，大家踊跃发言，争相对别人的提案进行反驳，有时候为争论某个不同意见，争论者面红耳赤，甚至大打出手，但在走出会议室之前，都会达成一个解决问题的共识，不管是同意还是反对，都要按照达成的共识去做。过了一段时间后，奇迹出现了，这家钢铁厂逐步走出困境，起死回生，甚至在几年后进入了美国最优秀的四大钢铁厂之列。

> 感情投资是在所有投资中，花费最少、回报率最高的投资。
> ——[日]藤田田

良性冲突对于团队的成长和发展是不可或缺的。只有团队内部实现互相竞争、你追我赶的良性循环，团队才能持续发展。

三、过程训练 Process Training

活动一：作用力与反作用力

（一）活动过程

1. 将学员分成两人一组，让他们面对面地站着，分别举起双手，将每个人的手掌与他的搭档的手掌对在一起。

2. 培训者喊开始，然后大家就必须用力地推对方的手掌，让两个人都尽可能地用力推对方，可以在一旁为他们加油，比如说"加油"、"就剩下一点了"、"马上就胜利了"。

3. 在推得正兴起的时候，悄悄地让占劣势的一方松劲儿，看看会出现什么后果。

4. 进行角色互换，最后衷心地感谢每一个人，你会发现他们大多会给你一个相当疑惑的笑容，不用理会他，对他们笑笑就可以了。

（二）问题与讨论

1. 当你用力地推你的同伴的时候，你的同伴会有什么反应？

2. 当其中一个人撤回自己力气的时候，剩下的那一个人会发生什么情况？会不会使他生气？

3. 从这个活动中，你有没有体会到什么道理？在日常工作中，当别人与你的意见不一致时，最好的做法是什么？一定要据理力争吗？

（三）总结

1. 一个人当你跟他硬碰硬时，他就会变得越发强硬，但是当你对他加以好言相劝时，他往往能听进去你的意见。

2. 在团队沟通中产生的争执是难免的，不要害怕这些争执。但要注意策略，要在陈述自己的想法的同时倾听他人的意见，如果别人说得对就加以采用，但是如果自己的较好，就要采用一些迂回曲折的办法让你的对手保持沉着和冷静，并最终乐于听从你的意见。

活动二：不要激怒我

语言和态度是人与人之间沟通时的两大主要方面。面对对抗的时候，有的人说出话来是火上浇油，有的人说出来就是灭火器，效果完全不同。下面的活动目的就是要教会大家避免使用那些隐藏有负面意思的甚至敌意的词语。

（一）活动过程

1. 将学员分成3人一组，但要保证是偶数组，每两组进行一场游戏。告诉他们：他们正处于一场商务场景当中，比如商务谈判，比如老板对员工进行业绩评估。

2. 给每个小组一张白纸，让他们在3分钟时间内用头脑风暴的办法列举出尽可能多的会激怒别人的话语，比如：不行、这是不可能的等等，每一个小组要注意不使另外一组事先了解他们会使用的话语。

3. 让每一个小组写出一个一分钟的剧本，当中要尽可能多地出现那些激怒人的词语，时间：10分钟。

4. 告诉大家评分标准：每个激怒性的词语给一分；每个激怒性词语的激怒程度给1～3分不等；如果表演者能使用这些会激怒对方的词语表现出真诚、合作的态度，另外加5分。

5. 让一个小组先开始表演，另一个小组的学员在纸上写下他们所听到的激怒性词汇。

6. 表演结束后，让表演的小组确认他们所说的那些激怒性的词汇，必要时要对其作出解释，然后两个小组调过来，重复上述的过程。

7. 第二个小组的表演结束之后，大家一起分别给每一个小组打分，给分数最高的那一组颁发"火上浇油奖"。

> 没有冲突，团队将失去他们的效力。管理者会变得沉闷，而且只是表面上很和谐。实际上，代替冲突的常常不是和谐，而是冷漠和逃离。不能鼓励实质性冲突的团队，最终将取得一般甚至较差的业绩。

（二）问题与讨论

1. 什么是激怒性的词汇？我们倾向于在什么时候使用这些词汇？

2. 如果你无意间说的话被人认为是激怒行动的，你会如何反应？你认为哪个更重要，是你自己的看法重要，还是别人对你的看法重要？

3. 当你无意间说了一些激怒别人的话，你认为该如何挽回？是马上道歉吗？

（三）总结

1. 很多时候往往在不经意之间说出很多伤人的话，即便他们的本意是好的，他们也往往因为这些话被人误解，达不到应有的目的。

2. 我们在说每一句话之前都应该好好想想这句话听到别人耳朵里面会是什么味道，会带来什么后果，这样就可以避免我们无意识地说出激怒性的话语。

3. 实际上，在我们得意扬扬的时候往往是我们最容易伤害别人的时候，保持谦虚谨慎的态度，不要像骄傲的孔雀一样，往往会使我们的人际关系为之改善，使人与人之间的交流更容易一些。

四、效果评估 Performance Evaluation

评估：冲突危机处理能力测评

工作中的分歧和冲突在所难免，关键在于如何处理冲突。良好的冲突处理方式可以使化解你与上级或同事的矛盾，获得对方的理解和支持，否则可能导致关系紧张，产生隔膜或纠纷。每个人都有自己应付冲突的方式和风格，个体处理冲突的方式大体上有三种倾向：非抗争型、解决问题型和控制型。

（一）情景描述

阅读下面的题目，每道题目请根据自己的第一印象，选择你的符合程度：从不如此、偶尔如此、总是如此。

1. 我不敢和上司提出会引起争议的问题。

2. 当我和上司的意见不一致时，我会把双方的意见结合起来，设法想出另一个全新的点子来解决问题。

3. 当我不同意上司的看法时，我会把自己的意见讲出来。

4. 为了避免争议，我会保持沉默。

5. 我所提出的办法，都能融合各种不同的意见。

6. 当我想让上司接受我的看法时，我会提高我的音量。

7. 我会婉转地把争议的激烈程度减弱下来。

8. 我和上司意见出现分歧时，我会以折中的方式解决。

9. 我会据理力争，直到上司了解我的立场。

> 没有完美的个人，只有完美的团队。世界上每个人都有差异性，相对其优势就是劣势；完美的团队执行任务时应该发挥每个成员的优势，避开每个成员的劣势。

10. 我会设法使双方的分歧显得并没有那么重要。

11. 我认为应该坐下来好好谈谈才能解决彼此的意见。

12. 当我和上司争执时，我会坚定表明我的意见。

（二）评估标准及结果分析

如果你的选择都是"偶尔如此"，那么，你的冲突处理风格是解决型。

如果你的选择都是"从不如此"，那么，你的冲突处理风格是1控、2非、3非、4控、5控、6非、7控、8控、9非、10控、11控、12非。（控：代表控制型倾向，非：代表非抗争性倾向。）

如果的选择都是"总是如此"，那么，刚好相反。

控制型的人喜欢强权，存着过度集权的危险；解决型的人喜欢解决问题，不善于授权，不适合管理多个团队；非抗争性的人不喜欢拿意见，不适合做领导，适合做部门经理。

第三节　合作共赢发展

职场在线

某电视台的女主编负责黄金时段《焦点调查》节目，经常为了揭露不良商贩而不惜深入虎穴去偷拍那些不为人知的黑幕，她制作的新闻屡屡收视率第一，她的师兄都竞争不过她。但某次她由于处理问题不当，只考虑部门利益而忽视整个电视台的利益，给台里造成了很大损失，台里就把她调到了下午两点以后闲散时段的《生活百事通》栏目，该栏目收视率从来都是倒数第一，更不用说有什么前途。但她并未就此放弃，并不甘心此栏目只是播出给家庭主妇看的生活琐事，于是她着手改革，依然就老百姓关注的生活用品安全等问题进行探访，结果改革后第一期收视率就翻了四倍，受到了台里的肯定。

> 如果我们每一个人都少一点自我保护的话，我们都会受益。

第二期，她又找到了一个很好的题材，于是再次不顾自身安危深入虎穴，曝光了一批假冒的保健产品。在和下属的共同努力下，节目制作完成，也得到了领导的称赞。这时领导却提出这个题材适合《焦点调查》栏目，就是让她把辛辛苦苦努力的成果拱手让给师兄。女主编此时气急败坏。她现在有两个选择：

第一，跟台里据理力争，在自己的栏目播出。结果是，和师兄闹僵，跟领导搞坏关系，从此自己在台里的前途更加渺茫。而且由于时间段的原因，《生活百事通》的观众较少，无法让节目发挥最好的效果。

第二，听从领导安排，把节目拱手让人，这样非常打击自己团队的士气，降低他们的积极性，很可能让自己的团队变成一盘散沙。

女主编经过据理力争，拿回了自己的节目。不过从大局考虑，她又找到自己的师兄，说可以考虑把她的节目内容放在《生活百事通》和《焦点调查》两个栏目同时播出。

这就是合作共赢。总的来说，最大的受益者，还是女主编自己。这样做的好处有五个：第一，保住了自己和下属的劳动成果，增强了团队凝聚力；第二，对于《生活百事通》栏目来说，收视率急速上升；第三，可以搞好和师兄的关系；第四，因两个栏目播出同一期内容，所以受众面更广，让更多的人受益；第五，收视率上去了，节目好评如潮，整个电视台也跟着受益，和领导的关系也能处好，何乐而不为呢？

一、能力目标 Competency Goal

促进团队成员之间合作共赢发展，提高团队凝聚力，离不开领导的作用，一个优秀的团队领导可以提高整个团队的活力。一旦团队目标得以确立，领导最重要的工作就是要创造一个可以畅所欲言的组织氛围，并激励成员如何实现目标。

> 众人同心，其利断金。
> ——《周易》

（一）促进合作的四大基础

建立信任：
一个有凝聚力的、高效的团队成员必须学会迅速地、心平气和地承认自己的错误、失败。他们还要乐于认可别人的长处，即使这些长处超过了自己。

良性冲突：
团队合作一个最大的阻碍，就是对于冲突的畏惧。引导和鼓励适当的、建设性的冲突虽然麻烦，但不能避免的。否则，一个团队建立真正的承诺就是不可能完成的任务。

行动坚定：
要成为一个具有凝聚力的团队，领导必须学会在没有完善的信息、没有统一的意见时作出决策，并坚决执行。

彼此负责：
卓越的团队不需要领导提醒团队成员竭尽全力工作，因为他们很清楚需要做什么，会相互提醒注意行动和活动，并会为彼此负担责任。

▶ 小案例

IBM 的识别牌

有一天，美国 IBM 老板汤姆斯·沃森带着客人去参观厂房，走到厂门时，被警卫拦住："对不起先生，你不能进去，我们 IBM 的厂区识别牌是浅蓝色的，行政大楼的工作人员识别牌是粉红色的，你们佩戴的识别牌是不能进厂区的。"董事长助理彼特对警卫叫道："这是我们的大老板，陪重要的客人参观。"但是警卫人员回答："这是公司的规定，必须按规则办事！"

结果，汤姆斯·沃森笑着说："他讲得对，快把识别牌换一下。"所有的人很快就去换了识别牌。

（二）提升团队凝聚力

团队凝聚力是团队对每个成员的吸引力和向心力，是维系团队存在的必需条件，团队凝聚力还是衡量一个团队是否具有战斗力的重要标志。那么如何提高团队凝聚力呢？

1. 塑造团队文化，确立团队使命与愿景

GE 前总裁杰克·韦尔奇说道：作为一名领导者，第一要务就是为团队设立愿景与使命，并激发团队竭尽全力去实现它。团队愿景是解决团队是什么，要成为什么的基本问题，团队使命则是团队为实现团队愿景制定的战略定位与业务方向，回答的是团队应该做什么的问题。华为团队的狼文化、李云龙"嗷嗷叫"的独立团就是很好的案例。

> 强化 8 小时之内的企业文化管理，将企业文化建设融入日常管理活动之中，对企业生存发展至关重要。

小知识

高凝聚力团队的特征

1. 团队内部沟通渠道畅通、信息交流频繁，无沟通障碍。
2. 团队成员有强烈的归属感，愿意成为团队的一分子，并以此为骄傲。
3. 团队成员具有较强的参与意识、强烈的事业心和责任感，并以主人翁的角色出现。
4. 团队成员具有很强的协作能力，互助风气明显，信息共享氛围浓厚。
5. 团队成员个人有很多的发展机会，愿意将自己的前途与团队的前途绑定在一起，并愿意将个人的目标与团队的目标融为一体。

2. 发挥团队领导在团队凝聚力中的维系作用

领导是维系团队凝聚力与战斗力的关键人物，塑造团队的凝聚力，作为团队领导需要遵循如下法则：

（1）主动与团队成员保持良好的沟通。积极主动地与团队成员沟通，了解团队成员工作状态和生活状况，了解成员的合理需求并尽力满足他们，创造一个良好和谐的沟通氛围。

（2）尊重团队成员，充分信任。作为领导对团队成员要给予充分的信任，缺乏信任关系是做不好工作的。

（3）不断给予团队成员鼓励，不与成员争利，不与成员争权，给予充分授权。

（4）让团队成员感受到成长的快乐。在团队中，我们要让团队成员真正能体验到自身得到了成长，在成长的过程当中体会到成就的快感，方能塑就团队成员的向心力与归属感觉。

> 团队的成员应加强彼此的理解、沟通、协调、求同存异，并努力建立成员之间的相互信任和合作，共同建设优秀团队。

塑造一支高凝聚力的团队，非一朝一夕之功，对每一个团队领导来说，摸索总结，实践检验，建立起合适的团队文化，和团队成员保持良好的互动是塑造团队凝聚力的基本功课。

（三）团队激励

调动一个团队或个人的积极性离不开适当的激励。激励能使每个成员士气高昂，使整个团队充满活力。激励要讲究方法，灵活运用，才能达到预期的效果。常见激励的方式有：

1. 目标激励

> 高效团队的成员具有较强的参与意识、强烈的事业心和责任感，并以主人翁的角色出现。

设置适当的目标，激发人的动机，达到调动人的积极性的目的，称为目标激励。一般来讲，个体对目标看得越重要，实现的概率越大。因此，目标要合理可行，与个体的切身利益要密切相关；要设置总目标与阶段性目标，总目标可使人感到工作有方向，阶段性目标可使人感到工作的阶段性可行性和合理性。

2. 奖罚激励

奖罚激励是奖励激励和惩罚激励的合称，奖励是对人的某种行为给予肯定或表扬，使人保持这种行为，奖励得当，能进一步调动人的积极性；惩罚是对人的某种行为予以否定或批评，使人消除这种行为，惩罚得当，不仅能消除人的不良行为，而且能化消极因素为积极因素。

> 团队激励的目的是调动一个团队或个人的积极性。

▶ 小故事

拿破仑一次打猎的时候，看到一个落水男孩，一边拼命挣扎，一边高呼救命。这河面并不宽，拿破仑不但没有跳水救人，反而端起猎枪，对准落水者，大声喊道：你若不自己爬上来，我就把你打死在水中。那男孩见求救无用，反而增添了一层危险，便更加拼命地奋力自救，终于游上岸。

3. 考评激励

考评是指各级组织对所属成员的工作及各方面的表现进行考核和评定通过考核和评比，及时指出员工的成绩不足及下一阶段努力的方向，从而激发员工的积极性、主动性和创造性。为了让考评激励发挥最大的作用，在考评过程中必须注意制定科学的考评标准，设置正确的考评方法，提高主考者的个体素质等。

4. 竞赛与评比的激励

竞赛与评比对调动人的积极性有重大意义。它对动机有激发作用，使动机处于活跃状态；能增强组织成员心理内聚力，明确组织与个人的目标，激发人的积极性，提高工作效率；能增强人的智力效应，促使人的感知觉敏锐准确注意力集中记忆状态良好想象丰富思维敏捷操作能力提高；能调动人的非智力因素，并能促进集体成员劳动积极性的提高；团体间的竞赛评比，能缓和团体内的矛盾，增强集体荣誉感。

5. 领导行为激励

领导者通过榜样作用、暗示作用、模仿作用等心理机制激发下属的动机，以调动工作学习积极性，称为领导行为激励。领导的良好行为模范作用以身作则就是一种无声的命令，能够有力地激发下属的积极性。

6. 尊重和关怀激励

领导对下属的尊重和关怀是一种有力的激励手段，从尊重人的劳动成果到尊重人的人格，从关怀下属的政治进步到帮助解决工作与生活上的实际困难，则能产生积极的心理效应。

二、案例分析 Case Study

案例一：顽强的地衣

在植物世界中，地衣的生命力几乎是首屈一指的。据实验，地衣在零下273摄氏度的低温下能生长，在真空条件下放置6年仍保持活力，在比沸水温度高一倍的温度下也能生存。因此无论沙漠、南极、北极，甚至大海龟的背上我们都能看到地衣的身影。

地衣为什么有如此顽强的生命力？人们经过长期研究，终于揭开了"谜底"。原来地衣不是一种单纯的植物，它是由两类植物"合伙"组成，一类是真菌，另一类是藻类。真菌吸收水分和无机物的本领很大，藻类具有叶绿素，它以真菌吸收的水分、无机物和空气中的二氧化碳做原料，利用阳光进行光合作用，制成养料，与真菌共同享受。这种紧密的合作，就是地衣有如此顽强的生命力的秘密。

> 作为一位领导者，不是挡在员工的路上，而是要栽培他们，让他们有机会赢，并且在他们胜利的时候加以奖赏。
>
> ——[美]杰克·韦尔奇

合作共赢，众所周知，合作不仅是一种积极向上的心态，更是一种智慧。一个人，纵使才华横溢、能力超群，如果不能较好地融入社会，不善于跟周围的人沟通、协作，他就不会在成功的路上走很远，更无法实现自己的理想与目标。相反，你只有照顾和维护别人，别人才会感恩并回报你一份善意。别人因你而温暖，你也会因别人而享受阳光。

案例二：鱼和鱼竿

从前，有两个饥饿的人得到了上帝的恩赐——一根鱼竿和一篓鲜活的鱼。其中一个人要了一篓鱼，另外一个人则要了一根鱼竿。带着得到的赐品，他们分开了。

得到鱼的人走了没几步，使用干树枝点起篝火，煮了鱼。他狼吞虎咽，没有好好品尝鱼的香味，就连鱼带汤一扫而光。没过几天，他再也得不到新的食物，终于饿死在空鱼篓旁边。

选择鱼竿的人只能继续选择忍饥挨饿，他一步步地向海边走去，准备钓鱼充饥。可是，当他看见不远处那蔚蓝的海水时，他最后的一点力气也使完了，他也只能带着无尽的遗憾撒手人寰。

上帝摇了摇头，决心再发一次慈悲。于是，又有两个饥饿的人得到了上帝恩赐的一根鱼竿和一篓鲜活的鱼。这次，这两个人并没有各奔东西，而是商定相互协作，一起去寻找有鱼的大海。

一路上，他们饿了的时候，每次只煮一条鱼充饥。终于，经过艰苦的跋涉，在吃完了最后一条鱼的时候，他们终于到达了海边。从此，两个人开始了以捕鱼为生的日子，他们有了各自的家庭、子女，有了自己建造的渔船，过上了幸福安康的生活。

前面两个人因为不知道合作，所以两个人都失败了；而后来两个人懂得合作，最终双双取得了成功。

要学会与他人合作，取长补短，相携共进，才能实现双赢。毕竟，团队的力量远大于个人的力量。

> 相聚，是开始；
> 团结，是进步；
> 合作，则是成功。
> ——［美］亨利·福特

三、过程训练 Process Training

活动一：游戏——解手链

（一）活动过程

1. 将全班学生分成若干个小组，每组8人，让每组成员手拉手围站成一个圆圈，记住自己左右手各相握的人。

2. 在节奏感较强的背景音乐声中，大家放开手，随意走动，音乐一停，脚步即停。找到原来左右手相握的人分别握住。

3. 小组中所有参与者的手都彼此相握，形成了一个错综复杂的"手链"。节奏舒展的背景音乐中，主持人要求大家在手不松开的情况下，无论用什么方法，将交错的"手链"解成一个大圆圈。

友情提示：解"手链"过程中，可以采用各种方法，如跨、钻、套、转等，就是不能放开手。（可再次增加人数继续游戏）

（二）问题与讨论

1. 在开始时，你们是否觉得思路混乱？

2. 当揭开一点后，你们的想法是否改变？

3. 最后问题的解决，你们是不是很开心？

4. 在这个过程中你们学到了什么？

（三）总结

1. 在活动过程中，当面对一个复杂的问题时大家会感到无从下手，从而往往站在原地不动，但实际上只要有所行动就会有所变化。

2. 如果你的尝试获得了一些效果，你就会变得积极起来，所以试着尝试一些新的办法。

3. 问题难以解决，往往是因为很多人都只是从个人的角度去思考怎样解套，实际上应该从整体的角度来解决问题，才能有进展。

活动二：设计激励方案

（一）情景描述

假如你现在负责一个部门，并有三个下属：陈明、李东和张君。保证这个部门成功发展的关键在于使这些员工尽可能地保持着积极进取的状态。下面是对每一位下属的简要介绍。

陈明是那种令人难以理解的雇员。他的缺勤记录比平均水平要高许多。他非常关心他的家庭（他有一个妻子和三个小孩），而且认为他的家庭应该是他生活的中心，公司能够提供的东西对他的激励非常小。他认为，工作仅仅是为他的家庭的基本需要提供财务支持的一种手段而已，除此之外，很少有什么别的意义。总的来说，陈明对本职工作尽职尽责，但所有试图让他多干活儿的尝试都失败了。陈明是一个友好而可爱的人，但对公司而言他仅是个够格的员工。只要他的工作一达到业绩要求的最低标准，他就希望能去"干他自己的事"。

李东在许多方面与陈明正好相反。与陈明一样，他也是一个讨人喜欢的家伙，但与陈明不同，李东对公司的规章制度和报酬制度都积极响应和执行，而且对公司有很高的个人忠诚度。李东的毛病在于他做事的独立性不是特别强。他对那些指派给他的任务完成得非常好，但他的创新精神不足，在自己干活儿时依赖性比较强。他还是一个相当内向的人，在同部门外的人士打交道时显得信心不足。这在某种程度上会对他的业绩带来一些伤害，因为他不能够在短时间里把自己或本部门推销给别的部门或公司的高层管理机构。

相反，张君是一个非常自信的人。他为金钱而工作，而且会为了更多的钱而更换工作。他的确为公司努力工作，但也期望公司能回报他。在他目前的岗位上，他觉得对一周60个小时的工作没有什么不满，如果薪水是这样的话。尽管他也有一个家，并且在供养他的母亲，但如果他已经多次要求，而他的雇主还不给他提薪的话，他会毫不犹豫地辞职而去。他确实是自己的驾驶员。张君的前任直接上司杨力指出，尽管张君确实为公司干得很出色，但他的个性实在太强了，对于他的离去他们还是感到欣慰。张君的前任老板说，张君似乎总在不断地要求。如果不是为了更多的钱，那么就是为了更好的福利待遇，似乎他从来也不会满足。

（二）问题与讨论

1. 如何激励陈明？
2. 如何激励李东？
3. 如何激励张君？

> 如同不断高涨的潮水能抬高所有的船只一样，合作能使各方都获得，彼此没有地位高低、优劣之分。
> ——[美]约翰·肯尼迪

> 一个没有受激励的人，仅仅能发挥他的能力的20%～30%，而一旦受到激励，他的能力可以发挥到80%～90%，相当于激励前的3～4倍，可见激励所起的重大效应。
> ——[美]威廉·詹姆斯

4. 本案例对企业如何做好激励工作有哪些启示？

5. 由各小组设计出针对这三人的激励方案。

四、效果评估 Performance Evaluation

评估：团队合作能力评估

（一）情景描述

以下每一项都陈述了一种团队行为，根据自己表现这种行为的频率打分：总是这样（5分），经常这样（4分），有时这样（3分），很少这样（2分），从不这样（1分）。

1. 我提供事实和表达自己的观点、意见、感受和信息以帮助小组讨论。（提供信息和观点者）

2. 我从其他小组成员那里征求事实、信息、观点、意见和感受以帮助小组讨论。（寻求信息和观点者）

3. 我提出小组后面的工作计划，并提醒大家注意需完成的任务，以此把握小组的方向。我向不同的小组成员分配不同的责任。（方向和角色定义者）

4. 我集中小组成员所作的相关观点或建议，并总结、复述小组所讨论的主要论点。（总结者）

5. 我带给小组活力，鼓励小组成员努力工作以完成我们的目标。（鼓舞者）

6. 我要求他人对小组的讨论内容进行总结，以确保他们理解小组决策，并了解小组正在讨论的材料。（理解情况检查者）

7. 我热情鼓励所有小组成员参与，愿意听取他们的观点，让他们知道我珍视他们对群体的贡献。（参与鼓励者）

8. 我利用良好的沟通技巧帮助小组成员交流，以保证每个小组成员明白他人的发言。（促进交流者）

9. 我会讲笑话，并会建议以有趣的方式工作，借以减轻小组中的紧张感，并增加大家一同工作的乐趣。（释放压力者）

10. 我观察小组的工作方式，利用我的观察去帮助大家讨论小组如何更好地工作。（进程观察者）

11. 我促成有分歧的小组成员进行公开讨论，以协调思想，增进小组凝聚力。当成员们似乎不能直接解决冲突时，我会进行调停。（人际问题解决者）

12. 我向其他成员表达支持、接受和喜爱，当其他成员在小组中表现出建设性行为时，我给予适当的赞扬。（支持者与表扬者）

（二）评估标准和结果分析

以上 1～6 题为一组，7～12 题为一组，将两组的得分相加对照下列解释：

（6，6）只为完成工作付出了最小的努力，总体上与其他小组成员十分疏远，在小组中不活跃，对其他人几乎没有任何影响。

（6，30）你十分强调与小组保持良好关系，为其他成员着想，帮助创造舒适、友好的工作气氛，但很少关注如何完成任务。

（30，6）你着重于完成工作，却忽略了维护关系。

（18，18）你努力协调团队的任务与维护要求，终于达到了平衡。你应继续努力，创造性地结合任务与维护行为，以促成最优生产力。

> 若不团结，任何力量都是弱小的。
> ——[法]拉·封丹

（30，30）祝贺你，你是一位优秀的团队合作者，并有能力领导一个小组。

当然，一个团队的顺利运行除了以上两种行为以外，还需要许多别的技巧，但这两种最基本，且较易掌握。如果你得分比较低，也不要气馁，只要参照上面做法，就会有所提高。

 思考与练习

1. 结合所学知识，分析《西游记》中的团队角色认知。

2. 团队精神的内涵有哪些？联系自身实际谈谈如何融入一个新的团队？

3. 举例说明建设性冲突和破坏性冲突的主要特点？

4. 如何提高团队凝聚力，发挥成员工作积极性，最终实现合作共赢发展？

作　业

（一）作业描述

根据本章的学习内容从下面三个任务中任选一个，从不同侧面阐述个人与团队如何完成团队任务，实现合作共赢。

任务1：个人自画像。联系贝尔宾团队成员角色理论，进行个人角色认知，阐明个人应具有的团队精神和团队责任。

任务2：看到"冲突处理"一词，请每个学员写出5个以上与"冲突处理"相关联的正面意义的词和5个以上负面意义的词。（5分钟）

任务3：讲演一个关于合作共赢的寓言故事，分享给其他成员，并加以分析点评。

（二）作业要求

1. 可2～3人组成一个小组合作分工。

2. 完整记录任务完成的过程。

第五章　礼仪教养——塑造魅力形象

西方哲学家赫伯特说过："一个人如果二十岁时不美丽、三十岁时不健壮、四十岁时不富有、五十岁时不聪明，就永远失去这些了。"想要成功，首先就要超越自己。一个人脸蛋的漂亮是天生的，但是每一个人都有无数种方法使自己的形象、气质、风度变得更加潇洒与优雅，更彰显出个人的魅力。每个人都渴望拥有魅力与成功的人生，而礼仪教养是让一个美好形象在第一时间展现出来的关键部分，它是一种素养、一种修为，它不仅会使你自己得到快乐，更会使他人得到快乐，使我们的工作、生活变得更加顺利和美好。当然，想要成为一个知礼仪有教养的人，拥有魅力的形象，是一个漫长的修炼和积累的过程，但是只要不断地学习和充实自己，灵活地运用礼仪的一些规范，相信我们每一个人都会优雅、自信地行走在职业之路上，开启一个崭新的人生。

> 礼，所以正身也；师，所以正礼也。人无礼则不生，事无礼则不成，国家无礼则不宁。
>
> ——荀子

本章知识要点：
- 仪容仪表礼仪
- 体态与举止礼仪
- 求职与面试礼仪
- 职场办公礼仪
- 见面礼仪
- 介绍礼仪
- 名片礼仪
- 电话与邮件礼仪

第一节　个人形象设计

职场在线

张伟是一家大型国有企业的总经理。有一次，他获悉有一家著名的德国企业的董事长正在本市进行访问，并有寻求合作伙伴的意向。于是他想尽办法，请有关部门为双方牵线搭桥。

让张总经理欣喜若狂的是，对方也有兴趣同他的企业进行合作，而且希望尽快与他见面。到了双方会面的那一天，张总经理对自己的形象刻意地进行一番修饰。他根据自己对时尚的理解，上穿夹克衫，下穿牛仔裤，头戴棒球帽，脚蹬旅游鞋。无疑，他希望自己能给对方留下精明强干、时尚新潮的印象。

然而事与愿违，张总经理自我感觉良好的这一身时髦的"行头"，却偏偏坏了他的大事。

原来，在交往中，每个人都必须时时刻刻注意维护自己形象，特别是要注意自己正式场合留给别人的第一形象。张总经理与德方同行的第一次见面属国际交往中的正式场合，应穿西服或传统中山服，以示对德方的尊重。但他没有这样做，正如他的德方同行所认为的：此人着装随意，个人形象不合常规，给人的感觉是过于前卫，尚欠沉稳，与之合作之事再作他议。

> 西方学者马伯蓝教授提出过著名的"55/38/7定律"：我们给人的第一印象55%取决于我们眼睛所看到的；38%取决于我们耳朵听到的；而谈话内容的好坏仅占7%的比例。

由此，我们可以看出个人形象的塑造是多么的重要。虽然我们并不主张大家以貌取人，但是形象直接影响他人对我们的态度，这确实是铁的定律。一个不修边幅的人常常让我们想到没有地位、缺乏修养、没有受过良好的教育。一个小细节可能让你多年的经营而搁浅，这怎么能不让我们灰心失望呢？可以说礼仪就是你的修养，修养就是你的魅力，而魅力才是你除智力外获得赏识的根本因素。所以，作为职场人士，务必要找准适合自己的形象，并且让人感觉你的形象是有分量的、值得信赖的。那么在日常的工作和生活中我们应该如何去打造个人形象呢？

一、能力目标 Competency Goal

　　无论你来自哪个领域，拥有什么样的学历，要想在职场上大显身手，充实的内在能力固然非常重要，然而你更需要一个明确而专业的个人形象助你一臂之力，因为成功的个人形象设计会让你在成千上百个条件相当的竞争者中脱颖而出，使你的职业生涯有一个更大的上升空间！

（一）仪容仪表礼仪

　　良好的仪表犹如一支美丽的乐曲，它不仅能给自身带来自信，也能给别人带来审美的愉悦，既符合自己的心意，又能左右他人的感觉，使你办起事来信心十足，要打造好的仪表需要我们从"头"做起。

1. 面部清洁与妆容设计

　　我们所说的仪容在很大程度上指的就是面容，人们观察别人往往是从脸部开始的，因此，保持面部的清洁卫生并进行适当的修饰是非常重要的。清洁面部，首先要洗脸，确保没有污垢、汗渍、泪痕等，不要忽视耳朵与脖子的清洁。认真检查眼睛、耳朵、鼻子、口腔以及脖子是否有不雅之处，及时清理。

　　男士一般在面部清洁之后注意日常的护肤程序就可以了，而女士最好要学习一些基本的化妆知识。适当的妆容设计可以增加人的面部轮廓美感、提升自信心，也可以显示出对他人的尊重、对生活的热爱。

> 化妆也是要分场合的，在职场中我们一般会选择干净明亮的职业妆容，如果不注意化妆的技巧，有时则很容易弄巧成拙。

小案例

　　小莉是一家高档写字楼的白领，身材高挑，长得也很漂亮。但有段时间她却很郁闷，原因是某天被人事部领导叫去谈话要求她要端正态度，检点自己，把自己的重心放到工作上。回来后小莉很委屈，觉得自己平时在工作中的表现也很积极，领导为什么会批评自己呢？

　　同事小白一语道破："应该是打扮上的问题！"小莉仔细站在镜子前面看了半天想了想，确实是，最近自己的外套有些过于紧身，而且刚从姐妹那里学化的烟熏妆好像有点过浓了，也许是外观上自己给别人的感觉很轻佻，所以领导让自己端正态度。

　　我们每个人的面容都有自己的特点，因此，化妆的技法和风格也不尽相同，但是基本步骤大体相同，化妆的基本步骤如下：

　　（1）清洁面部。这是一项十分重要的工作，化妆必须在洁肤护肤之后进行。

　　（2）基础底色。使用底色的目的是遮盖皮肤的瑕疵，统一皮肤色调。最好是选用两种颜色的底色，在脸部的正面用接近天然肤色的颜色均匀地薄薄地涂抹，在脸部的侧面，可用较深的底色。

（3）定妆。上完底色后用粉定妆，目的是柔和妆面，固定底色，还可吸收皮肤分泌物，保护皮肤免受阳光、风、灰尘等外部刺激。脸上涂粉不宜过多，粉一定要涂得薄而均匀。

（4）描画眉毛，修饰眼睛。眉毛的生长规律是两头淡，中间深，上面淡，下面深。标准的眉形是在眉毛的2/3处有转折。修饰眼睛时先涂上适合的眼影，之后开始勾勒眼线，最后要用睫毛膏来卷翘睫毛，使睫毛向上翘立，放大眼睛，使眼睛更加有神。

> 面颊是流露真实感情的部位，是显示健康貌美的焦点。面颊红润，会给人留下生气勃勃、精神焕发的印象。

（5）涂刷面红。面红的中心在颧骨部位，涂面红时从颧骨处向四周扫匀，越来越淡，直到与底色自然相接。涂面红可以用来矫正脸型。

（6）涂抹唇膏。嘴唇是人身上最富有表情的部位，比较理想的唇形为：唇线清楚，下唇略厚于上唇，大小与脸型相宜；嘴角微翘，富于立体感。

2. 头发清洁与发型设计

头发是人的第二张面孔，良好的发型会使人容光焕发，而不当的发型会带给人萎靡不振的感觉。头发的整洁、大方是个人形象礼仪的最基本要求。

> 发型本身没有美和丑之分，但整齐、大方的发型会给人神清气爽的感觉。

▶ 小案例

你观察过成功人士的头发颜色吗？你注意过美国总统克林顿的发色吗？谁也无法想象，克林顿在竞选总统之前是红色发色，当他开始竞选总统时，他的智囊团对他的整体形象设计提出严苛的要求，甚至连头发的颜色也经过了十多次的实验、筛选、论证，最终投票选定了大家最为熟悉、认可的灰栗色。从此之后，他的发型与发色就固定下来了，一直到克林顿老年才逐渐变成为现在的银白色。

发型要与性别相符	商务男士应尽可能避免留长发或某些时髦新潮的奇特发型，最好也不要留光头。女士的发型虽然并不拘泥于短发和直发，但也应注意不能过分张扬和花哨。
发型要与年龄相符	年长者要求端庄、稳重，因此，比较适宜大花型的短发或盘发，而年轻人则要注重整洁健康、美丽大方，比较适宜盘发、扎辫子、短发、长发等。
发型要与气质相符	开朗活泼的人应选新颖俏丽的发型，轮廓线不要太刻板、生硬，应具有一种流畅感、运动感；文静、内向的性格应选秀丽、淡雅、柔美风格的发型。
发型要与职业相符	时尚白领的发型要求干练、知性、简洁。戴工作帽职业者的发型既要简洁，又要美观，一般以中短发和短发为宜，服务人员应表现整洁、美观和健康。

3.着装与配饰礼仪

着装也是一种无声的语言，它显示着一个人的个性、身份、角色、涵养、阅历及其心理状态等多种信息。在人际交往中，着装，直接影响别人对你的第一印象，关系到对你个人形象的评价，同时也关系到一个企业的形象。

> 服装建造一个人，不修边幅的人在社会上是没有影响的。
> ——[美]马克·吐温

◤ 小案例

一外商考察团来某企业考察投资事宜，企业领导高度重视，亲自挑选了庆典公司的几位漂亮女模特来做接待工作，并特别指示她们身着紧身上衣、黑色的皮裙，领导说这样才显得对外商的重视。但考察团上午见了面，还没有座谈，外商就找借口匆匆走了，工作人员被搞得一头雾水。后来通过翻译才知道，他们说通过接待人员的着装，认为这是个工作以及管理制度极不严谨的企业，完全没有合作的必要。

原来，该企业接待人员在着装上，犯了大忌。根据着装礼仪的要求，工作场合女性穿着紧、薄的服装是工作极度不严谨的表现；另外，国际公认的是，黑色的皮裙只有不正当工作者才穿。

（1）正式场合男士着装的礼仪。在庄重的仪式以及正式宴请等场合，男士一般以西装为正装。一套完整的西装包括上衣、西裤、衬衫、领带、腰带、袜子和皮鞋。

上衣	衣长刚好到臀部下缘的位置，袖长到手掌虎口处，衣服与腹部之间可以容下一个拳头大小为宜。
西裤	裤线清晰笔直，裤脚前面盖住鞋面中央，后至鞋跟中央。
衬衫	长袖衬衫是搭配西装的最佳选择，颜色以白色或淡蓝色为宜。衬衫下摆要塞在裤腰内，系好领扣和袖口，衬衫里面的内衣领口和袖口不能外露。
领带	领带图案以几何图案或纯色为宜，领带长度以大箭头垂到皮带扣处为准。
腰带	材质以牛皮为宜，皮带扣大小适中，样式和图案不宜太夸张。
袜子	袜子应选择深色的，切忌黑皮鞋配白袜子。袜口应适当高些，应以坐下跷起腿后不露出皮肤为准。
皮鞋	搭配造型简单规整、鞋面光滑亮泽的式样。如果是深蓝色或黑色的西装，可以配黑色皮鞋，如果是咖啡色系西装，可以穿棕色皮鞋。

（2）正式场合女士着装的礼仪。在重要会议和会谈、庄重的仪式以及正式宴请等场合，女士着装应端庄得体。

上衣	上衣讲究平整挺括，较少使用饰物和花边进行点缀，纽扣应全部系上。
裙子	以窄裙为主，年轻女性的裙子下摆可在膝盖以上但不可太短，中老年女性的裙子应在膝盖以下，真皮或仿皮的西装套裙不宜在正式场合穿着。
衬衫	以单色为最佳之选。衬衫的下摆应披入裙腰之内而不是悬垂于外，也不要在腰间打结，穿着西装套裙时不要脱下上衣而直接外穿衬衫。
鞋袜	鞋子应是走起路来舒服又好看，还要注意可配搭性。中性色如黑色、咖啡色、土黄色、灰色、米色等，可以与大多数颜色的服装互相搭配。袜子应是高筒袜或连裤袜。鞋袜款式应以简单为主，颜色应与西装套裙相搭配。

在非正式场合，着装也要合乎礼仪。要干净、大方，符合场合内容和要求。

4. 配饰礼仪

为了使个人形象更加完美，良好的配饰可以起到画龙点睛的作用。女士常用的配饰有戒指、手提包等，男士的常用配饰是手表与笔。

（1）戒指。戒指的戴法最为讲究，戴在不同手指上，将给对方不同的信息。

▶ 小知识

戒指戴在食指表示目前独身且觅偶，戴在中指表示正在热恋中，戴在无名指上表示已婚，戴在小指上表示持独身态度。戒指不要乱戴，也不要别有用心地暗示对方。如果已婚女士不愿暴露婚姻状况时，可以不戴戒指；戒指一般戴在左手上，如戴在两只手上要左右手对称。

（2）手提包。手提包是女性日常出席正式场合活动的重要饰物，要求小巧、新颖、别致、协调，给人以赏心悦目的感觉，手提包的颜色要与季节、服装、场合、气氛相协调。

（3）手表与笔。手表、金笔和打火机在西方被称作男士三大配饰，被认为是身份的象征。男士在公务活动或社交活动中应该携带一支钢笔和一支铅笔。笔可以放在公文包内或西装上衣内侧的口袋内，不要插在西装上衣左胸外侧的口袋内或作为装饰。

（二）体态与举止礼仪

体态泛指身体所呈现出来的各种姿势。体态可以分为举止动作、神态表情以及相对静止的体姿。体态语言是人体及姿态发出的无声信息。心理学家认为，无声语言所显示的意义要比有声语言深刻得多。

> 体态礼仪是一张无形的名片，让人在最短的时间内认识并记住你，喜欢你并接近你，为你带来朋友、运气和成功。

▶ 小案例

曾任美国总统的老布什，能够坐上总统的宝座，成为美国"第一公民"，与他的仪态表现分不开。在1988年的总统选举中，布什的对手杜卡基斯，猛烈抨击布什是里根的影子，没有独立的政见。而布什在选民中的形象也的确不佳。在民意测验中一度落后于杜卡基斯10多个百分点。未料两个月以后，布什以光彩照人的形象扭转了劣势，反而领先10多个百分点，创造了奇迹。原来布什有个毛病，他的演讲不太好，嗓音又尖又细，手势及手臂动作总显出死板的感觉，身体动作不美。后来布什接受了专家的指导，纠正了尖细的嗓音、生硬的手势和不够灵活的摆动手臂的动作，结果就有了新颖独特的魅力。在以后的竞选中，布什竭力表现出强烈的自我意识，改变了原来人们对他的评价。配以卡其布蓝色条子厚衬衫，以显示"平民化"，终于获得了最后的胜利。

1. 挺拔的站姿

站立是人们在交际场所最基本的一种姿势，是其他姿势的基础。站立是一种静态美，是培养优雅仪态的起点。正确的站姿从整体上给人以笔直挺拔、舒展俊美、精力充沛、充满自信、积极进取的良好印象。

站姿的基本要求：两眼平视前方，嘴微闭，下颌微收，脖颈挺直，表情自然，面带微笑；两肩微微放松，稍向后下沉；两肩平整，两臂自然下垂，中指对准裤缝；挺胸收腹，臀部向内向上收紧。

2. 优雅的坐姿

坐姿是一种静态造型，是日常仪态的主要内容之一。符合礼仪规范的坐姿传达出自信练达、积极热情、尊重他人的信息，给人以稳重、文静、自然大方的美感，让人觉得安详、舒适、端正和舒展大方。

（1）男士坐姿。在正式或非正式的场合下男士的标准坐姿要求：上身挺直，双肩正平，两手自然放在两腿或扶手上，双膝并拢，小腿垂直落于地面，两脚自然分开成45度。

在非正式的场合男士还可以采用前伸式、前交叉式、屈直式坐姿。

前伸式坐姿是指在标准式坐姿的基础上，两小腿前伸一脚的长度，左脚向前半脚，脚尖不要跷起。

前交叉式坐姿是指在标准式坐姿的基础上，小腿前伸，两脚踝部交叉。

屈直式坐姿是指在标准式坐姿的基础上，左小腿回屈，前脚掌着地，右脚前伸，双膝并拢。

（2）女士坐姿。女士标准坐姿的基本要求是上身挺直，双肩正平，两臂自然弯曲，两手交叉叠放在两腿中部，并靠近小腹，两膝并拢，小腿垂直于地面，两脚尖朝正前方。

在正式场合女士还可以采用侧点式和侧挂式坐姿。

侧点式坐姿要求：两小腿向左斜出，两膝并拢，右脚跟靠拢左脚内侧，右脚掌着地，左脚尖着地，头和身躯向左斜。注意大腿小腿要成90度的直角，小腿要充分伸直，尽量显示小腿长度。

侧挂式坐姿要求在侧点式坐姿的基础上，左小腿后屈，脚绷直，脚掌内侧着地，右脚提起，用脚面贴住左踝，膝和小腿并拢，上身右转。

3. 风度的走姿

行如风，是指走路时步伐矫健、轻松敏捷、富有弹性、令人精神振奋，表现一种朝气蓬勃、积极向上的精神状态和轻快自然的美。走路的步态与速度反映了一个人的个性和行为作风。正确的行走姿势要从容、轻盈、稳重。

走姿基本要求：上身要直，昂首挺胸。行走时，要面朝前方，双眼平视，头部端正，胸部挺起，背部、腰部、膝部尤其要避免弯曲，使全身看上去形成一条直线。起步时身体要前倾，重心前移。步态要协调、稳健。双肩平稳，两臂自然摆动。摆动幅度以30度左右为宜。

男士站姿要求刚毅洒脱，自信挺拔；女士站姿要求秀雅优美，亭亭玉立。

着裙装的女士在入座时要用双手将裙摆内拢，以防坐出皱纹或因裙子被打折而使腿部裸露过多。

全身协调，匀速前进。行走时两脚内侧踏在一条直线上，脚尖向前。

小案例

某公司要招聘一位市场部经理，一位名校硕士的简历深深吸引了老总。他有相关理论著述，而且在两家单位任过职，有一定经验。于是通知他三天后来公司面试，面试结果呢？竟然没能通过。老总后来说，那次面试是他亲自主持的。他发现那位先生有个特点，就是不管什么时候都是锁着双眉，不会微笑，显示出很沉闷的样子。他说，这种表情的人是典型的不擅做沟通工作的。而作为市场部的负责人，沟通本来就是重要的工作内容。

（三）微笑礼仪

微笑是自信和礼貌的表现，也是一个人心理健康的标志，在社交场合中，微笑是最令人愉悦、最富吸引力也最有价值的面部表情，它不但表现了人际交往中的友善、和谐、诚信等美好的感情因素，而且也反映出交往人的自信，能给人以美的享受。温和而有涵养的微笑不但是应对社交的手段，而且体现了一个人的价值观，在各种场合恰当地运用微笑可以起到传递情感和沟通心灵的作用。

微笑有许多种类，例如，自信的微笑，充满了信心和力量当遇到困难和危险时，若能微笑以待，定能激发巨大的动力，访动各种积极因素，攻克难关；真诚的微笑，体现了对他人的友善、尊重、理解和同情，能在最短的时间内沟通情感，缩短心理距离，广结善缘和广交朋友；把微笑慷慨地赠与他人，恰似春风化雨，滋润人的心田，定能赢得好感和尊重。

> 微笑对于疲劳者来说犹如休息，微笑对于失意者来说仿佛鼓励，微笑对于伤心者来说恰似安慰。

1. 微笑礼仪的要求

（1）真诚。要发自内心、自然大方、亲切，是内心情感的自然流露。

（2）适度。笑得得体、适度，才能充分表达友善、诚信、和蔼、融洽等美好的情感。

2. 微笑礼仪的训练方法

（1）对镜练习法：对着镜子微笑，练习时双颊肌肉有力上抬，可以默念"茄子"、"一"，或英文单词"cheese"等，强化面部肌肉的控制。

（2）情绪记忆法：发挥自己的想象力，回忆美好的过去、愉快的经历，或者展望美好的未来，找到自己最满意的笑容，坚持训练。

二、案例分析 Case Study

案例一：面试着装要适宜

小眉到一家外企去应聘秘书。去面试之前，她对自己进行了精心修饰：身着时下最流行的牛仔套裙，脚蹬一双白色羊皮短靴，橘色的挎包。为和这身打扮配套，小眉还化了彩妆，并对自己的打扮相当满意。

来到公司，小眉发现自己在众多应征者中显得是那么的与众不同，她甚至感到一点得意。正在这个时候，小眉碰见了恰好来此处办事的好朋友丽然。"你也来找人吗？"丽然问到，"我是来应聘的。""应聘？你的这身打扮更像约人去喝下午茶。"快人快语的丽然说道。"是吗？"小眉疑惑起来，她扫描了一下四周，果然其他人都穿素色的职业套装。小眉的心里一下子变得不稳定起来，开始的自信也被动摇了。在后来的面试中，小眉完全乱了阵脚，结果也就不言而喻了。

不同的场合需要相适宜的着装。你第一次面试时的着装是什么样的？通过学习之后有没有发现不妥之处，与同学讨论面试着装应注意的要点。

案例二：空姐的十二次微笑

飞机起飞前，一位乘客请求空姐给他倒一杯水吃药。空姐很有礼貌地说："先生，为了您的安全，请稍等片刻，等飞机进入平稳飞行后，我会立刻把水给您送过来，好吗？"

15分钟后，飞机早已进入了平稳飞行状态。突然，乘客服务铃急促地响了起来，空姐猛然意识到：糟了，由于太忙，她忘记给那位乘客倒水了！当空姐来到客舱，看见按响服务铃的果然是刚才那位乘客。她小心翼翼地把水送到那位乘客跟前，面带微笑地说："先生，实在对不起，由于我的疏忽，延误了您吃药的时间，我感到非常抱歉。"这位乘客抬起左手，指着手表说道："怎么回事，有你这样服务的吗，你看看，都过了多久了？"

接下来的飞行途中，为了补偿自己的过失，每次去客舱给乘客服务时，空姐都会特意走到那位乘客跟前，面带微笑地询问他是否需要水，或者别的什么帮助。然而，那位乘客余怒未消，摆出一副不合作的样子，并不理会空姐。临到目的地时，那位乘客要求空姐把留言本给他送过去，很显然，他要投诉这名空姐。此时空姐心里虽然很委屈，但是仍然不失职业道德，显得非常有礼貌，而且面带微笑地说道："先生，请允许我再次向您表示真诚的歉意，无论您提出什么意见，我都将欣然接受您的批评！"那位乘客脸色一紧，嘴巴准备说什么，可是却没有开口，他接过留言本，开始在本子上写了起来。

等到飞机安全降落，所有的乘客陆续离开后，空姐本以为这下完了。没想到，等她打开留言本，却惊奇地发现，那位乘客在本子上写下的并不是投诉信，相反，是一封给她的热情洋溢的表扬信。

在信中，空姐读到这样一句话："在整个过程中，你表现出的真诚

微笑的"四不要"

不要缺乏诚意、强装笑脸；

不要露出笑容随即收起；

不要仅为情绪左右而笑；

不要把微笑只留给上级、朋友等少数人。

的歉意，特别是你的十二次微笑，深深地打动了我，使我最终决定将投诉信写成表扬信。你的服务质量很高，下次如果有机会，我还将乘坐你们的这趟航班！"

微笑是一个人最基本的礼仪，它是一种无声的语言，能弥补裂痕。真正的微笑应发自内心，渗透着自己的情感，表里如一，毫无包装或矫饰的微笑非常有感染力，所以它被视作"参与社交的通行证"。

三、过程训练 Process Training

活动一：体态礼仪训练

（一）活动过程

1. 两名同学一组，在规定的时间内进行体态礼仪的训练，相互纠正动作。

2. 每班分成若干小组，以5至6人为一组，进行形体姿态的组合创编。

3. 设计步骤要求：学习和掌握体态礼仪中的站姿、坐姿、行姿和蹲姿，给定音乐（大约4分钟），大家分组讨论并创编形体姿态组合，至少要五个队形变化和两个造型设计。

七大不良习惯

1. 随地吐痰；
2. 随手扔垃圾；
3. 当众嚼口香糖；
4. 当众挖鼻孔或掏耳朵；
5. 当众挠头皮；
6. 当众抖腿；
7. 当众打哈欠。

小组创编测试考核表

序号	测查内容	是	否
1	小组同学的仪容仪表是否合格		
2	形体姿态的动作是否整齐、标准		
3	小组同学是否有自信的面部表情		
4	出场造型是否有创新		
5	是否面带笑容，给人以友好的感觉		
6	编排队形是否符合要求的数量		
7	动作是否和音乐配合融洽		
8	结束造型是否有创意		

（二）活动分析

7～8个"是" —— "A"，你们很优秀

5～6个"是" —— "B"，你还可以更好

3～4个"是" —— "C"，你仍需要努力

3个"是"以下—— "D"，你还要多加练习才行

活动二：女士化妆大赛

（一）活动目的
1. 熟练掌握化妆步骤。
2. 能根据实际情况选择适合自己妆容风格。
3. 通过比赛让学员共同学习和分享彼此的化妆经验和心得。

（二）活动过程
1. 女士学员根据本节所学相关内容挑选适合自己的妆容。
2. 在化妆过程中如遇问题可以咨询培训师。
3. 女士学员在规定时间内化妆。
4. 培训师选出比较有代表性的、优秀的女士学员。
5. 选出的女士学员上台讲述其化妆技巧及对化妆认识。
6. 培训师和学员代表一起担任评委对选手进行评分。

> **女士的化妆原则**
> 1. 避免过量使用香水。
> 2. 妆残了要及时补妆。
> 3. 切忌当众化妆和补妆。

（三）分析与讨论
1. 由培训师对每位女士学员化妆过程及效果等进行点评评分。
2. 参赛选手，通过颁发不同等级的奖状予以鼓励。

四、效果评估 Performance Evaluation

评估一：你的个人形象怎么样?

请回答下面的24个问题，经过评分后就可判断你的个人形象怎么样，仔细阅读每一个问题，凭第一感觉，选择一项符合你实际情况回答。其中：A= 非常符合我的情况，B= 比较符合我的情况，C= 不一定，D= 不怎么符合我的情况，E= 根本不符合我的情况。

（一）情景描述
1. 你可以把自己的想法用语言完整地表达出来。（　　）
2. 别人都说你有风度。（　　）
3. 你觉得自己的表情表现，有时有点过分。（　　）
4. 因为有特殊性原因，没有尽到自己的责任，是可以原谅的。（　　）
5. 你有自己的处世哲学，而且随时间不断成长。（　　）
6. 你对外来文化很反感，不愿意接受。（　　）
7. 别人都说你知道的东西很多。（　　）
8. 在你紧张或高兴的时候，就会有点不知所措。（　　）

9. 你认为，化浓妆可以充分体现自己的优点。　　（　　）

10. 经常有人向你请教一些专业性比较强的问题。　　（　　）

11. 遇到一点不好的事，你就有点手忙脚乱了。　　（　　）

12. 你的性格别人难以接受。　　（　　）

13. 你对自己的长相感到满意。　　（　　）

14. 再怎么困难的东西，你很快就能学会。　　（　　）

15. 从你记事起，你就有很明确的世界观。　　（　　）

16. 你特别钟情于传统文化。　　（　　）

17. 你能很好地控制自己表情。　　（　　）

18. 你的语言表达不怎么流利。　　（　　）

19. 你认为，道德比人的生命都重要。　　（　　）

20. 你对自己的身高感到不满意。　　（　　）

21. 你的身体动作很协调。　　（　　）

22. 你认为，适当的化妆可以使自己更自信。　　（　　）

23. 你感得自己的知识比较丰富。　　（　　）

24. 你经常不能控制自己容易激动的情绪。　　（　　）

> 着装礼仪原则
> 整洁合体。
> 搭配协调。
> 体现个性。
> 随境而变。
> 遵守常规。

（二）评估标准与结果分析

3、4、6、8、9、11、12、18、20、24题，选 A=1分、B=2分、C=3分、D=4分、E=5分；其余题目选 A=5分、B=4分、C=3分、D=2分、E=1分。

本测试的满分为120分，得分越高，证明你的个人形象越好。

24 ～ 60分，证明你的个人形象欠佳，你对自己也缺乏信心。

61 ～ 75分，证明你的个人形象一般，你对自己也不太满意。

76 ～ 100分，证明你的个人形象较好，你只是对自己存在的一些小问题感到不太满意。

101 ～ 120分，你不但是一个俊男或美女，你还是社交高手，拥有丰富的知识和社会经验。

评估二：令女士讨厌的举止

（一）情境描述

跟职场女性打交道要格外细致。下面列出的是最令女士们讨厌的举止，你可以对照检测自己。

情境描述	有	偶尔	没有
1. 坐下时，高跷二郎腿，摇来晃去。			
2. 坐下时把裤腿卷起。			
3. 随地吐痰。			

续表

情境描述	有	偶尔	没有
4. 在公共场合对着镜子梳妆打扮。			
5. 笑时用手捂住嘴。			
6. 喝茶、喝酒等东西端起杯子时，把小指伸出。			
7. 把手提袋之类的挂在手腕上。			
8. 经常用手挖鼻孔。			
9. 过于频繁地眨眼。			
10. 打嗝。			
11. 一边蘸着唾沫，一边数钱。			
12. 用完餐后，一直用牙签在嘴里捣来捣去。			
13. 抽烟时不停地将烟从鼻孔中喷出。			
14. 吸烟吸到烟屁股，一副寒酸样。			
15. 在电影院或火车上，把脚放在前排座位上。			
16. 用手拨、摸自己的胡子。			
17. 搔抓头皮。			
18. 走路把手插进裤袋。			
19. 打响指。			
20. 抽烟时嘴里发出声音。			
21. 不择地方，倒头便睡。			

（二）评估标准和结果分析

选择"有"计2分；选择"偶尔"计1分；选择"没有"计0分。

0～8分：你非常了解和注意自己的举止礼仪，这将使你在职场交流中赢得对方的尊敬；

9～16分：你平时是有一些不文明不文雅的举止，应该及时改正，不然将影响你在职场上的形象。

17～42分：你非常欠缺在举止方面的礼仪，应下大力度改正，否则你的职场前途将十分黯淡。

第二节 职场礼仪训练

职场在线

小琳是一个中职文员专业学生，相貌平平、成绩中等，各方面能力都不算出众，是一位非常普通的学生。在她快毕业时，听人说想找到好工作非常难，她十分焦急，准备了很多份简历，投了很多公司，参加了多场面试，可都石沉大海，以失败告终。后来好不容易盼来又一次机遇，一家公司公开招聘前台文员的岗位，她非常重视，下定决心一定要成功。

可是她要怎么做才能在这次求职中脱颖而出，成为一个合格的职业人呢？小琳为自己列了一份求职准备清单。

一、求职前准备

1. 根据自己的需求，确定好自己的求职岗位，做好简历。

2. 做好面试准备，准备好面试服装、物件。

二、面试准备

1. 准备、练习好自我介绍。

2. 准备面试时可能会被问的一些问题和自己想要问的一些问题。

3. 面试过程中的注意事项和礼仪规范

小琳根据自己的清单，开始了求职前的集训。你觉得她做得够充分吗？通过接下来的学习，你是否也可以为自己做一份进入职场的清单呢？

> 巧诈不如拙诚。
> ——《韩非子》

一、能力目标 Competency Goal

　　在如今的职场中，没有男人女人的划分，只有工作业绩的好坏。作为职场新人，已经没有人再把你当成一个学生，所以无论是谁，都要适应职场上的规则，而掌握职场礼仪，做到举止得体、礼貌待人，你的职业生涯也许会更加地顺利，更容易获得成功。

（一）求职与面试礼仪

　　求职与面试中的礼仪是一个非常重要的因素，透过礼仪可以看出求职者的涵养和素质，它甚至决定着事情的成败。因此，每一个求职者都不能忽视整个求职过程中的每一个细节。

1.简历与求职信的礼仪

　　对所有的求职者来说，求职的第一步就是做好自己的简历与求职信，简历就是自己的代表，这决定用人单位是否能给予你面试的机会。在书写求职信与制作简历时，除了要表述呈现出自己的优势与独特，更要注重的是礼仪的要点。

　　（1）确定自己的求职岗位。根据自己的应聘单位及岗位，书写求职信。求职信要使用专用的纸张，简历使用配套的纸张。确认写有你的姓名、地址、电话号码、邮箱等重要信息。

　　（2）使用敬称"尊敬的招聘主管"（不要使用"尊敬的先生"，招聘主管或许是位女士）。求职信中不要滥用名言，简历内容要真实得当。

　　（3）求职信中向用人单位介绍自己和自己的价值，提出能为用人单位作出什么贡献，不要重复与简历相同的内容。简历与求职信，内容要规范，书写要工整（如果字迹漂亮一定使用手写），字体最好用小四号或四号，语言要严谨、简洁、大方，求职信一般不超过一页。

　　（4）不要在求职信中谈论薪金，结束求职信时，要表示感谢。

2.面试准备的礼仪

　　"不打无准备之仗，方能立于不败之地"。准备是一切工作的前提，只有充分地准备才能保证工作得以顺利完成。

　　（1）仪容仪表的准备。首先，应聘者的着装要与用人单位的文化、风格保持一致。不同的公司穿着各不同，为了融入公司的文化，在面试前最好先初步了解用人单位的着装风格和着装要求，结合用人单位的文化氛围和应聘岗位的职业需求，准备好自己的职业服装。男生应选择自然、大气的服装，女生选择庄重大方的服装，给人以干净利索、具有专业精神的印象。其次，女生在化妆上，要注意协调，不可以太

　　应聘前，应对自己的兴趣爱好和职业理想以及个人职业生涯做好规划，对适合做什么工作做一个评估与测试。

夸张，以淡妆为宜。不要在职业场合化妆，不可佩戴过多的首饰。

（2）其他物件的配备。面试前，求职者需要将面试时需要的物品备齐，例如，打印好求职信、简历，将其装订成册，便于翻阅。个人的身份证件、笔记本等物品也需随身携带，以备使用。

（3）面试前的练习。中国有个成语"熟能生巧"，国外有句话"Practice makes perfect"（越练越完美，也是熟能生巧之意）。在面试前，对面试过程进行模拟练习，包括口头表达、肢体语言、专业知识问答等，让充分的准备更提高面试的成功率。

> 如果参加面试时紧张、声音颤抖，可以尝试用深呼吸的方法进行缓解。

3. 面试的礼仪

▶ **小案例**

北京有一家外资企业招工，对学历、外语、身高、相貌的要求都很高，但薪酬也挺高，所以有很多高素质人才都来应聘。这些年轻人，过五关斩六将，到了最后一关：总经理面试。

这些年轻人想，这很简单，只不过是走走过场罢了。没想到，这一面试出问题了。一见面，总经理说："很抱歉，年轻人，我有点急事，要出去10分钟，你们能不能等我？"年轻人说："没问题，您去吧，我们等您。"老板走后，这些年轻人一个个踌躇满志、得意非凡，于是围着老板的大写字台看，只见上面文件一摞、信一摞、资料一摞。年轻人你看这一摞，我看这一摞，看完了还交换：哎哟，这个好看。

10分钟后，总经理回来了，说："面试已经结束。很遗憾，你们没有一个人被录取。"这些年轻人都很疑惑。

尊重是礼仪之本，尊重别人亦是对自己的尊重。求职者除了具备相应的专业技能、专业素养以外，掌握面试礼仪也是非常重要的。

（1）进入面试场所时请先敲门，进门后主动打招呼；面试结束时微笑起身、致谢、告辞。进入面试场所时，如果房门关着，应有节奏地轻敲三下；如果房门敞开，应向室内的人点头示意，道明来意。

（2）面试中不做小动作，保持良好的礼仪体态，未经允许不可入座。面试中不要有过多的小动作，如看天花板、咬嘴唇、抠手指等。过多的小动作，反映着面试者内心的紧张，给人的感觉不自信、缺乏礼仪素养，直接影响面试的成功率。

（3）说话要注意速度、声音和内容。说话一定要简洁、清晰、准确，语速适中。无论是回答问题还是提问，都要在脑海中先组织一下语言，不可立即说出口，给人不够稳重和做事不踏实的感觉。

（4）面试态度要积极，要谦虚慎言。在面试时，表现出你对用人单位的诚意，调动自己积极、热情的情绪，察言观色，观察招聘人的神情，作出相应对策。保持好平和的心态，避免一切较为激动的感情流露；要表现得友善、容易相处，保持诚恳的态度。

（5）面试结束后做好详细记录，总结得失。面试基本结束后，无论是否成功录用，求职者都要淡定对待，对用人单位表现感谢。结束后，对此次面试做一个翔实的总结，分析自己的得失与不足。

（二）职场办公礼仪

小案例

小琳高兴极了，因为她终于在众多竞争者中脱颖而出，进入了梦寐以求的公司，在同学中最先找到了自己满意的工作。面对即将到来的新生活，她又激动又紧张。上班的第一天，她穿好职业装走进办公室，刚想开口给前辈们问好，后面一个声音传了出来："大家好，我叫林浩，是这次新进的，请各位前辈多多指教。"小琳非常生气地说："这么没有绅士风度，不懂女生优先吗？明明是我先来的！"没想到林浩和小琳都分配到前台工作，主管分配他们每个人一个新任务，小琳负责给每个办公室发派报纸和一些事务性的杂活，林浩只负责来客的接待。小琳问主管：为什么我做这么多事，林浩只用做来客的接待？

职场中，尊重周围所有的人，你才会赢得所有人的尊重。我们在注重个人内外兼修的同时，作为一个优秀的职业人还应该善于经营人际关系。真心去经营，注重为人处世的口碑，建立友好的同事关系、良好的人际关系，才能使自己一步步走向成功。

1. 办公室礼仪

在办公室遵守礼仪，是职场人士的基本素质，办公室的礼仪不仅是对同事的尊重和对公司文化的认同，更重要的是每个人为人处世、礼貌待人的最直接表现。

（1）办公室举止礼仪。出入办公室，请随手关门；进入别人的办公室，敲门后得到允许方可进入；在办公室内活动，要庄重、自然、大方，在行为举止上，做到站有站相、坐有坐相；在着装上，也要特别注意，不要穿着背心、拖鞋；不要在办公室看电影、打瞌睡、聊八卦等。

（2）办公室环境。整理好个人的办公环境，如办公桌、文件等，做到有序、整洁；对集体公用的办公环境，也要尽力维护，作为职场新人，主动帮助大家整理办公室卫生，也是为自己打好人际关系的一个影响因素，但太过于表现也会适得其反。

（3）接听电话。在接听私人电话时，最好离开办公场所，以免打扰其他同事的工作；在接听工作电话时，应尽快接听，一般应在电话响起第二声时接起，自报公司名称再了解对方，如需转达，仔细倾听对方的来电，做好记录，反馈给当事人；在公务电话中，要用精练的职业语言，用友好的语言结束电话，待对方挂断后方可挂断。

（4）办公室语言。礼貌为先，上班时和同事互相问好，下班时与同事互相道别；需要别人帮助时要表达谢意，打扰别人时，要表达歉意；做好自己的事情，不在人后议论同事，不炫耀自己；不在办公室聊过多的私人事情，与人说话态度要友善、和气。

（5）办公室用餐。办公室是职员办公场所，如果公司没有单独的食堂或是就餐地点，在办公室就餐时，要注意，不要吃气味较重的食物，用餐时间不要太长，用过的餐具和食物残羹要尽快清理，不要给别人带来烦恼。

（6）尊重隐私。尊重他人的隐私，未经允许不翻阅他人的任何物品，包括电脑、文件、抽屉等；不随便打听别人的私事，损伤他人的名誉。

2. 与同事、上司交往礼仪

同事，是在单位里与之共事、朝夕相处的人；上司，是在单位里工作关系上的领导。要处理好与同事、上司的关系，和睦相处，顺利开展工作，我们应该注重交往的礼仪细节。

真诚以待	对待同事和上司，应该以诚相待，不做作、不虚假，亲切友善、一视同仁。
宽以待人	君子之交淡如水，与同事的交往应互相宽怀，互相不苛求、不强迫、不嫉妒。
相互关心	学会先付出、不求回报，主动关心对方，在对方需要帮助时，鼎力相助。
公平竞争	在遇到评选和竞争时，不搞个人主义，与同事公平竞争，不埋怨、不气馁。
保持距离	注意分寸、适可而止，不要过分热情或是过分冷酷，避免引起对方的反感。
尊重上司	尊重上司、服从上司，维护上司的威信；不跨级汇报；做事全力以赴。

二、案例分析 Case Study

案例一：俞敏洪成功的背后

新东方教育科技集团校长俞敏洪，在上大学时，把宿舍扫地的活都包了，别人到水房只打一瓶水，他每回都拎四瓶，打回来给大家用。俞敏洪说，自己不怕吃亏，同学们也看在眼里。而这个习惯，是从小养成的。他小时候，每天都要把家里扫干净，才去上学，到了学校，也是非常顺手就把地给扫了。后来，俞敏洪创办新东方，缺得力的人才。他就想着，到美国去把班里的好学生都找回来，他们都回来了。他们回来的两条理由，其中有一条就是"冲着你大学四年一直为同学服务，我们就知道，你有饭吃，我们就不会没有粥喝；你有粥喝，我们就不会饿死"。果真，大家都没有失望，2006年，新东方在美国上市，同学们个个成了亿万富翁。

结合这则故事请大家思考一下，在你看来俞敏洪成功的关键因素是什么？

案例二：与同事保持最佳距离只为轻松生活

公司职员阿涛在同事眼中是个酷小伙，平日里很少参与办公室闲聊。可是阿涛自己知道，他的酷是装出来的，为了让自己生活更轻松。

阿涛工作4年了，刚参加工作时，他保留着学生时代的纯真，性格开朗的他立刻受到同事们的欢迎。当时办公室里小团体现象很严重，不少人有意无意地拉拢他，相约下班后出去吃饭、唱歌等，夹在不同"派系"之间，阿涛感觉应酬得很吃力。而且，由于每日在人际关系中周旋，他逐渐变得圆滑和世故起来，读书、听音乐等业余爱好也渐渐搁置起来。老朋友们都认为他越来越滑头、世俗，没有以前生活得认真。阿涛也意识到自己在被同化的同时，正失去一些美好的、本真的东西，一番痛苦的思索后，他开始装酷。在办公室里，他依然礼貌待人，努力工作，但很少参与同事间的闲聊；同事找他出去聚会，他往往借口"有事"推辞。他的特立独行向同事表明："我不属于任何一个团体，我就是自己。"与同事保持适当的距离，远离纷繁的人际关系之争和"办公室政治"，阿涛感觉浑身轻松，下班后看书、运动、和朋友聚会，生活变得简单而充实。

在职场中，以装酷来保持个人个性的不在少数。那么我们讨论一下，如果你是阿涛，你会如何和同事相处呢？

三、过程训练 Process Training

活动一：为自己准备一份求职清单

（一）活动内容

每班分成若干小组，以5至6人为一组。每个人为自己设计一份求职准备清单，并在小组进行讨论，取长补短。

20世纪60年代，苏联发射了第一艘载人宇宙飞船，宇航员叫尤里·阿列克谢耶维奇·加加林。当时挑选第一个上太空的人选时，有这么一个插曲：几十名宇航员去参观他们要乘坐的飞船，进舱门的时候，只有加加林一个人把鞋脱下来了。这一个动作，让主设计师非常感动。他想：只有把这飞船交给一个如此爱惜它的人，我才放心。在他的推荐下，加加林成了人类第一个飞上太空的宇航员。所以有人开玩笑说，成功从脱鞋开始。

（二）活动结果分析

一、求职前准备	讨论结果
1.	
2.	
3.	

4.	
二.面试准备	讨论结果
1.	
2.	
3.	
4.	

活动二：面试模拟

（一）活动内容

每班分成若干小组，以5至6人为一组，进行面试礼仪的模拟。1人为求职者，其他人为面试考官。请根据自身专业，结合本测试进行综合测评，考察求职者各方面综合素质。

（二）活动结果分析

序号	测查内容	是	否
1	着装是否符合行业标准		
2	头发是否干净整洁		
3	是否化有适宜的妆容		
4	礼仪体态是否标准		
5	是否面带笑容，给人以友好的感觉		
6	说话是否能让您听清楚		
7	表述是否准确、不啰唆		
8	回答问题是否从容、有智慧		
9	是否有过多的小动作		
10	是否向您了解过企业（单位）的相关问题		
11	面试全程是否有礼貌、有修养		
12	您和他（她）的短暂交流，是否让您记住了他（她）		

12个"是"——非常优秀。

10～11个"是"——优秀，你还可以更好。

8～9个"是"——合格，你仍需要努力。

7个"是"以下——不合格，你还要多加练习才行。

活动三：情景编创表演

（一）活动内容

将班级分为若干个小组，每小组5至6人，每小组根据所学职场办公礼仪，编创一个情景剧表演《办公室里的故事》。

角色要求：1人饰演领导，其他由各组自行安排。故事内容由各小组自由编创，主题要明确、有学习和教育意义。

（二）活动结果分析

测试反馈表

组别	编创的知识要点是什么？	演绎的礼仪要点是否准确？	在生活工作中，你是否已经掌握了剧中的礼仪要点？	观众的认可和喜爱情况如何？
第一小组				
第二小组				
第三小组				
……				

四、效果评估 Performance Evaluation

评估：你的办公室人缘指数有多高？

（一）情景描述

你在办公室是人见人爱的万人迷，还是人见人恼的讨人厌呢？好的办公室人缘，不仅能为职场工作带来好心情，更能建立起强大的人脉，利于职场晋升发展，下面就一起来测试，看看你的办公室人缘指数有多高吧！

1. 你是否喜欢谈起或者参与关于其他同事隐私和公司传闻的谈话中？　　　　　　　　　　　　　　　　（　　）

　A. 经常，因为办公室里很多人都说

　B. 有时候会，看自己忙不忙

　C. 从来不会，这种事情少说为妙

2. 你是否因为还没有记住同事或者上司的名字，而故意避开不打招呼？　　　　　　　　　　　　　　　（　　）

　A. 经常，想不起别人的名字太尴尬

　B. 有时候会，次数不多

　C. 从来不会，即使记不住，微笑点头也是必需的

3. 你是否因对新公司或者老板差强人意或者因为工作压力太大而向别人抱怨？　　　　　　　　　　　（　　）

　A. 经常，一吐为快

　B. 有时候会，偶尔向要好的同事说说

　C. 从来不会，除非跟家人

4. 你是否总是跟年纪较大的员工寡言少语，却和同辈人相谈甚欢？　　　　　　　　　　　　　　　　（　　）

　A. 经常　　　　　B. 有时候会　　　　　C. 从来不会

5. 你是否经常说一些没有把握的话，比如当面夸口能独立完成一

件工作，最后又常常需要别人帮忙？ （　　）

    A. 经常　　　　　B. 有时候会　　　　　C. 从来不会

6. 你是否不太愿意参加公司或者同事组织的活动，即使参加了也觉得兴趣不大？ （　　）

    A. 经常，我很少参加这类活动

    B. 有时候会，比如碰到自己不喜欢的同事

    C. 从来不会，我总是喜欢跟大家一起玩

7. 你是否曾经有过遇到难处不愿意向不太熟的同事请教，凭感觉做事导致出错连累他人的情况？ （　　）

    A. 有　　　　　B. 偶尔，不多　　　　　C. 从来不会

8. 中午同事们起身去吃饭时是不是经常会主动招呼你一起？（　　）

    A. 通常没有　　　B. 有时候会　　　　　C. 经常

9. 你在跟上司谈话时，是否会经常谈到你同事的工作表现？（　　）

    A. 经常　　　　　B. 有时候会　　　　　C. 从来不会

10. 你常常被同事夸奖衣服漂亮或打扮得体吗？ （　　）

    A. 几乎没有　　　B. 偶尔有过几次　　　C. 经常

        经理决定录用一个没有带任何介绍信的小伙子，对此，他的助理感觉很奇怪。经理解释说："其实，他带来了不止一封介绍信。你看，他在进门前先蹭掉脚上的泥土，进门后又先脱帽，随手关上了门；那本书是我故意放在地上的，所有的应试者都不屑一顾，只有他俯身捡起，放在桌上；当我和他交谈时，我发现他衣着整洁，谈吐温文尔雅，思维敏捷。难道你不认为这些小节是极好的介绍信吗？"

（二）评估标准和结果分析

把各题得分相加，选 A 得 1 分、选 B 得 3 分、选 C 得 5 分，接下来看一下你的人缘指数吧！

10～20 分：你的人缘不是很好噢，需要改进自己的为人处世方式了，否则即使工作能力再强怕也难得到同事的认同和领导的赏识。

21～40 分：你已经较好地适应了公司的环境，能够和同事融洽相处，但是还有一些地方需要提高，这样会让你受益匪浅。

41～50 分：恭喜你，你的人缘不错，基本上属于"万人迷"，同事们都喜欢你和你相处，继续努力。

与同事建立起良好而融洽的合作关系也并非易事，需要你用心经营，懂得礼仪。请你根据自己的不足，制订一份修正计划：

序号	不足之处	如何修正

第三节　社交礼仪规范

㉝场在线

张玉是一家五金工厂的办公室文员，月收入有2200元。虽然并不算多，但张玉还是挺满足的，她文化不高，才初中毕业，如果不是亲戚的介绍，凭她自己的本事是不容易找到这种相对轻松的工作的，她周围的许多朋友都是在工厂里当工人或在酒楼当服务员。但三个月刚过，张玉就失去了这份工作。

张玉到该厂后，老板考虑到她的介绍人的缘故，将她安排在办公室任文员，主要工作是负责接电话，为客户开单，购置一些办公用具等，工作并不复杂也不累，相对于整天工作在高温机器旁及在烈日下送货搬货的同事，张玉自己都感觉是人间天堂。尽管每天工作时间从早上8时一直到晚上8时，但张玉下班后都喜欢待在办公室，毕竟这里有空调吹，好过回到电风扇无法吹起暑气热浪的集体宿舍。因为善于交际，张玉有很多朋友，朋友们下班后也总喜欢来找张玉玩，张玉在她们的眼中已经属于了白领，且可以在张玉有空调的办公室内聊聊天、看看报纸等。张玉的老板认为，每个人都有朋友，张玉的朋友在下班时间来找她玩，在办公室聊天无可厚非，更可顺便接听一些业务电话。因此他对此事从来都没有加以限制。后来一次老板从顺德跑业务后赶回厂里拿货，回到办公室时，遇到张玉和她的两个好朋友，不知为什么，张玉并没有将老板介绍给朋友认识，而是自顾自地干自己的活，而因为张玉没有介绍，她的两个朋友也没有和老板打招呼，虽然已停止了聊天、打牌，但坐在那里却不知所措，性格偏内向的老板也没主动向自己的朋友打招呼，气氛好尴尬。片刻后，两个朋友起身走时也没有向老板打招呼。事后不久，张玉就失去了这份工作。

> 在社交场合中要讲究社交礼仪，约束自己的行为，尊重他人，这样才会使你赢得别人的尊重，左右逢源、事业蒸蒸日上。

张玉同学在上班短短的三个月后丢到了令自己满意的工作，她的经历告诉我们："你想人家怎样待你，你也要怎样待人。"这是一条做人的黄金法则，又称"为人法则"，了解和掌握基本的社交礼仪知识，对于即将踏入职场的我们是尤为重要的。

一、能力目标 Competency Goal

人际交往的白金法则中表明"别人希望你怎样对待他们，你就怎样对待他们"，从研究别人的需要出发，然后调整自己行为，运用我们的智慧和才能使别人过得轻松、舒畅。黄金法则和白金法则启示我们，在社交中和处理人际关系时，要懂得尊重他人、待人真诚、公正待人。

（一）见面礼仪

小案例

一位年轻人去风景区旅游，那天天气炎热。他口干舌燥，筋疲力尽，不知距目的地还有多远，举目四望，不见一人，正失望时，远处走来一位老者，年轻人大喜，张口就问："喂，离青海湖还有多远呀？"老者目不斜视地回了两个字："五里。"年轻人精神倍增，快速向前走去，他走呀走，走了好几个五里，青海湖还不见踪迹，他恼怒地骂起了老者。

"敬人者人恒敬之，爱人者人恒爱之。"礼貌的语言、得体的举止、自然的表情、规范的礼节，都会给人留下深刻的印象，见面的第一印象尤为重要。

1. 点头礼

点头礼是一种生活常用礼节。邻居见面、同事见面、陌生人初次见面等场合下，都可以用点头礼来表示友好。

点头礼的规范动作：上身微微前倾，眼睛注视对方，面带微笑，微微点头。男士点头时，速度稍快些，稍有力度，体现出男士的阳刚与潇洒；女士，速度稍慢些，力度适中，体现出女性的温良娴雅。

2. 握手礼

在现代商业社会，见面握手是最基本的礼仪。通过握手，可以表达出对对方的问候、祝贺、感谢或是告别等用意。它貌似简单，其实承载着丰富的交际信息，你是否明白其中的礼仪细则，能否"正确"地行握手礼呢？

握手最早发生在人类"刀耕火种"的年代。那时，在狩猎和战争时，人们手上经常拿着石块或棍棒等武器。他们遇见陌生人时，如果大家都无恶意，就要放下手中的东西，并伸开手掌，让对方抚摸手掌心，表示手中没有藏武器。这种习惯逐渐演变成今天的"握手"礼节。

握手的姿势

双腿立正，伸出右手，手自然抬高至斜下方45度位置，大拇指自然放松，其他四指并拢，上身前倾15度，眼睛平视对方，面带微笑，与对方亲切问好时握手。

握手的力度

力度的大小是传达情感强弱的信息。握手力度要适中，力度过大会给对方造成疼痛感和不适感，有气无力则会给人以冷漠无情、虚伪之感和没有诚意。

握手的顺序

以尊者、女士优先；上下级，上级先伸手，下级迎握；长辈与晚辈，长辈先伸手，晚辈迎握；主人与客人，主人先伸手，客人迎握；男士与女士，女士先伸手，男士迎握。

握手的禁忌

勿用左手；不将左手插在裤兜里，东张西望、心不在焉；人多时，不要争先恐后；不要拒绝与别人握手；握手时间应控制在3秒以内，不要滔滔不绝地聊或是握着手抖个没完。

小案例

"完美握手动作公式"

英国的一项调查发现，超过70%的人表示自己在握手的时候存在一些问题和困惑。英国曼彻斯特大学心理学教授杰佛里·贝蒂表示，握手是给对方第一印象的关键因素之一。不少人在握手的时候存在着一些坏习惯，主要包括握手时手心出汗、手腕无力、握得太紧和缺少眼神接触等。还有一些人表示自己不清楚伸手的最佳时机和持续时间；另有人反映自己和他人握手时缺乏信心。

针对这些困扰，贝蒂教授等人总结出一个"完美握手动作公式"，具体动作要领如下：不分男女，首先伸出右手，完整地握住对方的手，同时配合坚定且有一定力度的挤压，但不可太用力；其次，要确保手掌干燥凉爽，以中等速度均匀摇动约3下，时间不超过3秒；最后，在握手的过程中必须要有眼神交流，面露微笑，搭配贴切的称谓打声招呼。

> 生活最美的补偿之一就是：送人玫瑰，手留余香。
> ——[美]爱默生

3. 鞠躬礼

鞠躬礼起源于中国，是我国传统礼节，是一种对他人表示尊重的郑重的礼节。

（1）鞠躬的姿态。鞠躬礼因运用场合的不同，可分为三种。第一种，前倾15度的鞠躬礼：以身体的胯部为轴点，上身直立前倾15度，眼睛平视受礼者，面带微笑，它适用在社交场合、同事之间、朋友初次见面和在同一场合遇到多人无法一一问候时。第二种，前倾30度的鞠躬礼：其动作要领和第一种基本一致，只是身体前倾角度不同；它一般用于在正式场合下的礼仪接待，表示对受礼者的敬重之意。第三种，90度的鞠躬礼：主要用于一些特殊场合和特殊情况下，例如：向对方表示深深的感谢或向对方表示诚挚的歉意、在婚礼上或是在追悼会上。

（2）鞠躬礼的要求。施礼时，要保持良好的礼仪体态，面带微笑。鞠躬时，应脱帽，鞠躬速度适中，目光随身体前倾时向下看，表示一种谦恭的态度。在做礼仪服务时，无论对方是什么人，都应向对方施鞠躬礼，平等对待每一位客人。

小案例

平等待人

美国前总统林肯有一次外出，路边有一个身穿破衣烂衫的黑人老乞丐对其行鞠躬礼，林肯总统一丝不苟地脱帽对其回礼。随员对总统的举止表示不解，林肯总统说："即使是一个乞丐，我也不愿意他认为我是一个不懂礼貌的人。"

（二）介绍礼仪

在职场社交中，经常需要与生人打交道，介绍礼仪是社交中常见而重要的环节，了解了这些礼节就能更好地进行社交活动。

1. 自我介绍

自我介绍是由自己担任介绍的角色，把自己介绍给其他人，使大家认识自己。在社交场所下，要主动进行自我介绍，可以借助名片等辅助介绍。进行自我介绍时，要组织好语言、注意掌握好时间，内容简练利落，突出自己的优点。在不同场合下，自我介绍的方式也不同。

工作式	工作时的自我介绍，简单明了即可，主要内容包括：姓名、单位、部门（职务）等，有时也可加上个人特长、性格等。
礼仪式	多用于庆典、报告、仪式等一些隆重且正规的场合，有时还需加上一些适宜的敬语，如：尊敬的各位来宾、热烈欢迎、衷心感谢等。
交流式	多用于社交、学术、培训交流等场合，希望对方了解自己，寻求进一步交流建立联系。介绍内容包括：姓名、从事的工作、学历、籍贯、爱好、性格等。

小知识

自我介绍要求与禁忌

1. 充满信心和勇气。忌讳妄自菲薄、心怀怯意。要胸有成竹、从容不迫，不能唯唯诺诺，也不能虚张声势、轻浮夸张。

2. 表示自己渴望认识对方的真诚情感。任何人都以被他人重视为荣幸，如果你态度热忱，对方也会热忱。

3. 追求真实。进行自我介绍时所表达的各项内容，一定要实事求是，真实可信。过分谦虚，一味贬低自己去讨好别人，或者自吹自擂，夸大其词，都是不足取的。

4. 自我评价要掌握分寸。一般不宜用"很"、"第一"等表示极端赞颂的词，也不必有意贬低，关键在于掌握分寸。

2. 为他人介绍

以自己为中介人，介绍不认识的双方互相认识，为他人做介绍有其相应的规则。

介绍的内容	为他人介绍时，要准确地介绍双方的姓名、身份等一些基本情况。如果场合允许、时间比较宽裕，还可以介绍双方的爱好、特长等，为双方提供交谈的话题。
介绍的顺序	受尊敬者有先了解对方的优先权，在为两方做介绍时，要先将年轻的人介绍给年长的人；将地位较低者介绍给地位高者；将主人介绍给客人；将同事介绍给客户；将男士介绍给女士。
介绍的姿态	一般都应该站立，保持好三方的距离。手型五指并拢，手心朝上，手指指向被介绍的人，头朝向被介绍人后，回过头朝向听介绍的人，面带微笑进行介绍。语气和语言必须表现出真诚，介绍时，目光平视、表情愉悦、仪态要自然大方。

（三）名片礼仪

在社交场合，名片是常用的交往手段。名片虽小，但上面印有单位名称、头衔、联络电话、地址，它可以使获得者认识名片的主人，与之联系，可以说,它是另一种形式的身份证。所以接受名片或递出名片时，绝对不可以随随便便。

> 名片是个人身份的代表，对方将自己重要的信息毫无保留地交给我们，是对我们的充分信任和尊重，所以大家对待名片应像对其主人一样尊重和爱惜。

1. 递送名片

名片的递送，要讲究礼仪。通常是在自我介绍后或被别人介绍后出示的，恰到好处地递出名片，可以显示自己的涵养和风度，可以更快地帮助自己进入角色。递送名片最重要的是慎重、诚心。

递送一般是由晚辈先递给长辈，递时应起立，上身向对方前倾以敬礼状，表示尊敬。并用双手的拇指和食指轻轻地握住名片的前端，而为了使对方容易看，名片的正面要朝向对方，递时可以同时报上你的大名，使对方能正确读你的名字。

2. 接收名片

若接名片，要用双手由名片的下方恭敬接过收到胸前，并认真拜读。此时，眼睛注视着名片，认真看对方的身份、姓名，也可轻轻读名片上的内容。接过的名片忌随手乱放或不加确认就放入包中。接受对方名片后，如没有名片可交换，应向对方表示歉意、主动说明，告知联系方式。"很抱歉，我没有名片"、"对不起，今天我带的名片用完了，过几天我会寄一张给您"等礼貌用语。

小故事

急往口袋塞名片，引对方不满

王晓斌毕业后开始做市场营销，刚从学校毕业的他虽然虚心好学，但因为经验不足，因此在与客户打交道时偶尔会有失误之处。一天，他被引荐给一位潜在的大客户，对他而言这绝对是个大好机会。为了跟对方多交谈而给人家留下好印象，他在接过对方递来的名片时没有看就往口袋里面塞。可是，对方看到晓斌的这个动作之后，脸上立即流露出失望的表情。

（四）电话礼仪

在工作中，电话语言直接影响着一个公司的声誉；在生活中，人们通过电话也能粗略判断对方的人品、性格。因而，掌握正确的、礼貌待人的接打电话方法是非常有必要的。

1. 接听电话

（1）准备记录工具。在接听电话前，要准备好记录工具，例如笔和纸、手机、电脑等。

（2）停止一切不必要的动作，声音清晰。不要让对方感觉到你在处理一些与电话无关的事情，对方会感到你在分心，这也是不礼貌的表现。

（3）迅速接听并使用正确的姿势。现代工作人员业务繁忙，桌上往往会有两三部电话，听到电话铃声，应准确迅速地拿起听筒，最好在三声之内接听。

（4）认真清楚地记录：随时牢记5WIH技巧，即When（何时）；Who（何人）；Where（何地）；What（何事）；Why（为什么）；How如何进行。在工作中这些资料都是十分重要的。

2. 拨打电话

（1）要选好时间。打电话时，如非重要事情，尽量避开受话人休息、用餐的时间，而且最好别在节假日打扰对方。

（2）要掌握通话时间。打电话前，最好先想好要讲的内容，以便节约通话时间，不要现想现说，通常一次通话不应长于3分钟。

（3）要态度友好。通话时不要大喊大叫、震耳欲聋。

（4）要用语规范。通话之初，应先做自我介绍，不要让对方"猜一猜"。请受话人找人或代转时，应说"劳驾"或"麻烦您"。

3. 挂断电话

要结束电话交谈时，一般应当由打电话的一方提出，然后彼此客气地道别，说一声"再见"，再挂电话，不可只管自己讲完就挂断电话。

> 看起来，打电话很容易，对着话筒同对方交谈，觉得和当面交谈一样简单，其实不然，打电话大有讲究，可以说是一门学问、一门艺术。

> 职场中，我们如果遇到重要的、紧急的事情要通知时，请不要发信息和发送E-mail，应亲自打电话确认。

▶ 小案例

小白是一家酒店的服务员，她今天看起来情绪很低落，经理找她谈话，她是这样说的："今天我在当班时，接了35号房的客人电话说要一杯冻柠茶，然后我拨通区域服务台的电话，对方接起电话：'喂！'我说：'你好，麻烦35号房送一杯冻柠茶，谢谢！'对方说了一句'嗯'就把电话挂了，我顿时感到有点莫名其妙，又怕对方没听清楚，就再次打电话过去，对方又是一个：'喂！'这样开场白地接起了电话，我又重复了一遍：'你好，麻烦35号房送一杯冻柠茶，谢谢！'此时对方的服务员好像不耐烦地说了一句：'你刚才不是说过了吗？已经听到了。''砰'地又把电话挂了，顿时我全懵了，难道这就是星级酒店的服务员吗？这应是一名服务人员该有的礼貌吗？"

（五）电子邮件礼仪

据统计，如今互联网每天传送的电子邮件已达数百亿封，但有一半是垃圾邮件或不必要的。在商务交往中要尊重一个人，首先就要懂得替他节省时间，电子邮件礼仪的一个重要方面就是节省他人时间，只把有价值的信息提供给需要的人。作为发信人写每封 E-mail 的时候，要想到收信人会怎样看这封 E-mail，时刻站在对方立场考虑。同时勿对别人之回答过度期望，当然更不应对别人之回答不屑一顾。那么，在电子邮件的礼仪上我们应该注意些什么呢？

▶ **小案例**

琳达是刚到公司上班的一个文员，前天行政处的经理让她发送了20封电子邮件给客户，确认他们是否都来参加下周六的酒会，可是过了两天，琳达仅仅收到了三封回执，她觉得很奇怪，于是跑去问同事小李，小李发现琳达所发送的邮件虽然内容说得很清楚，但是没有给对方一个明确的回复期限，有几个连标题栏都空着，小李说："在垃圾邮件漫天飞的时代，标题栏空白容易使对方看也不看，直接删除掉。还有平时 QQ 用惯了好多人回复都把标点省略了，这是不礼貌的行为，要注意啊！"琳达如梦初醒，连连点头。

（1）关于主题：主题是接收者了解邮件的第一信息，因此要提纲挈领，使用有意义的主题，这样可以让收件人迅速了解邮件内容并判断其重要性。

（2）关于称呼与问候：恰当地称呼收件者。邮件的开头要称呼收件人。这既显得礼貌，也明确提醒某收件人，此邮件是面向他的，要求其给出必要的回应。

（3）一次邮件交代完整信息：最好在一次邮件中把相关信息全部说清楚，说准确。不要过两分钟之后再发一封什么"补充"或者"更正"之类的邮件，这会让人很反感。

（4）在邮件发送之前，务必自己仔细阅读一遍，检查行文是否通顺，拼写是否有错误。合理提示重要信息，不要动不动就用大写字母、颜色字体、加大字号等手段对一些信息进行提示。

（5）回复技巧：收到他人的重要电子邮件后，即刻回复对方一下，往往还是必不可少的，这是对他人的尊重，理想的回复时间是2小时内，特别是对一些紧急重要的邮件。

（6）转发邮件要突出信息：在你转发消息之前，首先确保收件人需要此消息。除此之外，转发敏感或者机密信息要小心谨慎，不要把内部消息转发给外部人员或者未经授权的接收人。如果有需要还应对转发邮件的内容进行修改和整理，以突出信息。

不要让 E-mail 彻底代替电话

很多人都有这样的感觉，当习惯用 E-mail、QQ 或短信时，发现自己能不打电话时就尽量避免打电话，因为"怕人家烦"，尤其是需要道歉、澄清、辞职、砍价时。但另一方面，我们的口头沟通能力下降了！我们感觉已经无法面对电话中的客户、老板或同事了。但这样不行，必要时拿起手机拨过去，用礼貌、清晰、抑扬顿挫的语言跟对方沟通，让对方充分感受到你声音的魅力并被打动。

二、案例分析 Case Study

案例一：会面礼仪勘误

李超在大学读书时学习非常刻苦，成绩也非常优秀，几乎年年都拿特等奖学金，为此同学们给他起了一个绰号"超人"。大学毕业后，李超顺利地获取了在美国攻读硕士学位的机会，毕业后又顺利地进入一家美国公司工作。一晃八年过去了，李超现在已成为公司的部门经理。

今年国庆节，李超带着妻子儿女回国探亲。一天，在大剧院观看音乐剧，刚刚落座，就发现有3个人向他们走来。其中一个人边走边伸出手大声地叫："喂！这不是'超人'吗？你怎么回来了？"这时，李超才认出说话的人正是他高中的同学冯响。冯响大学没考上，自己跑到南方去做生意，赚了些钱，如今回到上海注册公司当起了老板。今天正好陪着两位从香港来的生意伙伴一起来看音乐剧。这对生意伙伴是他交往多年的年长的香港夫妇。

此时，李超和冯响彼此都既高兴又激动。冯响大声寒暄之后，才想起了李超身边还站着一位女士，就问李超身边的女士是谁。李超这时才想起向冯响介绍自己的妻子。待李超介绍完毕，冯响高兴地走上去，给了李超妻子一个拥抱礼。这时冯响才想起该向老同学介绍他的生意伙伴了。

> 李先生在一次社交聚会上，遇到了以前的一个客户。他当时不假思索，便根据自己以前收到的名片称对方为王主管。不料，对方的秘书却当面予以更正："这是我们的王总经理。"李先生顿时十分尴尬。因此，由于外界事物多变，需要随时动手改动自己存放的他人名片上的情况。

问题：上述场合的见面礼仪有无不符合礼仪的地方。请指出来，并说明正确的做法是什么？

序号	不足之处	正确的做法

案例二：踩到名片，丧失合作机会

某公司新建的办公大楼需要添置一系列的办公家具，价值数百万元。公司的总经理已做了决定，向A公司购买这批办公用具。

这天，A公司的销售部负责人打电话来，要上门拜访这位总经理。总经理打算等对方来了，就在订单上盖章，定下这笔生意。

不料对方比预定的时间提前了两个小时，原来对方听说这家公司的员工宿舍也要在近期内落成，希望员工宿舍需要的家具也能向A公司购买。为了谈这件事，销售负责人还带来了一大堆的资料，摆满了台面。总经理没料到对方会提前到访，刚好手边又有事，便请秘书让对方等一会儿。这位销售员等了不到半小时，就开始不耐烦了，一边收拾起资料一边说："我还是改天再来拜访吧。"

这时，总经理发现对方在收拾资料准备离开时，将自己刚才递上的名片不小心掉在了地上，对方却并没发觉，走时还无意中从名片上踩了过去。但这个不小心的失误，却令总经理改变了初衷，A公司不仅没有机会与对方商谈员工宿舍的设备购买，连几乎到手的数百万元办公用具的生意也告吹了。

这个失误看似很小，其实是不可原谅的失误。名片在商业交际中是一个人的化身，是名片主人"自我的延伸"。弄丢了对方的名片已经是对他人的不尊重，更何况还踩上一脚，顿时让这位总经理产生反感。再加上对方没有按预约的时间到访，不曾提前通知，又没有等待的耐心和诚意，丢失了这笔生意也就不是偶然的了。

三、过程训练 Process Training

活动一：电话礼仪情景模拟

（一）活动场景

你去办公室找王老师，王老师刚好有事要出去了，请你看一下门，之后有电话打进来找王老师。

（二）活动过程

1. 电话铃一响，拿起电话机首先说明这里是王老师的办公室，然后再询问对方来电的意图等。

2. 向对方说明老师不在，问对方有什么事情，如果有必要的话可以代为转告老师，如果需要亲自跟老师沟通的话，等老师回来再给对方回电话。

3. 电话交流要认真理解对方意图，并对对方的谈话作必要的重复和附和，以示对对方的积极反馈。

4. 电话内容讲完，应等对方结束谈话再以"再见"为结束语。对方放下话筒之后，自己再轻轻放下，以示对对方的尊敬。

两名同学一组进行模拟，其他同学来评估。

> **手机强迫症**
>
> "我的手机好像响了。"
>
> "好像有短信的声音，你的还是我的。"
>
> 现在，太多的人时不时要检查一下手机，看是否有来电、短信。长时间没动静，心里就会有失落感，仿佛自己的存在被忽略了。哪天忘记带手机，就失魂落魄，生怕错过什么重要的人或事。对手机的过分依赖又培育出新病毒——手机强迫症。

序号	测查内容	是	否
1	模拟同学的接电话时间是否合格		
2	接电话时是否采用了规范的职业用语		
3	模拟同学是否有愉悦的面部表情		
4	是否提前进行了记录的准备		
5	在电话记录的时候是否将5个要点记好了		
6	编排队形是否符合要求的数量		
7	挂电话前是否有礼貌用语		

活动二：名片礼仪训练

以5～6人为一个小组，设计一个情景模拟场景，进行名片礼仪的训练。如：代表本公司去其他企业做调研，向企业人员逐一介绍自己公司的成员。（注：需要准备卡片作为名片道具）

在活动过程中要注意语言的表述以及面部表情的配合。

活动三：听音乐、学礼仪

（一）活动要求

以6～8人为一小组，各小组选择一首歌曲，将社交礼仪中的见面礼编排成8个8拍的训练组合并进行展示，另外的小组根据表演为其评分和总结。

参考音乐:《自由》、《辉煌》、《青花瓷》、《千里之外》等。

（二）活动过程

1. 每组6人，每2人为一组搭档，面对面站好标准站姿。

2. 第1个八拍，做点头礼练习，两人互相点头示意，2拍点、2拍回，做两次。

第2个八拍，做前倾15度的鞠躬礼，4拍鞠躬，4拍回。

第3个八拍，做前倾30度的鞠躬礼，4拍鞠躬，4拍回。

第4个八拍，做前倾90度的鞠躬礼，4拍鞠躬，4拍回。

第5个八拍，做握手礼，由一个先伸手，2拍。再由另一个迎握，2拍。

第6个八拍，由2人一组搭档，变化成3人一组搭档。

第7个八拍，由一人为中介人，为他人做介绍礼仪，介绍右方朋友，2拍出手、2拍回；再介绍另一方朋友，2拍出手、2拍回。

3. 全小组学员，向前做30度的鞠躬礼，4拍鞠躬，4拍回，表演展示结束。

若不团结，任何力量都是弱小的。
——［法］拉·封丹

（三）小组评分

组别	评分	动作是否标准、优美	正确的做法

四、效果评估 Performance Evaluation

评估：社交礼仪自我评估

（一）情景描述

　　请你结合见面礼仪、介绍礼仪、名片礼仪和电话礼仪等内容自编一个情景剧，人数不限。

（二）评估标准和结果分析

序号		测查内容	选项
见面礼仪		1. 在与人见面时会经常用点头礼仪	做得很好○ 基本做好○ 尚未做好○
		2. 鞠躬礼仪的姿态到位	
		3. 与人握手是时机和力度适中	
介绍礼仪		4. 掌握介绍礼仪的人物顺序要求	
		5. 语言组织清晰、有条理	
名片礼仪		6. 在递接名片时掌握语言技巧	做得很好○ 基本做好○ 尚未做好○
		7. 名片的制作合理且有一定个性	
电话、电子邮件礼仪		8. 接电话时面带笑容，给友好的感觉	
		9. 要提前准备好记录，做好记录的几个要点	
		10. 电子邮件按要求发送，回复及时	

　　根据评估，了解自己的个人社交礼仪的掌握程度，对还未掌握好的礼仪细节要强化练习。

 思考与练习

1. 为什么站、坐、行等都要有不同的礼仪规范要求？

2. 在求职面试时，进门的第一步就决定了你能否被录用，你同意这种说法吗？为什么？

3. 在职场中，与领导和同事相处时，有哪些礼仪要求？

4. 在与人交往的过程中，会面、介绍、寒暄等都需要注意哪些礼仪要求？

作 业

（一）作业描述

根据本章的学习内容从下面几个任务中任选一个，从不同侧面阐述礼仪教养的重要性，以及你对礼仪素养的掌握和理解。

任务1：个人形象设计。结合所学内容为自己设计一套不同场合的礼仪规范要求，并与小组成员讨论，还有哪些需要改进的地方。

任务2：参加一个求职面试或模拟面试，记录参与的过程，并对自己的表现给予评价。

任务3：就大学生礼仪教养的重要性和应用在小组内发表演讲或分享相关的案例，并与小组成员讨论。

（二）作业要求

1. 可2～3人组成一个小组合作分工。
2. 完整记录任务完成的过程。

第六章　信息处理——成就瑰丽事业

　　在职业生涯中，我们时时刻刻都在接收、处理和传递各种信息，绝大多数的工作归根结底都是信息处理的过程，具备良好的信息处理能力是职业素养的重要体现。随着科技的进步，我们所能获取信息的广度和深度都有着翻天覆地的变化，各种信息充斥着我们的四周，每天我们都会被海量的信息所淹没。这些信息在带给我们工作各种便利的同时也增添了许多烦恼，信息太多不知道哪些是重要的，哪些是次要的；信息太杂不知道哪些是真的，哪些是假的。如何快速、准确地找到所需的信息，对干扰信息进行筛选和甄别，以恰当的方式处理和展示信息，选择合适的途径传递信息，并使之得到利用和增值，就成为职场人士最为迫切需要掌握的能力之一。

> 　　那些知道寻找、评价、利用和有效交流信息，以解决问题的人，就是信息素养人。
> ——[美]伦诺克斯

　　只有善于收集、整合、处理和应用信息的人才能在现代信息社会条件下立于不败之地，成就一番事业。

本章知识要点：
● 信息任务的分析
● 信息获取的范围
● 信息获取的方法
● 信息整理与鉴别
● 信息分析的方法
● 信息展示的方式
● 信息传递的途径
● 信息应用的技巧

第一节　信息获取与处理

职场在线

张明是某教育培训公司市场部职员，该公司准备开展一项新的培训业务——公共营养师资格认证培训，要求张明收集相关的信息，为公司业务决策提供参考。张明根据要求制订了信息任务需求分析、收集途径和鉴别整理的计划。

1.信息需求分析

（1）收集的信息将服务于本公司新业务开展决策。

（2）因为需要的是业务决策信息，所以信息内容越全面、准确越好，不仅要收集公共营养师资格认证的相关信息，还要收集已开展或即将开展此项培训业务的竞争对手的信息，包括竞争对手的市场占有率、竞争对手的财务状况、竞争对手的创新能力状况、竞争对手的领导人的能力状况。

> 由工作任务的目标和任务要求构成的用户认知空间，支配着信息检索的交互过程。
> ——[美]彼得·英沃森

（3）根据实际情况，决定收集以下几个方面的内容：我国公共营养师行业发展现状，国外公共营养师行业发展情况，公共营养师认证考试程序和内容，公共营养师行业就业情况，已认证公共营养师的学习培训情况，国内已开展公共营养师认证培训的相关机构情况，公共营养师认证的需求人群等信息。

2.确定收集途径

（1）网络。主要包括人力资源和社会保障部官方网站、相关培训机构网站、论坛等。

（2）图书。购买公共营养师资格认证的相关图书。

（3）现场收集。包括参加其他机构的相关培训、现场会、经验讲座、业务讲座、技术讲座、交流会等。不仅可以做文字记录，还可以拍些照片和视频，以确保信息的全面准确。

（4）其他途径。如，复制、交换、索取等。

3.鉴别和整理采集的信息

（1）通过多方对比验证信息的真实可靠性。

（2）对收集的信息按照文字、数据、图片、视频的类别分别进行分类整理，并对每一类别的信息内容撰写内容提要，确定其价值。

张明的信息获取和处理计划是否合理呢？他对信息任务的理解是否到位，信息获取的途径是否合适？还可以通过哪些渠道获取信息？完成本节的学习你将有新的感悟。

一、能力目标 Competency Goal

　　信息获取是指通过各种方式获取所需的信息，这是信息利用的第一步，信息获取质量的好坏直接关系到整个信息处理工作的质量。信息处理是对收集的杂乱无章的原始信息进行整理、筛选和鉴别，将收集到的信息以更加准确、整齐、清晰的形式呈现出来，为后续的信息分析和利用扫清工作障碍。

（一）信息任务分析

　　获取信息的目的是为了利用信息完成任务，那么，首先要明确的就是任务的目的，进一步确定信息需求，明确信息检索的范围，才能更好地完成信息的获取和收集。

1. 理解任务要求

　　信息的利用源于各种任务的信息需求，信息需求又是由特定信息任务驱动的。针对具体的信息任务环境，分析信息任务，认清任务的目的和要求会提高信息资源的利用效率，是顺利完成任务的保证。在获取信息的过程中，只有当信息查找者有明确的任务目标意识，有较清楚的信息查找范围，整个信息获取的过程才具有可控性。

> 　　明确信息需求任务的目标和要求是决定信息获取行为的最重要的因素，信息查找者通过这些要素来结构化其信息查找过程。
> ——[美]约翰·坎贝尔

小案例

大庆油田招标（一）

　　20世纪60年代，中国大庆油田还处于保密时期，但是日本三菱重工集中大量专家和人员设计出适合中国大庆油田的采油设备。当中国政府向世界市场寻求石油开采设备，三菱重工以最快的速度和最符合中国要求的设备一举中标。

　　原来是1964年4月20日，《人民日报》发表了社论《大庆油田大庆人》，首次披露大庆油田，综合介绍了大庆油田的精神面貌。这个新闻引起了日本的注意，他们立即下达了获取中国大庆油田状况的商业情报任务。

　　当时，绝大多数中国人尚不知道大庆油田在哪，更不用说油田的生产状况和其他内部信息了。那么对日本情报人员来说，"获取中国大庆油田状况的商业情报任务"意味着他们应该获取有关大庆油田的哪些信息呢？在对油田一无所知的情况下，他们分析了一般油田可能带来的商机和需求，通过提出若干问题实现任务的细化和分解，如油田的具体位置在哪里？产油能力如何？工人使用什么样的工具及作业状态如何？通过对这些问题的整理，确定了本次情报任务的具体内容：

　　1. 大庆油田的确切位置

　　2. 大庆油田的大致储量和产油量

　　3. 大庆油田的规模

　　4. 大庆油田作业的设备的状况

对任务的理解与分析可分为以下步骤：

（1）提出问题，并通过一定的信息了解进行简单的解答，把与任务相关的所有可能的任务目标和要求系统地列出来。

（2）评价列出项目的重要性，并进行排序，列举可能存在的问题。

（3）针对重要性高及可能存在问题的项目设定目标和要求。

（4）将以上分析的结果用文字、列表或报告的形式记录整理。

2. 明确检索范围

要解决实际问题，有效地获取信息是非常重要的。那么我们如何才能更有效地获取信息呢？首先我们要对信息获取的范围有一个全面的认识和宏观把握。

如何依据已明确的任务要求，确定信息获取的范围呢？

小案例

大庆油田招标（二）

日本人在明确了信息获取的具体任务后，大量收集相关的照片、新闻报道进行分析。其中一张刊登于1964年的《中国画报》封面的照片引起了情报分析人员的注意。照片中，大庆油田的"铁人"王进喜头戴大狗皮帽，身穿厚棉袄，顶着鹅毛大雪，握着钻机手柄眺望远方，在他身后散布着星星点点的高大井架。

日本情报专家据此解开了大庆油田之谜，他们根据照片上王进喜的衣着判断只有在北纬46度至48度的区域内，冬季才有可能穿这样的衣服，因此推断大庆油田位于齐齐哈尔与哈尔滨之间。并通过照片中王进喜所握手柄的架式，推断出油井的直径，从王进喜所站的钻井与背后油井间的距离和井架密度，推断出油田的大致储量和产量。有了如此多的准确情报，日本人迅速组织人员，设计出适合大庆油田开采用的方案和设备。当我国政府向世界各国寻求开采大庆油田的设计方案和设备时，日本以绝对优势一举中标。

在这个案例中，日本情报专家首先对获取大庆油田状况这一任务作了一般性的分析，确定了任务的要求的具体内容，根据当时所能获取信息途径，锁定了新闻报道这一信息来源，并大量搜集加以整理和分析，得到了需要的信息。

信息需求明确以后，需要确定哪里有这些信息，哪里方便寻找所需的信息。按照信息存在的方式我们通常把信息来源分为口头型信息源、文献型信息源、电子型信息源、实物型信息源。

一般来说，信息源越广阔，收集的信息量就越大；信息源越可靠，收集的信息就越真实可信。因此，应尽量拓展信息来源，以保证信息的数量和质量，但同时也要从实际出发，因为选择的信息源应当是在你的能力范围内可触及的。

> 明确任务目标和要求是影响人们怎样和为什么选择信息源，发现其中的相关信息，评价信息以揭示其与任务的关系，以及获得与完成任务相关的新的认识的根本动力。
> ——[美]加里·马尔基奥尼

> **信息源的3个层次**
> 1. 信息最原始的来源——物质和现象的存在及人类的实践活动。
> 2. 信息资源开发机构。这是第二层次的信息源。
> 3. 信息系统。它是在信息技术的支持下由信息机构对实践活动所产生的信息进行过滤加工的结果，可以通过现代信息网络进行传递。是更高层次信息源基础。

常见文献型信息源的比较

信息源	信息内容	检索渠道	特点
图书	提供深入性分析资料、系统的学术性文章	图书馆	对主题深入剖析，结论成熟、论述全面，生产周期较长，有一定的时滞
期刊、杂志	提供有一定理论架构的研究结果、详细报道的4W问题	图书馆	研究对象及视角新颖，对主题深入剖析，提供客观的统计及图表
网页、报纸	提供一般性信息、简略性报道的3W问题	网络搜索引擎、图书馆	提供事件的即时报道，不同来源的信息重复性高，网页动态变化，不能长期保存
各类文献数据库	提供有一定理论架构的研究结果	数据库商或图书馆检索平台	使用电子介质，不受地域限制，检索、下载和使用方便，与最新的期刊相比有一定的时滞

3. 确定获取思路

首先，必须根据信息问题的不同特点来选择相应的信息来源进行查询。如需要一般性、相对粗浅的信息，阅读网页是最佳的选择；在面临研究性信息问题时，可检索学术数据库（包括文摘数据库和全文数据库）获得更全面和系统的研究结果。

其次，我们更需要了解，尽管获取信息的渠道各有不同，检索方式也各异，但有一点是共通的，即无论选择了何种信息获取渠道，都应首先获取题录信息，再依据一定的方式去获取全文，这样既有助于我们撇开纷繁的检索工具使用等细节问题，从而抓住问题解决的核心，又能全面准确地完成信息的获取。

> **信息获取的原则**
> 1. 针对性原则
> 2. 完整性原则
> 3. 即时性原则
> 4. 预见性原则
> 5. 计划性原则
> 6. 连贯性原则
> 7. 灵活性原则

（二）信息获取的方法

1. 观察法

观察是人与生俱来的本能，而观察法也是我们获取信息最直接、最有效的方法。观察法是指研究者有目的、有计划地在自然条件下，通过感官或借助于一定的科学仪器，观察客观事物的情况，并进行各种资料搜集的过程。

小案例

迈克尔逊和莫雷为了观察干涉条纹，一方面把实验装置设计得非常精确，另一方面作系统全面的观察。他们每天中午和下午六点各做一次实验，每次取16个不同方位来观察；另外还选不同的地点进行观察，在同一地点每隔三个月再观察一次。正是由于全面的观察，才使人们接受了本来很难接受的结论。

2. 访谈法

访谈法，又称座谈法，是通过与他人口头交流，了解和收集与他们有关的信息的一种方法。访谈法最大的特点在于整个访谈或座谈的过程是访谈人和被访谈人相互影响、相互作用的过程。这种方法的优点是可以对问题进行深入的讨论，获得高质量的信息；缺点则是费时间、财力和人力，因此采访的对象不可能很多。访谈广泛适用于教育调查、求职、咨询等，既有事实的调查，也有意见的征询，更多用于个性、个别化研究。

访谈有正式的，也有非正式的；有逐一采访询问，即个别访谈，也可以开小型座谈会，进行团体访谈。它包括座谈采访、会议采访、观察采访、电话采访、信函采访等。

3. 问卷调查法

问卷调查法是指运用统一设计的问卷，向被调查者了解情况或征询意见的信息收集方法。研究者将所要研究的问题编制成问题表格，以邮寄方式、当面作答或者追踪访问方式填答，从而了解被试对某一现象或问题的看法和意见。问卷法的运用，关键在于编制问卷，选择被试和结果分析，好的问卷才能使我们得到需要的信息。

4. 阅读法

阅读法是指通过阅读，从传统的媒体或文献资料中收集信息。

广泛的阅读，是我们获取相关信息的重要方法，但是，有目的、有针对地寻找也是我们获取相关信息的重要途径。

在获取信息前，首先要确定寻查对象，即我们必须要清楚：我们要阅读什么？我们所要获取的信息会出现在哪一类文献中？我们又可以从哪些地方找到这些文献？根据我们的阅读需求，我们可以将文献的类型限定在一个范围内；看看这些类型的文献是否可以在自己的书柜、图书馆、档案馆、书店或朋友那里找到。

> 互联网是一个丰富的知识海洋，如果你能掌握扬帆远航的技术，那么就能在这片汪洋大海中找到所有你想要的知识宝藏！

▍ **小知识**

文献检索的方法

追溯法	指不利用一般的检索系统，而是利用文献后面所列的参考文献，逐一追查原文（被引用文献），然后再从这些原文后所列的参考文献目录逐一扩大文献信息范围，一环扣一环地追查下去的方法。它可以像滚雪球一样，依据文献间的引用关系，获得更好的检索结果。
顺查法	指按照时间的顺序，由远及近地利用检索系统进行文献信息检索的方法。这种方法能收集到某一课题的系统文献，它适用于较大课题的文献检索。例如，已知某课题的起始年代，现在需要了解其发展的全过程，就可以用顺查法从最初的年代开始，逐渐向近期查找。
倒查法	由近及远，从新到旧，逆着时间的顺序利用检索工具进行文献检索的方法。此法的重点是放在近期文献上。使用这种方法可以最快地获得最新资料。
抽查法	指针对项目的特点，选择有关该项目的文献信息最可能出现或最多出现的时间段，利用检索工具进行重点检索的方法。
循环法	又称分段法或综合法，它是分期交替使用直接法和追溯法，以期取长补短，相互配合，获得更好的检索结果。

5. 文献检索法

文献资料是记录、积累、传播和继承知识的最有效手段，是人类社会活动中获取情报的最基本、最主要的来源，也是交流传播情报的最基本手段。手工检索和计算机检索是收集文献信息的主要渠道。手工检索主要是通过信息服务部门收集和建立的文献目录、索引、文摘、参考指南和文献综述等来查找有关的文献信息。计算机文献检索是文献检索的计算机实现，其特点是检索速度快、信息量大，是当前收集文献信息的主要方法。

分类看似简单，实际上却是一个非常复杂的问题。快速且准确地将内容繁杂、条理混乱的大量事物分类，是较强信息处理能力的一种重要体现。

6. 互联网搜索法

网络使信息获取方法和工具发生了重大的变革，使信息获取的广度、深度都变得无限扩展。

访问所需信息的相关网站直接检索和获取信息是最直接、最有效的方式之一。此外，利用搜索引擎也能更快地找到所需信息。我们常用的搜索引擎中最有代表就是百度和谷歌，此外还有 Yahoo、Bing、搜搜、有道等。

对于专业文献我们还可以访问专门的网络文献数据库，如 CNKI 中国知网、万方数据知识服务平台等。此外，中文文献数据还有维普中文科技期刊数据库，也提供海量期刊和文献的检索。外文数据库中影响较大的有美国工程索引数据库（EI）、科学引文索引数据库（SCI）、ScienceDirect 全文数据库等。以上这些数据库都是专业性较强的学术文献数据库，也是我们获取专业信息的主要来源。

在 2008 年北京奥运会开幕式上，代表团名字的中文笔画多少成为排定入场次序的标准。

在奥运会历史上有个惯例，开幕式各代表团入场次序的排定，大多根据举办国的文字进行排序，例如 1988 年汉城奥运会是按照韩语排序，而 2004 年雅典奥运会则是按照希腊语来排序的。

（三）信息的整理

信息整理是指采用各种方法和手段是无序信息有序化的过程。在信息整理的过程中存在着不同的层次，即排序、分类、描述和评价。

排序
排序是以信息的形式特征为根据序化信息的方法，即把收集到的杂乱的信息按照一定的外在形式排列起来，便于阅读、查阅和分析。常用的排序方式有：字顺排序、代码排序、空间排序、时间排序等。

分类
分类是根据需要对原始信息按照一个或多个标准进行分门别类的整理，它是将无规律的事物规律化的有效方法。与之相对应的概念是归类，归类是根据事物分门别类标准的范围将事物归属于某一确定的类别中。

描述
描述是从信息内涵的主题或涉及的问题与信息的属性出发，用词语进行标志，间接地揭示信息之间的相互关系的信息整理方法，如给每个信息添加标题、添加关键词等。

评价
评价是以信息的效用为特征对信息进行序化的方法，如按照信息的重要性进行整理，包括重要性递减和重要性递增。重要性递减，它把重要信息置于其醒目的位置加以突出。重要性递增则与之相反。

（四）信息的鉴别

收集的信息资料质量如何，既关系到材料本身是否有用，也关系到最终的决策和实施。对信息资料的鉴别并不仅仅贯穿于信息整理过程之中，而是向前还可以延伸到信息收集的环节。

1. 信息鉴别的原则

可靠性	可靠性主要是判断信息的准确度，看其是否真实、科学、完整、典型。
先进性	在时间上，为信息内容的新颖性；在空间上，则可以按地域范围分为多个级别，如世界水平、国家水平、地区水平、行业水平等；在内容上，只要在某一方面是新的，如技术手段或方法有所改进、提高，技术应用范围有所扩大等，就可认定其具有先进性。
适用性	指原始信息对于信息接受者可资利用的程度。对信息适用性的判断可从信息发生源、信息使用者、社会实践效果、战略需要、长远发展与综合利用等角度进行考察。

2. 信息鉴别的方法

信息鉴别的方法需要根据具体的情况加以分析，下面我们就以一个案例来说明。

小案例

李明平时喜欢上网，一天他无意进入一个国外网站，该网站介绍说，如果接受它发过来的带有广告内容的电子邮件，上网就可以免费。

李明在网站上登记时留下了自己的姓名、地址、电子邮件等个人资料，没过几天，他收到一封来自国外的航空信件，说他中了23万元大奖，只要他立即电汇150元的手续费，两天内就可以将现金送到他手上。

李明将信将疑，到银行咨询，银行职员告知他，最近到银行办理这种汇款的人特别多，怀疑这有可能是国际诈骗，目的就是为诈骗这一定数量的手续费，于是，李明报了警，公安局通过跟踪调查，发现所有把钱汇出去的网民均没有获得相应的大奖。

认真阅读案例，并思考和分组讨论以下问题：

（1）李明从哪里获得中奖信息？信息的来源是否可靠？为什么？

（2）该中奖信息本身有没有可疑之处？

（3）李明问银行，银行提供的信息（可能是国际诈骗）是否可靠？

（4）为什么公安机关下的结论（这是一起国际诈骗事件）可信？

（5）除了公安机关跟踪调查，还有什么可以辨别该中奖信息的真伪的途径吗？

（6）李明在网上留下自己的姓名、地址、电子邮件等资料，你会这样做吗？为什么？

通过对以上案例的分析，我们可以得出信息鉴定和评价要从信息的来源、信息的价值取向、信息的时效性等方面进行考虑。

总之，信息鉴别的过程就是去粗取精、去伪存真的过程，这个过

> 诈骗技巧不断升级，诈骗环节眼花缭乱……虚假信息诈骗的手法千变万化，但万变不离其宗，最终目的都是骗取被害人钱财的。只要抓住这一特征，骗局就不难识破！

程我们可以参照以下几个方面来进行：

（1）信息是否真实可靠。

（2）信息来源是否具有权威性。

（3）信息是否可用。

（4）信息是否具有时效性。

（5）信息是否包含情感成分。

（6）信息是否具有实用性。

（7）信息是否具有前瞻性。

（8）信息是否具有易得性。

二、案例分析 Case Study

案例一：可口可乐一次市场调研失败的教训

可口可乐与百事可乐的较量：百事以口味取胜

20世纪70年代中期以前，可口可乐一直是美国饮料市场的霸主，市场占有率一度达到80%。然而，70年代中后期，它的老对手百事可乐迅速崛起，1975年，可口可乐的市场份额仅比百事可乐多7%；9年后，这个差距更缩小到3%，微乎其微。

百事可乐的营销策略是：一、针对饮料市场的最大消费群体——年轻人，以"百事新一代"为主题推出一系列青春、时尚、激情的广告，让百事可乐成为"年轻人的可乐"；二、进行口味对比。请毫不知情的消费者分别品尝没有贴任何标志的可口可乐与百事可乐，同时百事可乐公司将这一对比实况进行现场直播。结果是，有八成的消费者回答百事可乐的口感优于可口可乐，此举马上使百事的销量激增，百事以口味取胜。

耗资数百万美元的口味测试：跌入调研陷阱

对手的步步紧逼让可口可乐感到了极大的威胁，它试图尽快摆脱这种尴尬的境地。1982年，为找出可口可乐衰退的真正原因，可口可乐决定在全国10个主要城市进行一次深入的消费者调查。

可口可乐设计了"你认为可口可乐的口味如何？""你想试一试新饮料吗？""可口可乐的口味变得更柔和一些，您是否满意？"等问题，希望了解消费者对可口可乐口味的评价并征询对新可乐口味的意见。调查结果显示，大多数消费者愿意尝试新口味可乐。

可口可乐的决策层以此为依据，决定结束可口可乐传统配方的历史使命，同时开发新口味可乐。没过多久，比老可乐口感更柔和、口味更甜的新可口可乐样品便出现在世人面前。为确保万无一失，在新可口可乐正式推向市场之前，可口可乐公司又花费数百万美元在13个

美国普林斯顿大学物理系一个年轻的大学生名叫约翰·菲利普，在图书馆借阅有关公开资料，仅用4个月时间，就画出了一张制造原子弹的设计图。他设计的原子弹，体积如棒球大小，重量为7.5公斤，威力相当于广岛原子弹3/4的威力，造价当时仅需2000美元，于是一些国家纷纷致函美国大使馆，争相购买他的设计。

城市中进行了口味测试，邀请了近20万人品尝无标签的新/老可口可乐。结果让决策者们更加放心，六成的消费者回答说新可口可乐味道比老可口可乐要好，认为新可口可乐味道胜过百事可乐的也超过半数。至此，推出新可乐似乎是顺理成章的事了。

背叛美国精神：新可乐计划以失败告终

可口可乐不惜血本协助瓶装商改造了生产线，而且，为配合新可乐上市，可口可乐还进行了大量的广告宣传。1985年4月，可口可乐在纽约举办了一次盛大的新闻发布会，邀请200多家新闻媒体参加，依靠传媒的巨大影响力，新可乐一举成名。

看起来一切顺利，刚上市一段时间，有一半以上的美国人品尝了新可乐。但让可口可乐的决策者们始料未及的是，噩梦正向他们逼近——很快，越来越多的老可口可乐的忠实消费者开始抵制新可乐。

对于这些消费者来说，传统配方的可口可乐意味着一种传统的美国精神，放弃传统配方就等于背叛美国精神，"只有老可口可乐才是真正的可乐"。有的顾客甚至扬言将再也不买可口可乐。

每天，可口可乐公司都会收到来自愤怒的消费者的成袋信件和上千个批评电话。尽管可口可乐竭尽全力平息消费者的不满，但他们的愤怒情绪犹如火山爆发般难以控制。

迫于巨大的压力，决策者们不得不作出让步，在保留新可乐生产线的同时，再次启用近100年历史的传统配方，生产让美国人视为骄傲的"老可口可乐"。

仅仅3个月的时间，可口可乐的新可乐计划就以失败告终。尽管公司前期花费了两年时间，数百万美元进行市场调研，但可口可乐忽略了最重要的一点——对于可口可乐的消费者，尤其是老消费者而言，口味并不是最主要的购买动机，而是因为老配方的可口可乐背后承载着一种传统的美国精神，放弃老配方就等于背叛美国精神，这是新可乐调研计划失败的主要原因。

> **辨别虚假信息的技巧**
> 1. 永远都不要相信天上会掉下馅饼的事情。
> 2. 违背常理的事情要三思。
> 3. 无论遇到什么事，一定要保持冷静的头脑，并进行多方求证。

案例二：防不胜防的网络传销

大四的下半学期，小聂接到一个面试通知，对方自称A公司，在招聘网站上看了小聂的简历，而他们正好要招聘销售人员。"那时候求职正是旺季，大家差不多每天都会接到几个电话"，小聂没有怀疑。而且后来他上网查看公司信息也是很正规的外企，虽然地点在深圳，要进行语音面试，小聂觉得还是合情合理。

在第一轮语音面试考察了个人基本信息，诸如姓名、年龄、身高、体重、血型、毕业院校、所学专业以及性格特长后，第二轮面试一位号称姓孙的"主管"又询问了小聂的性格特点，以及自身的优缺点和专业方面的一些知识，还征求了他对公司加班、出差的看法，最后考了两道性格测试题。这些在求职过程中频繁经历的面试方式也让小聂更加放心，而对方表现出来的和善以及对他的认可更是让他对这份工作越来越多地期待。

等他得到被 A 公司录取的正式通知，要求他携带身份证及两份复印件、学历及奖励证明、一寸免冠照片 5 张、一个月的生活费到深圳报到的时候，小聂还觉得很欣慰，觉得可以到南方开创一番新的事业。没想到的是，列车到站后噩梦就开始了。面试过小聂的孙主管很快告诉他，他的工作是"网络销售"，这里也不是他在网上查找到的 A 公司，他们只是借用了同在深圳的 A 公司的名义。没办法完全死心的小聂尽管觉得事实的真相很难接受，还是硬着头皮留了下来，结果在此后的几天里他发现差不多每个人都是被骗来的，上当的人中也是大学生居多。和同学取得联系后，小聂才终于明白自己已经身陷传销陷阱，而且是大学生传销。第二天他就强烈要求离开公司，而公司看到小聂20 多天没有任何业务进展，就语带讥讽地说小聂和面试时候差距太大，不是他们需要的"真正的人才"，小聂才得以顺利脱身。虽然损失的路费生活费也不是小数目，但是终于逃出了传销陷阱没有失去更多，小聂已经觉得是万幸了。

面对铺天盖地的各类信息，我们要提高警惕，运用信息鉴别的各种方法，识别真假信息，避免上当受骗。

> 一个人不可能接受所有的信息，它只关心与自己相关的信息，因为这些信息对于他来说才是有价值的。

三、过程训练 Process Training

活动一：课题信息检索

学术课题信息检索是进行学科研究的前提，作为当代大学生利用互联网资源进行学术课题信息检索是基本信息能力之一。

（一）活动目的
1. 通过活动掌握学术信息获取的方法和工具。
2. 培养学员进行课题分析、信息获取的基本能力。
3. 熟悉网络信息获取工具。

（二）规则与程序
1. 确定学术课题。在老师的指导下，选择与所学专业相关的学术课题进行分析和研究，并根据已经掌握的专业知识了解该学术课题的背景。

2. 确定检索词。根据学术课题确定检索入口关键词，包括一次检索关键词和二次检索关键词。

3. 选择检索工具。为了更加全面地检索信息，根据信息来源的不同选择最具代表性的搜索引擎来检索，以保证检索结果的准确性。请在以下每类搜索引擎中至少选择一个作为检索入口：

搜索引擎：Google、百度

数据库：中国知网、万方数据库、维普网

数字图书馆：超星电子图书、方正阿帕比、学校图书馆

4. 实施检索。根据不同检索工具分别设计不同的检索策略，并将检索结果进行整理。

> 客观地评估自己的工作成果，是每一个成功者应具备的素养。

活动二：鉴别垃圾邮件

现在很多企业、商家、个人通过群发电子邮件来达到宣传的目的，这给网民带来了很多垃圾邮件。据中国互联网络信息中心统计，我国网民平均每周收到152.1封电子邮件，其中垃圾邮件131.9封，已远远超过50%。结合你自己接收、发送电子邮件的真实情况，交流分析对所接收的垃圾邮件的处理方式及其危害性的认识。

四、效果评估 Performance Evaluation

评估一：任务理解能力的评价

（一）情景描述

1. 你对任务的描述情况是：　　　　（　　）

　　A. 对任务的内容分析不清，描述不明确

　　B. 能基本描述，列举任务的内容，对任务的目标有一些认识

　C. 能比较详细地描述，列举任务，对任务的目标有明确的认识

2. 在分析任务时，你提出相关问题的能力：　　（　　）

　　A. 不知提什么问题

　　B. 能提出一到两个相关问题

　　C. 能提出三个以上的相关问题

3. 当接受任务时，你知道多少种有助于了解任务内容的途径?（　　）

　　A. 不知道　　　　B. 一两种　　　　C. 三种以上

4. 针对一个信息获取任务，你对别人给出的完成任务的相关实例

的分析能力：　　　　　　　　　　　　　　　　　　（　　　）

　　A.不能从实例中获得与分析任务相关的信息

　　B.基本能通过实例理解任务的目标

　　C.能通过分析和模仿较好理解任务的内容和目标

　　5.当接受一个任务时，别人提供了一些相关资料，能通过个人的再收集，能完全理解任务的内容和目标吗？　　　　　（　　　）

　　A.需要在别人指导下，才能完成再收集和任务分析理解

　　B.需要别人给予一部分帮助，才能完成再收集和任务分析理解

　　C.可以独立完成再收集，较好地理解任务的内容和目标

（二）评估标准及结果分析

　　若选择4个C及以上，说明你具有很强的理解能力，在接受任务后，能很快地准确了解任务的内容和目标。

　　若选择2个C和2个及以上的B，说明你具有一定的理解能力，在接受任务后，能通过自己的努力和别人的一些帮助，较好地了解任务的内容和目标。

　　若选择2个B和2个及以上的A，说明你的理解能力存在问题，在接受任务后，需要通过别人的大量帮助，才能了解任务的基本内容和目标。

　　若选择4个及以上的A，说明你的理解能力很差，需要接受相关训练提高理解能力。

> 创新时代实际上是信息时代的天然的伴随物。尽管我们掌握了新的信息，但仍然有薄弱环节，它不是出现在信息的创造上，也不是出现在信息的储存上，甚至也不在信息的获取上，而是出现在利用新的信息去做新的事情上。

评估二：信息的分类整理能力测评

（一）情景描述

　　请根据你的实际情况，回答下列问题，如果回答"是"，就在后面的括号内打"√"，否则打"×"。

　　1.你衣柜中的衣服是分类存放且叠放整齐。　　　　（　　　）

　　2.你书架上书的摆放是很有规律的，找书很快。　　（　　　）

　　3.你电脑硬盘中文件的存放非常有条理，而且文件和文件夹的命名都有一定规则。　　　　　　　　　　　　　　　　（　　　）

　　4.你习惯在考试前详细地规划演算纸，以便进行复查。（　　　）

　　5.你会在开完会后重新整理会议笔记吗？　　　　　（　　　）

　　6.你能从一大堆杂乱的东西中快速找到你需要的东西。（　　　）

　　7.你能快速找到两个相似事物中间的明显区别。　　（　　　）

　　8.你能在两个不相干事物中间找到联系或共同点。　（　　　）

　　9.你能将一堆杂乱无章的信息快速整理出头绪来。　（　　　）

　　10.当你面对一堆繁杂信息时，你能否保持头脑清醒。（　　　）

11. 当你看到一个新事物时，你会马上联想到与之相似或相近的事物，并会思考它的类别归属问题。　　　　　　　　　　（　　）

12. 你对动物、植物及自然界其他事物的分类非常感兴趣。（　　）

13. 你能将一堆繁杂的信息分成若干类别，并能清楚地表述分类的理由。　　　　　　　　　　　　　　　　　　　　　　（　　）

（二）评估标准和结果分析

1. 如果你对问题1～5中至少3个画"√"，表示你是一个条理性强且具有良好整理习惯的人。

2. 如果你对问题6～10中至少3个画"√"，表示你是一个具有整理归类信息潜质的人。

3. 如果你对问题11～13中至少2个画"√"，表示你是一个信息分类意识很强的人。

美国在实施"阿波罗登月计划"中，对阿波罗飞船的燃料箱进行压力实验时，发现甲醇会引起钛应力腐蚀，为此付出了数百万美元来研究解决这一问题。事后查明，早在10多年前，就有人研究出来了，方法非常简单，只需在甲醇中加入2%的水即可，检索这篇文献的时间是10多分钟。

第二节　信息分析与展示

职场在线

小王是某连锁超市的市场部经理，该超市拟决定在某城市某区域增开一家门店，要求小王进行市场调查，并将调查的结果形成分析报告递交给公司的相关领导。经过前期的调研，小王主要在以下几个方面做了调查：

1. 人口调查：包括该区域的人口数量、人口结构、购买习惯、经济收入、人流量等。

2. 城市设施状况：包括学校、企业、政府结构、娱乐场所等。

3. 交通条件：包括车流密度、人流密度、道路宽度、停车场数量等。

4. 竞争环境：包括周边竞争品牌的数量、品牌结构、潜在竞争品牌等。

5. 基本费用：包括租金、物业管理、国税、地税、员工工资等。

现要对以上调查的信息进行分析，并将分析的结果以报告的形式递交给公司领导。

> 如果说信息的收集、存储和组织是信息资源开发利用的前提条件，那么信息分析则是信息资源开发利用的高级形式，只有通过信息分析，才能实现对信息资源的深层次开发。

对以上的信息进行分析，小王可以将其分为哪些类型？有怎样的功能和作用？

在撰写分析报告时，小王为了提高报告的可读性，在报告中插入了大量的图片，并采用柱状图、表格、流程图等形式来展示一些重要的信息，小王这样做是否合理？除此之外，还有哪些方面是需要注意的？学完本节内容后我们再来回答这些问题。

一、能力目标 Competency Goal

所谓信息分析（Information Analysis）亦称情报分析、情报研究或情报调研，就是根据特定问题的需要，对大量相关信息进行深层次的思维加工和分析研究，形成有助于问题解决的新信息的信息劳动过程。

（一）信息分析的功能和作用

1. 信息分析的功能

信息分析具有整理、评价、预测和反馈4项基本功能。

整理功能
对信息进行搜集、组织，使之由无序变为有序。

评价功能
对信息价值进行评价，以去粗取精、去伪存真、辨新、权重、评价、荐优。

预测功能
通过对已知信息内容的分析获取未知或未来信息。

反馈功能
根据用户的实际消费效果对预测结论进行审议、评价、修改和补充。

这4项功能是紧密相连的。信息的整理和评价是信息分析的两项基本功能，是为预测和反馈功能的实现做准备的；预测和反馈是信息分析的两项特征性功能，是信息整理和评价功能的进一步拓展和延伸。

2. 信息分析的作用

信息分析的功能决定了其在经济和社会发展中将发挥重要作用，主要体现在：为决策提供依据、论证和备选方案；对决策实施过程进行评价和反馈。

小案例

《增长的极限》是罗马俱乐部于1972年提出的第一份研究报告。它通过对当时世界经济和社会发展现状的分析，预测性地提出了很多全球性问题，如人口问题、粮食问题、资源问题和环境污染问题（生态平衡问题）等，并指出人们必须对这些问题高度重视，找出切实可行的解决办法，否则，人类社会就难以避免在严重困境中越陷越深，为摆脱困境所必须付出的代价将越来越大。书中的观念和论点，现在听来，不过是平凡的真理，但在当时，西方发达国家正陶醉于高增长、高消费的"黄金时代"，对这种惊世骇俗的警告，并不以为然，甚至根本听不进去。

信息预测就是"鉴往知来"，即以事物过去已知信息的分析结果为依据，参照当前已经出现或正在出现的各种情况，运用情报学的、现代管理的、数学的和统计的方法以及现代信息技术，对事物的未知和未来状态进行科学的预计和推测。

"信息浓缩（Information Consolidation）"是联合国向发展中国家推广的一种信息加工活动，以便他们更好地利用世界各国的文献。这类活动的基本特点是对相关文献进行评价和压缩，以便向用户提供实用、可靠和简洁的信息。

（二）信息分析的方法

信息分析方法是进行信息分析的工具，是实现信息分析工作目标的手段。由于信息分析是一门综合性的学科，其方法多数是从自然科学、社会科学和某些边缘学科的研究方法中借鉴过来的，因此，信息分析的方法显示出综合性的特点。

1. 比较法

比较法，也称比对法，是通过对两个或两个以上研究对象进行对照，以确定它们之间的共同点和差异点的一种逻辑思维方法。通过比较揭示对象之间的异同是人类认识客观事物最原始、最基本的方法，有比较，才能有鉴别，有鉴别才能有选择和发展。

小知识

加权比较法

很多情况下被比较对象的不同指标各有优劣，不同指标本身的重要性也各不相同，在这种情况下，要比较不同企业的整体优劣，就要进行加权比较。

假定有甲、乙、丙三个比较对象，A、B、C 三个指标所在比较对象中所占权重（即重要性百分比）分别为20%、30%、50%，各个比较对象在各指标上的表现为好、中、差。对应的等级分分别为10分、5分、0分，三个比较对象的表现如下：

指标	A（权重0.2）			B（权重0.3）			C（权重0.5）		
	表现	等级分	加权分	表现	等级分	加权分	表现	等级分	加权分
甲	好	10	2.0	中	5	1.5	中	5	2.5
乙	好	10	2.0	好	10	3.0	中	5	2.5
丙	差	0	0	好	10	3.0	好	10	5.0

最后得分：甲 =2.0+1.5+2.5=6.0；乙 =2.0+3.0+2.5=7.5；丙 =0+3.0+5.0=8.0。

可以看出，丙虽然有一项指标为"差"，但总体表现最优。

2. 分析综合法

分析与综合是揭示个别与一般、现象与本质的内在联系的逻辑思维方法，是科学抽象的主要手段，它主要解决部分和整体的问题。分析和综合是加工情报信息的基本方法，是揭示事物本质和规律的基本手段，是形成观点和模型的主要工具，也是构成各种逻辑方法的重要基础。

信息分析方法是随着信息分析工作实践的深入和展开逐步形成的。早期信息分析工作与科学研究密不可分，是直接为科研服务的。信息分析方法体系的逐渐形成是从 20 世纪 60 年代之后随着信息技术的发展和现代科学学科与方法的发展而开始的。

在法拉第之前，人们用引力的超距作用来解释电磁运动，认为电磁作用也是超距的，但这样解释是有困难的。1837 年，英国科学家法拉第对电磁现象进行分析与综合，他发现了电磁作用是通过使周围空间的介质极化来实现的，电与磁的周围都有一种贯穿整个空间的力线。这样就提出了"场"这个概念，它是人们对电磁作用空间关系的综合认识。

分析	分析是指把复杂事物按照研究目的的需要分解成各组成要素及其关系，并根据事物之间或事物内部各要素之间的相互关系，通过由此及彼、由表及里的研究，达到认识事物的一种逻辑思维方法。常用的方法包括因果分析、表象和本质分析、相关分析等。
综合	综合是将与研究对象有关的各个部分、侧面、属性联系起来考虑，将原来分散的部分整合在一起，从整体的角度把握事物的本质特点及其发展规律，从而获得新知识、新结论的一种逻辑思维方法。常用的综合方法包括简单综合、分析综合、系统综合等。
系统综合	系统综合是从系统论的观点出发，对与研究课题有关的大量信息进行时间与空间、纵向与横向等方面的综合研究。系统综合不是简单的信息搜集、归纳和整理，而是一个创造性的深入认识研究课题的过程。

3. 推理法

推理是从一个或几个已知的判断得出一个新判断的思维过程，就是在掌握一定的已知事实、数据或因素相关性的基础上，通过因果关系或其他相关关系顺次、逐步地推论，最终得出新结论的一种逻辑思维方法。任何推理都由前提和结论两部分组成，都包含三个要素：一是前提，即推理所依据的一个或几个判断；二是结论，即由已知判断推出的新判断；三是推理过程，即由前提到结论的逻辑关系形式。在信息分析中常用的推理方法有常规推理、归纳推理和假言推理等。

4. 德尔菲法

德尔菲法，又名专家意见法，是依据系统的程序，采用匿名发表意见的方式，即团队成员之间不得互相讨论，不发生横向联系，只能与调查人员发生关系，以不具名的方式填写问卷，以集结问卷填写人的共识及搜集各方意见，可用来构造团队沟通流程，应对复杂任务难题的管理技术。1964年，兰德公司的赫尔墨和戈登首次将德尔菲法应用于科技预测中，并发表了《长远预测研究报告》，此后，德尔菲法便迅速在美国和其他国家广泛应用。

德尔菲法主要应用在为不确定因素较多、结构比较复杂、影响范围大、具有重大意义的事件提供决策参考意见的前期讨论场合中。

5. 头脑风暴法

头脑风暴法（Brain Storming）是由美国创造学家 A.F. 奥斯本于1939年首次提出，1953年正式发表的一种激发性思维的方法。头脑风暴法，也称为专家会议法，是"一个团体试图通过聚集成员自发提出的观点，以为一个特定问题找到解决方法的会议技巧"，它以召开小型会议的方式，使所有参加者在轻松愉快、无拘无束的气氛中，通过畅所欲言，让各种思想火花自由碰撞，从而激发每个人大脑的潜能，产生创造性思维的方法。头脑风暴法一般用于对战略性问题的探索，现在也用于研究产品名称、广告口号、销售方法、产品的多样化研究等，以及需要大量的构思、创意的行业。

德尔菲是古希腊地名。相传太阳神阿波罗（Apollo）在德尔菲杀死了一条巨蟒，成了德尔菲主人。在德尔菲有座阿波罗神殿，是一个预卜未来的神谕之地，于是人们就借用此名，作为这种方法的名字。

奥皮匠协定
在进行头脑风暴之前必须要有君子协定，称为"奥皮匠协定"
不许评价
异想天开
越多越好
见解无专利

6. 回归分析法

回归分析是指在掌握大量观察数据的基础上，处理两个或两个以上变量之间依赖关系的一种统计分析方法。回归分析按照涉及的自变量的多少，可分为一元回归分析和多元回归分析；按照自变量和因变量之间的关系类型，可分为线性回归分析和非线性回归分析。目前这一方法在信息分析领域获得了广泛的应用。

（三）信息的编排与设计

信息编排与设计的最终目的在于使内容清晰、有条理、主次分明，具有一定的逻辑性，以促使视觉信息得到快速、准确、清晰的表达和传播。符合形式美法则的编排设计能使版面简洁、生动、充实、协调，更能体现秩序感，从而获得更好的视觉效果。

> 内容与形式的统一是创造版面美的前提，版面的美感是通过视觉感受到的，版面中各视觉因素结合起来，既统一又变化多样，从而使版面既不觉单调又不显杂乱无章，充满灵性、诗意和美感。

1. 文字信息的编排与设计

一个信息，从传者手中进入传播渠道其最终的目的是要实现价值的最大化，是信息为受众所用，因此，在语句编辑时要适应他们的需要、爱好和能力水平，具体来说，在进行语句撰写时要：

（1）多用主动语态，因为主动语态表达的信息更为完整。

（2）生动而形象地表达信息的内容。

（3）多用短句子、多用简单句，但内容要完整。

（4）多用短段落，长的段落总容易让人感觉到压力。

（5）使用确切的表达方式。

（6）行文风格要向受众靠拢，如男人、女人、孩子、老人不同的受众要使用不同的行文风格。

▶ 小案例

第二次世界大战接近尾声的时候，有很多渠道表明德军计划在巴伐利亚开辟新战线，于是盟军集结了大量的军队来应付这种可能发生的情况，这使得苏联占领了更多的德国领土，对战后欧洲产生了深远的影响。实际上，盟军的错误部署原本是可以避免的，它的战略情报局提供过这方面的报告，认为德军在巴伐利亚集结军队在战略上是不明智的，在操作上是不可能的。他们的情报题目是"关于南部德军的政治社会组织、通信、经济、农业和食物供应、矿物资源、制造和交通设施的分析"。盟军领导人对这份报告感到厌倦而造成决策失误是不足为奇的。

> 文字编排是一种艺术创作过程，是艺术地将平面中的文字组成要素加以重新组合调度，并在结构及色彩上作整合安排的一种视觉传达方式，它是一种重要的视觉传达语言，是一门相对独立的平面设计艺术。

2. 图像信息的编排与设计

无论是从科学技术层面还是文化心理层面，今天的信息传播已经无可否认地进入了一个以受众为中心的"读图时代"，图像信息风靡一时。现代社会的快节奏，使得人们的心理疲劳程度加大，人们更愿意选择摄取那些直观、简单而形象的图像信息，因此，图像信息的编排与设计在信息的传播过程中将越来越重要。

在图片信息的编排和设计时要注意以下几点：

（1）统一文字与图片的边线。

（2）不要用图片将文字切断。

（3）注意图片中插入文字的处理。

（4）注意所用图片的相互关系。

我们还要善于把其他形式的信息图表化，这不仅能使信息更易于接收，也能在转化的过程中产生新的信息，使信息的内容更加丰富。

> 图形是最直观的信息表示形式，用文字或其他表示形式不容易表示的信息，往往图形可以达到很好的表示效果。

（四）信息的展示

不同的信息有不同的展示方式，相同的信息也可以通过不同的形式进行展示，当然，效果也是各不相同的。

1. 信息展示的形式

信息的展示形式有文字描述、表格、图形、图像、音频、视频等，有些信息展示的形式是由信息的内容决定的，有些信息的展示形式是由信息处理的方式决定的。具体的信息展示形式要求包括：

信息展示形式的选择
对于分析结果比较明确、结构较为简单的，可以采用文字描述的形式进行展示。
对那些内容较多，条理性较强，具有共同特征的信息，一般采用表格进行展示比较恰当。
对于具有数据性、对比性强的定性分析或定量分析信息可以采用坐标图、柱状图等图表进行展示。
对于具有几何结构或方位性特征的设计类信息一般采用图形方式进行展示。
对于具有多媒体特征的数据分析结果一般采用图像、音频或视频等形式进行展示。

总之，要根据不同的信息选择不同的展示方式，以便更好地反映信息的内容，使信息接收者更容易理解。

2. 信息展示的要求

直观性强
信息处理的很多结果都是直接给人看的，所以要用人容易接受的形式进行表示，越直观越好。

方便使用
信息处理的结果无论是用于哪个方面，都应根据其输出对象的具体需求转变表示形式，以达到优良的应用效果。

结构清晰、完整
对于将要展示的信息，必须保证其结构的清晰和完整，以免出现偏差。

降低容量、提高精度
信息处理是提炼和升华信息进行的过程，信息的展示应该既使得信息更易于接受，也不减少信息的内容。

> 每种信息展示形式都有它们的优缺点，而且展示能力具有互补的特征，所以经常要混合使用多种展示形式，以达到最佳的展示效果。

二、案例分析 Case Study

案例：兰德公司的信息分析与成功预测

兰德公司是美国最重要的以军事为主的综合性战略研究机构。它先以研究军事尖端科学技术和重大军事战略而著称于世，继而又扩展到内外政策各方面，逐渐发展成为一个研究政治、军事、经济科技、社会等各方面的综合性思想库，被誉为现代智囊的"大脑集中营"、"超级军事学院"，以及世界智囊团的开创者和代言人。它可以说是当今美国乃至世界最负盛名的决策咨询机构。

兰德公司正式成立于1948年11月。总部设在美国加利福尼亚州的圣莫尼卡，在华盛顿设有办事处，负责与政府联系。第二次世界大战期间，美国一批科学家和工程师参加军事工作，把运筹学运用于作战方面，获得成绩，颇受朝野重视。战后，为了继续这项工作，1944年11月，当时陆军航空队司令亨利·阿诺德上将提出一项关于《战后和下次大战时美国研究与发展计划》的备忘录，要求利用这批人员，成立一个"独立的、介于官民之间进行客观分析的研究机构"，"以避免未来的国家灾祸，并赢得下次大战的胜利"。根据这项建议1945年年底，美国陆军航空队与道格拉斯飞机公司签订一项1000万美元的"研究与发展"计划的合同，这就是有名的"兰德计划"。"兰德（Rand）"的名称是英文"研究与发展（research and development）"两词的缩写。不久，美国陆军航空队独立成为空军。1948年5月，阿诺德在福特基金会捐赠100万美元的赞助下，"兰德计划"脱离道格拉斯飞机公司，正式成立独立的兰德公司。

兰德的长处是进行战略研究。它开展过不少预测性、长远性研究，提出的不少想法和预测是当事人根本就没有想到的，而后经过很长时间才被证实了的。兰德正是通过这些准确的预测，在全世界咨询业中建立了自己的信誉。

成立初期，由于当时名气不大，兰德公司的研究成果并没有受到重视。但有一件事情令兰德公司声誉鹊起。朝鲜战争前夕，兰德公司组织大批专家对朝鲜战争进行评估，并对"中国是否出兵朝鲜"进行预测，得出的结论只有一句话："中国将出兵朝鲜。"当时，兰德公司欲以500万美元将研究报告转让给五角大楼。但美国军界高层对兰德的报告不屑一顾。在他们看来，当时的新中国无论人力财力都不具备出兵的可能性。然而，战争的发展和结局却被兰德准确言中。这一事件让美国政界、军界乃至全世界都对兰德公司刮目相看，战后，五角大楼

兰德公司的研究成果举世瞩目。已发表研究报告18000多篇，在期刊上发表论文3100篇，出版了近200部书。在每年的几百篇研究报告中，5%是机密的，95%是公开的，而这5%的保密报告随着时间的推移也在不断解密。这些报告中，有"中国21世纪的空军"、"中国的汽车工业"、"日本的防御计划"、"日本的高科技"、"俄罗斯的核力量"、"南朝鲜与北朝鲜"、"数字化战场上的美国快速反应部队"等重大课题。兰德公司被誉为美国的"思想库"、"大脑集中营"，它影响和左右着美国的政治、经济、军事、外交等一系列重大事务的决策。

花200万收购了这份过期的报告。

第二次世界大战结束后，美苏称雄世界。美国一直想了解苏联的卫星发展状况。1957年，兰德公司在预测报告中详细地推断出苏联发射第一颗人造卫星的时间，结果与实际发射时间仅差两周，这令五角大楼震惊不已。兰德公司也从此真正确立了自己在美国的地位。此后，兰德公司又对中美建交、古巴导弹危机、美国经济大萧条和德国统一等重大事件进行了成功预测，这些预测使兰德公司的名声如日中天，成为美国政界、军界的首席智囊机构。

正是由于始终坚持客户需求为导向，以详尽的信息分析为支撑，兰德公司才能一次又一次地对许多大课题进行成功的预测。

三、过程训练 Process Training

活动一：头脑风暴法现场模拟

（一）情景模拟

2011年7月23日20时27分左右，北京至福州的D301次列车行驶至温州市双屿路段时，与杭州开往福州的D3115次列车发生追尾，导致D301次列车4节车厢从高架桥上掉落，事故造成40人死亡。时隔不久的2011年9月27日下午，上海地铁10号线发生列车追尾事故，事故已造成271人受伤。日本媒体称中国高铁是盗版新干线，并呼吁德国联手起诉中国高铁。中国铁路为什么会频频出现问题，是我们的技术还不够过关，还是管理方面存在漏洞。到底中国铁路怎么了？我国铁路最主要的安全隐患有哪些，你认为最好的解决办法是什么？

> 头脑风暴的最大原则就是：办法总比困难多。突破自己的要诀在于：
> 发挥自己实力
> 借用资源协作
> 突破规则约束
> 改变事情性质

（二）讨论原则

第一，自由思考。即要求与会者尽可能解放思想，无拘无束地思考问题并畅所欲言。

第二，延迟评判。即要求与会者在会上不要对他人的设想评头论足。

第三，以量求质。即鼓励与会者尽可能多而广地提出设想，以大量的设想来保证质量较高的设想的存在。

第四，结合改善。即鼓励与会者积极进行智力互补。

（三）规则与程序

1. 全班同学分成两个组同时进行现场模拟，在组内展开我国铁路目前存在哪些安全隐患的讨论，注意两组的距离，不要影响到另一组同学的讨论。

2. 每组选出2位同学做记录员。

3. 讨论时间为25分钟。

4. 每组的两位记录员将大家的意见进行分类与整合，并在全班同学面前公布本组的讨论结果。

5. 大家对两组的讨论结果进行对比，看看有什么异同。

6. 老师进行总结。

活动二：名片设计

名片是新朋友互相认识、自我介绍的最快、最有效的方法。交换名片是商业交往的第一个标准官式动作。请为你自己假设一个十年后的身份，并根据文字信息和图片信息的编排与设计原则，设计一个名片。

活动要求：

1. 身份设计要合理，要包含身份的主要信息，如职衔、联系方式、企业标志、特殊理念等。

2. 名片设计布局美观使用，切合主题，文字具有易读性和可读性，形式具有美感且具有创造性。

3. 设计完成后，学员们相互交流，并选出最具代表性的5个名片设计，由老师进行点评和总结。

四、效果评估 Performance Evaluation

评估：分析能力测试

（一）情景描述

本测评主要考查学员的基本分析能力，通过评估帮助被评估者了解自己基本分析能力的情况。

1. 今天是丹尼爷爷出生后的第二十个生日（出生那天不算在内），你能够很快算出丹尼爷爷的生日吗？

2. 吉米喜欢登山。一天他随登山队登上了数千米高的山峰后，发现自己一向非常准的机械表走得快了，而下山以后却又发现一手表和以前走得一样准确。你知道手表变快的原因吗？

3. 在一建筑工地上，有一深达1米的矩形小洞。一只小鸟不慎飞了进去。小洞很狭窄，手臂伸不进去，若用两根树枝去夹，又可能伤害小鸟。你是否想出了一个简便的方法把小鸟从小洞中救出来。

4. 用小圆炉烤饼（每次只能同时烤两个），每个饼的正反面都要烤，

U2合唱团在17分钟内得赶到演唱会场，途中必须跨过一座桥，四个人从桥的同一端出发，你得帮助他们到达另一端，天色很暗，而他们只有一只手电筒。一次同时最多可以有两人一起过桥，而过桥的时候必须持有手电筒，所以就得有人把手电筒带来带去，来回桥两端。手电筒是不能用丢的方式来传递的。四个人的步行速度各不同，若两人同行则以较慢者的速度为准。Bono需花1分钟过桥，Edge需花2分钟过桥，Adam需花5分钟过桥，Larry需花10分钟过桥。他们要如何在17分钟内过桥呢？

17分钟，Bono，Edge先过去，记2分钟，回来1分钟，Adam，Larry过去，记10分钟，2分钟回来，然后Bono，Edge一起过去，记2分钟，所以是2+1+10+2+2=17。

而每烤一面需要半分钟。请问怎样在一分半钟内烤好三个饼?

5.两只同样的烧杯内均盛装着100℃热水500毫升。如果在一只杯子内先加入20℃冷水200毫升,然后再静止冷却5分钟。而另一只杯子先静止冷却5分钟,然后再加入20℃冷水200毫升。请问:此时,这两只烧杯内的水温哪一个低?

6.一列火车离开波士顿开往芝加哥,与此同时,另一列火车离开芝加哥开往波士顿。从波士顿出发的火车60英里/小时,从芝加哥出发的火车50英里/小时。请问:当两列火车相遇时,哪一列火车离波士顿较近?

7.有一个商人,临终前对妻子说:"你不久就要生孩子了。如果生的是女孩,你就把财产分给她1/3,你留2/3;如果是男孩,就分给他2/3,你留1/3。"商人死后不久,妻子生了孩子。可她生的是双胞胎:一个男孩,一个女孩。那么,财产应该如何分配才能满足商人的遗愿呢?

8.假定桌子上有三瓶啤酒,每瓶平均分给几个人喝,但喝各瓶啤酒的人数不相等,不过其中一个人喝到了三瓶啤酒,且每瓶啤酒的量加起来正好一整瓶。请问:喝这三瓶啤酒的各有多少人?

(二)参考答案及结果分析

1.丹尼爷爷生日是2月29日。

2.机械手表的摆轮在摆动时要受到空气的阻力。高山上的空气比平地上的空气稀薄。所以,手表在高山上比在平地上走得快一些。

3.把沙慢慢灌入洞里,小鸟便会随洞中沙子的升高而回到洞口。

4.将三只要烤制的饼编号成A、B、C。先把A、B两只饼放在炉上烤;半分钟后,把A翻个面,同时取下B,放上C继续烤;又过了半分钟后,取下A,换上B,烤B未烤过的一面,同时把C翻过来烤。

5.第二只杯内水温低(先做一次实验,再想想是何道理)。

6.当两列火车相遇时,它们离波士顿的距离应该相同。

7.按商人的遗愿应将财产分为7等份,然后给男孩4份,给女孩1份,给妻子留2份。

8.喝这三瓶啤酒的人数为2人、3人、6人。即第一瓶两人喝,每人平均喝半瓶;第二瓶3人喝,每人平均喝1/3瓶;第三瓶6人喝,每人平均喝1/6瓶。其中一个人三瓶都喝了,加起来的量(1/2+1/3+1/6)=1,正好是一瓶。

在这8道测试题中,如果你能顺利地正确回答出6题以上,说明你的分析能力很强,如果你能顺利地回答出4~6题,说明你的分析能力一般,还比较正常;如果你只答对了4题以下,那你的分析能力就很差,平时要注意多加训练和思考。

1962年,英法航空公司开始合作研制"协和"式超音速民航飞机,其特点是快速、豪华、舒适。经过10多年的研制,耗资上亿英镑,终于在1975年研制成功。但此时情况发生了很大的变化,能源危机、生态危机威胁着西方世界,乘客和航空公司都因此改变了对在航客机的要求。乘客的要求是票价不要太贵,乘客和航空公司的要求是节省能源,多载乘客,噪音小。但"协和"式飞机却不能满足消费者的这些要求。结果,飞机生产出来后卖不出去。

第三节　信息传递与利用

职场在线

小庄是某保险公司的业务员，现该保险公司开发了一款新型的保险产品，这款产品打破传统的产品模式，市场预期前景非常好，现在公司要求小庄大力推广该产品，小庄经过一番思考后，决定采取以下的方式：

1. 通过电话联系老客户，向其简单介绍该款产品的情况；

2. 召开新老客户交流会，在现场以演讲和座谈的形式向客户介绍该款保险；

3. 制作宣传小册子，详细介绍该保险产品的特点和优势；

4. 通过邮件、短信、微信、QQ、微薄等方式向客户发送信息，向客户简单介绍该款产品；

5. 上门回访老客户，借机向老客户宣传该款产品。

> 从人类的传播历史来说，人类传播信息方式的演变呈现这样一个脉络：视觉文化、听觉文化（直观的感受、"看的精神"）——概念性文化（"读的精神"）——新的视与听的文化（"新的看的精神"）。

以上的方式中，小庄主要通过哪些途径来向客户传递信息？小庄采取的方式是否合理，还可以采取哪些方式？

在电话联系客户、召开交流会、向客户发送邮件等时要注意哪些问题？让我们带着问题来学习本节的内容。

一、能力目标 Competency Goal

信息需要传递。信息如果不能传递，信息的存在就失去了意义，发出信息与接受信息就是信息的传递。良好的信息传递能力可以让我们更好地与社会成员交流、融合，获得友谊、尊重与成功。

（一）信息的口头传递

就职业而言，现代社会各行各业的从业者需要有良好的口头交流能力：对政治家和外交家来说，口齿伶俐、能言善辩是基本的素质；销售人员推销商品、招徕顾客，策划人员把企划方案向具体执行者进行讲解，企业家经营管理企业，这都需要好的信息口头传递能力。

1. 交谈

在人们的日常交往中，具有良好语言交流能力的人能把平淡的话题讲得非常吸引人，而口笨嘴拙的人就算他讲的话题内容很好，人们听起来也是索然无味。

如果你能和任何人持续谈上10分钟并使对方发生兴趣，那么你就拥有了很好的交谈能力。

> 一个成功的交谈最应该注意语言的应用，如：幽默的语言可以使自己在人群中更具有感染力，利于交流；含蓄的语言可以提升自己在他人眼里的档次，会招来更多关注你的人，有利于交更多的朋友。

小思考

假如你是一个公司的秘书，公司总经理有一个重要的客户今天坐飞机要来你们公司，恰巧总经理有一个重要的会议要参加，派你去机场接这位重要的客户，当你接到这位客户后如何表达总经理的歉意？在机场到公司的路上，为了创造一个轻松的氛围，你如何和这位客户交谈？

谈话的时候态度要诚恳、自然、大方，语气要和蔼亲切，表达要得体。谈话内容事先要有准备，应该开门见山地向对方说明来意或交谈的目的，或是寒暄几句后就较快地进入正题。那种东拉西扯的闲聊，既浪费时间，又会使对方厌烦甚至怀疑你的诚意。

不要轻易打断别人的谈话。自己讲话的时候，要给别人发表意见的机会，不要滔滔不绝，旁若无人、大搞一言堂。对方讲话的时候要耐心倾听，目光要注视对方，不要左顾右盼，也不要有看手表、伸懒腰、打哈欠等漫不经心的动作。

如果对方提到一些不便谈论的问题，不要轻易表态，可以借机转移话题。如果有急事需要离开，要向对方打招呼，表示歉意。

2. 电话

接打电话对现代人来说是最常用的不过的口头交流方式了，如何

> 必须清楚你的电话是打给谁的。每一个销售员，不要认为打电话是很简单的一件事，在电话营销之前，一定要把客户的资料搞清楚，更要搞清楚你打给的人是有采购决定权的。

通过接打电话，特别是商务电话进行准确、有效的信息传递，以完成各种工作活动，对每个人来说都是需要掌握的能力。

![小思考]

你是一家服装厂的厂长助理，服装厂即将与一家贸易公司签订服装销售合同，在合同签订之前，厂长想要与该贸易公司老总进行最后的洽谈，让你打电话约对方于周五下午3点在厂长办公室进行面谈。你将如何确定打电话的时间？怎样向对方提出邀请？

（1）确定合适的时间。当需要打电话时，首先应确定此刻打电话给对方是否合适，要考虑此刻对方是否方便听电话。

（2）开头很重要。无论是正式的电话业务，还是一般交往中的不太正式的通话，自报家门都是必需的，这是对对方的尊重。

（3）通话尽量简单扼要。在做完自我介绍以后，应该简明扼要说明通话的目的，尽快结束交谈。在业务通话中，"一个电话最长三分钟"是通行的原则，超过三分钟应改换其他的交流方式。

（4）如果你要找的人恰巧不在，你可以直接结束通话，如果事情不是很紧急，而且还有其他的联系方式的情况下，可以直接用"对不起，打扰了，再见"的话结束通话；也可以请教对方联系的时间或其他可能联系的方式；还可以请求留言，留言时要说清楚自己的姓名、单位名称、电话号码、回电时间、转告的内容等。

（5）适时结束通话。通话时间不宜过长。结束谈话时，要把刚才谈过的问题适当总结一下。最后，应说几句客气话，以显得热情。放话筒的动作要轻，否则对方会以为你在摔电话。

3.口头汇报

口头汇报就是汇集材料，向相关人员所作的口头陈述。汇报因为是个人为主要陈述者，所以对个人的语言能力有较高的要求，当然在汇报之前汇报人还要做好充分的准备。

讲什么

有的人作汇报的时候不知道如何安排内容、主题不突出、思路不清晰，让人听了以后不知所云。针对汇报的主题确定内容，对重点有取舍做到条理清晰、数据确凿、简短精练。

怎么讲

万事开头难，开头的前几秒钟很重要。开头的目的是要引起兴趣，引出主题。汇报人的语气也不能太平铺直叙，要抑扬顿挫用你的情绪感染听众。

用什么方式呈现

适当的视听辅助工具会使内容更形象和直观，有助于听众理解内容，让听众形成深刻印象。还可将难于理解的数据做成图表，便于直观理解。最常用的辅助方式就是PPT。

讲多长时间

在规定的时间内游刃有余地完成汇报，可以体现出汇报人干练、训练有素。时间过长或过短都显得准备不够足。条件允许时最好提前演练，做到内容熟悉，思路清晰。

语气要平稳，吐字要清晰，语言要简洁。在电话销售时，一定要使自己的语气平稳，让对方听清楚你在说什么，最好要讲标准的普通话。电话销售技巧语言要尽量简洁，说到产品时一定要加重语气，要引起客户的注意。

电话目的明确。很多销售人员，在打电话之前根本不认真思考，也不组织语言，结果打完电话才发现该说的话没有说，该达到的销售目的没有达到。电话销售技巧利用电话营销一定要目的明确。

4. 新闻发布

新闻发布是一个社会组织或企业直接向新闻界发布有关信息，解释重大事件而举办的活动，是企业产品发布和危机公关的最佳宣传方式之一。在新闻发布会上，具备优秀素质的新闻发言人总是从容不迫，镇静自如。新闻发言人通常需要具备以下5种能力。

（1）要讲政治、守纪律，提高维护组织和企业形象的能力。

（2）要懂全局、知实情，提高新闻发布的能力。

（3）要快反应、早介入，提高处理突发事件的能力。

（4）会表达、善应对，提高引导和攻关的能力。

（5）要勤思考、多调研，提高舆情分析的能力。

当然，新闻发言人的口语表达能力也是非常重要的。新闻发言人应该会说一口流利的普通话，机智敏捷、幽默诙谐；应该具有良好的气质与风度，得体大方；应该用词准确、思路清晰，有较强的说服力和感染力。

> 一人之辩，重于九鼎之宝；三寸之舌，强于百万之师。
> ——刘勰

5. 演讲

演讲在人们的日常生活和工作中也是十分重要的。例如，在集体会议上发表意见，鼓励下属，说服某人采取行动，推销产品，合作开发，投标，产品项目公开说明等都需要一定的专业、娴熟的演讲技巧。很多人都错误地认为演讲技巧是天生的，但事实上是通过后天培养任何人都能够掌握这一技能。只要不断的实践和提高，即使最胆怯的人都能成为这方面的专家。

> 一支笔，一条舌，能抵三千毛瑟枪。
> ——[法]拿破仑

小案例

古希腊有一位卓越的演讲家德摩斯梯尼，年轻时有发音不清、说话气短、爱耸双肩的毛病。最初他的演讲很不成功，以至于被观众哄下了讲台。但德摩斯梯尼没有因失败、嘲笑、打击而气馁。他一方面博览群书、积累知识，另一方面又刻苦练习。为了练嗓音，他把小石子含在嘴里朗诵，迎着呼啸的大风讲话；为了克服气短的毛病，他故意一面攀登，一面不停地吟诗；为了克服耸肩，每次练习口才时他都在自己的双肩上方挂两柄剑，剑尖正对双肩，迫使自己随时注意改掉耸肩的不良习惯。他还在家中安装了一面大镜子，经常对着镜子练演讲，以克服自己在演讲中的一些毛病。经过苦练，德摩斯梯尼终于成了世界闻名的大演讲家。

（二）信息的书面传递

自从文字和书写工具发明以来，信息的书面传递就成为信息传递中最有效的方式之一，从家书情信到公文战报，从计划总结到调查报告，从合同协议到标书条约，从提案申请到通知通告，从宣传手册到鸿篇巨制，这些都是信息的书面传递。

1. 通知

通知适用于批转下级机关的公文，转发上级机关和不相隶属机关的公文，传达要求下级机关办理和需要有关单位周知或者执行的事项，任免人员等。通知的使用范围广、频率高，行文方向灵活。

根据作用不同，通知分为发布性通知、指示性通知、知告性通知、批转性通知、转发性通知、任免性通知、事务性通知等。

通知正文一般包括缘由、事项和执行要求3部分内容。通知的内容要有很强的针对性。通知事项要表述得具体明白。通知语言表达要准确简明，文风庄重，语气果断、肯定。

2. 报告

报告适用于向上级机关汇报工作，反映情况，答复上级机关的询问。报告是广泛采用的重要的上行文。各单位在向上级汇报工作时，在工作中发生重大情况或特殊问题时，在完成上级交办或布置的事项时，在答复上级机关询问时，都要写报告。

报告的主要特点是内容的实践性和表达的陈述性。报告一般是对已做过工作的回顾和总结，是以实践为依据的。报告的种类很多，按内容可分为工作报告、情况报告、答复报告、辞职报告等；按性质可分为综合性报告和专题性报告。此外，还有一些业务文书，如"调查报告"、"审计报告"、"评估报告"、"立案报告"、"可行性分析报告"等，与一般的报告有所不同。

> **最有价值的报告**
>
> 1. 企业发展报告：主要是侧重企业发展报告，如战略、管理、营销、生产、财务等。
> 2. 政府发展报告：政府主要工作报告等，如规划、区域发展等。
> 3. 行业发展报告：由中国非国有经济研究会研究发布的报告，如中国实体经济发展报告等。
> 4. 工作总结报告：主要是侧重员工日常工作总结报告，如出差、检查等。

小知识

最短与最长的政府工作报告

从十二次全国人民代表大会的历史来看，在12位报告人的45份报告中，最短的政府工作报告当属周恩来总理在1975年召开的第四届全国人民代表大会第一次会议上所作的报告。

该报告只有短短的5172字！以现在的眼光来看，报告具有严重的时代色彩，经济数据偏少，政治词汇居多。但是，该报告依然具有伟大的历史意义——它第一次提出了"四个现代化"的宏伟目标！

除了最短的报告，还有最长的报告。

在1955年7月5日至6日召开的第一届全国人民代表大会第二次会议上，时任国务院副总理兼国家计划委员会主任的李富春作《1955年国务院政府工作报告——关于发展国民经济的第一个五年计划的报告》，全文55873字，成为最长的政府工作报告。

报告的正文一般由开头（报告缘由）、主体（报告事项）和结束语3部分组成。开头即报告缘由，交待报告的起因、缘由或说明报告的目的、主旨、意义。主体即报告事项，这是报告的主要内容，一般写主要情况，措施与结果，成效与存在的问题；有些还要写经验或教训，意见或建议，打算安排等。报告一般用惯用语"特此报告"、"以上报告，如有不妥，请指正"等结束。

报告写作时内容要真实、具体，重点要突出、有序，不要夹带请示事项。

3. 计划

计划是指用文字和指标等形式所表述的组织以及组织内不同部门和不同成员，在未来一定时期内关于行动方向、内容和方式安排的管理事件。计划按内容分，可分为工作计划、生产计划、科研计划、学习计划等；按执行主体分，可分为国家计划、部门计划、单位计划和个人计划；按时间分，可分为五年计划、年度计划、季度计划、月份计划等；按性质分，可分为综合计划和专题计划；按格式分，可分为条文式计划、表格式计划、条文加表格式计划。

计划的结构一般包括标题、格式、内容和落款4个部分。

4. 总结

总结与计划性对应，是对过去一定时期的工作、学习或思想情况进行回顾、分析，并作出客观评价的书面材料。按内容分，有学习总结、工作总结、思想总结等，按时间分，有年度总结、季度总结、月份总结等。总结的结构也包括标题、开头（引言）、主体、落款4个部分。

小案例

工作总结提升工作地位

曾经有两个销售员是同一天到公司上班的，两个人是老乡，都是陕西人，一个姓王，一个姓肖。两个人开始干的都是派发宣传单的工作，还负责专柜的促销。小王人长得不如小肖帅，但人缘特别好，见了人就笑，是个自来熟，同时他每天作工作总结写心理笔记。如今天见了什么客户？属于什么性格？我采取的营销模式如何？以后遇到同样类型的客户我应该采取哪种更有效的谈话方式？等等。小肖工作特别认真，领导交给的工作会一丝不苟地完成，但一点也不会多干，也不会做业务之外的事情，是一个懂得生活享受的人。

开始两个月，小肖的业绩比小王好，可到了第三个月，小王的业绩就开始超过小肖，半年后，小王的业绩是小肖的两倍还多。公司就升小王为业务经理，可小肖特别不服气，觉得两个人一起到公司，他工作也很认真，为什么只升小王的职？公司销售总监说：这样，你们两人都去同一个镇各开发一家新药店客户，让实力说话。他们两人就准备好样品出发了。第二天，他们同时回来汇报。小肖先说：我已经和药店谈好了，以代销的方式先合作。销量起来后，再现金合作。最终价格需要老板你自己决定。小王说：我总共谈了5家药店，三家药店都同意现金合作，其他两家代销。不过代销的价格要高出现金价格的10%，随后小王把每一个药店的情况作了汇报，还把公司的其他产品也都谈进去了。这时销售总监问小肖：现在你知道公司为什么提拔小王了吗？

美国拿破仑·希尔认为，简历应该包括8个方面的内容：

1. 教育背景。简明扼要的叙述曾经上过的学校、专业以及学习这一专业的理由。

2. 工作经历。要完整地写出与目前应聘职位相关的经历。

3. 推荐信。在简历中应该提供以下人士给自己写的推荐信：以前的经理；教过自己的老师；知名人士。

4. 本人的免冠照片。

5. 明确的应聘职位。不能只说申请工作，要明确地写清楚自己想应聘的职位。

6. 写清楚自己胜任某个或者某些职位的原因，列举自己的优势。

7. 写明自己愿意接受试用。

8. 要对自己申请工作的企业足够的了解。

　　总结的写作要合理安排顺序，在写作时一定要理清思路，合理安排写作结构。要实事求是，所列举的事例和数据都必须完全可靠，确凿无误，而不能弄虚作假、谎报情况、夸大成绩、文过饰非。要找出规律性，必须从理论的高度概括经验教训，得出规律性的认识，才可能指导实践。

5. 自荐书

　　自荐书是介绍自己，自我推销较正式的书信形式，它总结归纳了履历表，并重点突出你的背景材料中与未来雇主最有关系的内容。一份好的自荐书能体现你清晰的思路和良好的表达能力，能反映出你的沟通交际能力和你的性格特征。

　　自荐书主要包括：自荐信、个人简历、本专业介绍、学习成绩、各种奖励、证书、作品等的复印件。

小知识

九大步骤写出动人简历

1. 简历定位	为你的简历定位，明确你到底能干什么，最能干的是什么，如果你也有多个目标，最好写上多份不同的简历，在每一份上突出重点，这将使你的简历更有机会脱颖而出。
2. 用"事件：结果"格式	内容决定一切，简历中一定要有过硬的内容，特别要突出你的能力、成就以及取得的经验，这样才会使你的简历富有特色而更加出众。
3. 让简历醒目	简历的外表不一定要很华丽，但它至少要清楚醒目。审视一下简历的空白处，用这些空白处和边框来强调你的正文，或使用各种字体格式，如斜体、大写、下画线、首字突出、首行缩进或尖头等办法，要用电脑来打印你的简历。
4. 尽量简短	雇主一般只会花30秒来扫视一下你的简历，然后决定是否要面试你，所以简历越简练精悍效果越好。
5. 力求精确	阐述你的技巧、能力、经验时要尽可能准确，不夸大也不误导，不要模糊处理，同时要确信你所写的与你的实际能力及工作水平相符。
6. 强调成功经验	一定要客观和准确地说明你以前的成就，以及取得这些成就的过程中有什么创新、有什么特别的办法，这样的人才一般普遍受到用人单位的青睐。
7. 使用有影响力的词汇	使用如证明的、分析的、线形的、有创造力的和有组织的等词汇，可以提高简历的说服力。
8. 关于个人爱好	如果招聘单位没有特别的要求，不要把个人爱好写在简历上，当然，如果应聘的职位和你的爱好关系比较紧密的话也不妨写上，比如应聘记者时，不妨写上爱好读书、写作等。
9. 最后测试	检查简历是否回答了以下问题：它是否清楚并能够让雇主尽快知道你的能力？是否写清了你要求这份工作的基础？有东西可删除吗？尽力完善简历直到最好。

　　（1）自荐信。自荐信的格式和一般书信大致相同，即称呼、正文、结尾、落款。自荐信的主要内容应包括自己具有用人单位所需要的哪些条件、才能，以及自己对工作的态度。

　　成功的自荐信应该表明自己乐意同将来的同事合作，并愿意为事业而奉献自己的聪明才智。

（2）个人简历。简历，顾名思义，就是对个人学历、经历、特长、爱好及其他有关情况所作的简明扼要的书面介绍。

（三）信息的电子传递

随着互联网的极速发展，通过互联网进行信息的电子传递逐渐成为人们信息交流的重要方式，其中电子邮件、微博、博客、即时通信软件等在人们的日常生活或工作中越来越成为必不可少的交流工具。

1. 电子邮件

电子邮件（electronic mail，简称 E-mail，标志：@）是一种用电子手段提供信息交换的通信方式，是 Internet 应用最广的服务。通过网络的电子邮件系统，用户可以用非常低廉的价格（不管发送到哪里，都只需负担网费即可），以非常快速的方式（几秒钟之内可以发送到世界上任何你指定的目的地），与世界上任何一个角落的网络用户联系。电子邮件不仅可以传递文字信息，还可以传递图像、声音、动画等多媒体信息。

小案例

1987年9月20日，中国第一封电子邮件是由"德国互联网之父"维纳·措恩与王运丰在北京的计算机应用技术研究所发往德国卡尔斯鲁厄大学的，其内容为英文。原文：Across the Great Wall we can reach every corner in the world.（跨越长城，走向世界。）这是中国通过北京与德国卡尔斯鲁厄大学之间的网络连接，向全球科学网发出的第一封电子邮件。

2. 微博

微博，即微博客（MicroBlog）的简称，是一个基于用户关系的信息分享、传播以及获取平台，用户可以通过 WEB、WAP 以及各种客户端组建个人社区，以140字左右的文字更新信息，并实现即时分享。最早也是最著名的微博是美国的 twitter。2009年8月，中国最大的门户网站新浪网推出"新浪微博"，成为门户网站中第一家提供微博服务的网站，微博正式进入中文上网主流人群视野。至2013年上半年，新浪微博注册用户达到5.36亿，微博成为网民上网的主要活动之一。

微博在信息的传递中具有以下特点：

（1）信息获取具有很强的自主性、选择性，用户可以根据自己的兴趣偏好，依据对方发布内容的类别与质量，来选择是否"关注"某用户，并可以对所有"关注"的用户群进行分类。

（2）信息传递的影响力具有很大弹性，与内容质量高度相关。其影响力基于用户现有的被"关注"的数量。用户发布信息的吸引力、新闻

常见的电子邮件协议有以下几种：

SMTP（Simple Mail Transfer Protocol）：主要负责底层的邮件系统如何将邮件从一台机器传至另外一台机器。

POP（Post Office Protocol）：目前的版本为POP3，POP3是把邮件从电子邮箱中传输到本地计算机的协议。

IMAP（Internet Message Access Protocol）：目前的版本为IMAP4，是POP3的一种替代协议，提供了邮件检索和邮件处理的新功能，这样用户可以完全不必下载邮件正文就可以看到邮件的标题摘要，从邮件客户端软件就可以对服务器上的邮件和文件夹目录等进行操作。

性越强，对该用户感兴趣、关注该用户的人数也越多，影响力越大。

（3）内容短小精悍。微博的内容限定为140字左右，内容简短，不需长篇大论，门槛较低。

（4）信息共享便捷迅速。可以在任何时间、任何地点即时发布信息，其信息发布速度超过传统纸媒及网络媒体。

3. 博客

博客（Blog），是一种通常由个人管理、不定期张贴新的文章的网站。这些张贴的文章都按照年份和日期倒序排列。Blog的内容和目的有很大的不同，从对其他网站的超级链接和评论，有关公司、个人构想到日记、照片、诗歌、散文，甚至科幻小说的发表或张贴都有。博客结合了文字、图像、其他博客或网站的链接及其他与主题相关的媒体，能够让读者以互动的方式留下意见，是社会媒体网络的一部分。

小案例

手拉手、心连心
——百万博客共建绵竹灾区木屋学校特别行动

5·12汶川地震，多少活泼可爱的孩子瞬间失去了他们热爱的课堂……地震无情人有情，我们万众一心，众志成城；我们手拉手，心连心，共同为灾区重建希望小学，让更多的孩子早日回到校园怀抱，让灾区同胞感受我们的真诚和友爱。

由四川德阳市教育局、绵竹市教育局发起主办，杭州港龙工艺品有限公司和企博网承办，以及诸多媒体共同支持参与的"手拉手，心连心——百万博客共建灾区爱心木屋小学行动"全面展开。

博友通过撰写有关在现场的亲身经历，看了新闻后的感受，捐血、捐款、捐物的动人事迹等有关各种表现坚强、亲情等展现人性光辉的事迹文章或者发表对灾区人们的祝福，杭州港龙和企博网则联合捐出相应慈善款用于爱心木屋小学的建造上。其中写一篇博文可为灾区获得100元建造款，发表一条祝福可获得10元的建造款。

活动仅持续23天，共收到爱心博文916篇，爱心祝愿116873条，杭州港龙和企博网126万工程建设款如数捐出。

博客的作用体现在四个方面：个人自由表达和出版；知识过滤与积累；深度交流沟通的网络新方式；博客营销。要真正了解什么是博客，最佳的方式就是实践，找一个博客托管网站，申请注册一个自己的博客账号。

4. 即时通信软件

即时通信（Instant Messaging，IM）是一个实时通信系统，允许两人或多人使用网络实时的传递文字信息、文件、语音与视频交流。在互联网上先后出现了几十种提供实时通信服务的软件，其中影响较大的有QQ、淘宝旺旺、飞信、微信等。在中国影响最大、使用最广的还

> **微信**
> 微信是腾讯公司于2011年1月21日推出的一个为智能终端提供即时通讯服务的免费应用程序，微信支持跨通信运营商、跨操作系统平台通过网络快速发送免费（需消耗少量网络流量）语音短信、视频、图片和文字。
> 微信提供公众平台、朋友圈、消息推送等功能，用户可以通过"摇一摇"、"搜索号码"、"附近的人"、扫二维码方式添加好友和关注公众平台，同时微信将内容分享给好友以及将用户看到的精彩内容分享到微信朋友圈。
> 截至2013年11月注册用户量已经突破6亿，是亚洲地区最大用户群体的移动即时通讯软件。

是 QQ。

QQ 是深圳市腾讯计算机系统有限公司开发的一款基于 Internet 的即时通信软件。腾讯 QQ 支持在线聊天、视频电话、点对点断点续传文件、共享文件、网络硬盘、自定义面板、QQ 邮箱等多种功能，并可与移动通讯终端等多种通信方式相连。

（四）信息在决策中的作用

信息与决策具有相互支持和相互依赖的关系，决策者只有快速准确地获得信息，有效地利用信息，适时把握决策时机，才能获得较好的决策效益。

信息遍及科学、技术、生产、军事、经济、文化、教育等领域，在这些领域中，任何的决策都是与之相关的信息共生共存的。

> 一个成功的决策，等于 90% 的信息加上 10% 的直觉。
> ——[美] 沃尔森

例如，在引进国外的先进技术和先进设备以前，必须摸清国内外该项技术的或设备的性能、特点、技术经济指标、适用范围等，并对各国同类技术或设备的各项指标进行比较，才能是引进工作建立在科学的基础上，而不致上当受骗。

决策是一个过程，在决策的各个阶段都应该重视信息，在决策前，要发挥信息的超前作用，不仅能促成决策及早完成，还有助于决策者更新知识，开阔眼界，启发思路，增强判断能力；在决策中，要发挥信息的跟踪作用，要在确立目标、准备方案和选定方案每一个阶段都进行信息跟踪；在决策后，要发挥信息的反馈作用，在实践中不断补充和完善决策，最终完美实现目标。

> 不认真调查研究不决策，不经过专家咨询论证不决策，不制定两个以上可行性方案不决策。

二、案例分析 Case Study

案例：一个成功的电话营销案例

下面是一个打印机公司营销员向已购买该公司打印机的客户进行售后反馈和再次营销的案例。

营销员："您好，请问，李峰先生在吗？"

李峰："我就是，您是哪位？"

营销员："我是 ×× 公司打印机客户服务部章程，就是公司章程的章程，我这里有您的资料记录，你们公司去年购买的 ×× 公司打印机，对吗？"

李峰："哦，是，对呀！"

章程："保修期已经过去了 7 个月，不知道现在打印机使用的情况如何？"

> 选择了准确的决策目标，是通向经营成功的第一道门。打开这一大门的关键靠决策者的眼光和判断力。

李峰："好像你们来维修过一次，后来就没有问题了。"

章程："那就好。我给您打电话的目的是，这个型号的机器已经不再生产了，以后的配件也比较昂贵，提醒您在使用时要尽量按照操作规程，您在使用时阅读过使用手册吗？"

李峰："没有呀，不会这样复杂吧？还要阅读使用手册？"

章程："其实，还是有必要的，实在不阅读也是可以的，但寿命就会降低。"

李峰："我们也没有指望用一辈子，不过，最近业务还是比较多，如果坏了怎么办呢？"

章程："没有关系，我们还是会上门维修的，虽然收取一定的费用，但比购买一台全新的还是便宜的。"

李峰："对了，现在再买一台全新的打印机什么价格？"

章程："要看您需要什么型号的，您现在使用的是 ×× 公司33330，后续升级的产品是4100，不过还要看一个月大约打印多少张。"

李峰："最近的量开始大起来了，有的时候超过10000张了。"

章程："要是这样，我还真要建议您考虑4100了，4100的建议使用量是一个月15000张，而3330的建议使用量是10000张，如果超过了会严重影响打印机的寿命。"

李峰："你能否给我留一个电话号码，年底我可能考虑再买一台，也许就是后续产品。"

章程："我的电话号码是888××××转999。我查看一下，对了，你是老客户，年底还有一些特殊的照顾，不知道你何时可以确定要购买，也许我可以将一些好的政策给你保留一下。"

李峰："什么照顾？"

章程："4100型号，渠道营销价格是12150元，如果作为3330的使用者购买的话，可以给您打八折或者赠送一些您需要的外部设备，主要看您的具体需要。这样吧，您考虑一下，然后再联系我。"

李峰："等一下，这样我要计算一下，我在另外一个地方的办公室也要添加一台打印机以方便营销部的人，这样吧，基本上就确定了，是你送货还是我们来取？"

章程："都可以，如果您不方便，还是我们过来吧，以前也来过，容易找的。看送到哪里，什么时间好？"

后面的对话就是具体的落实交货的地点时间等事宜了。

这个营销员仅用3分钟就完成了一台打印机的电话营销，在这个过程中，该营销员对于电话营销的把控是非常到位的，特别是在信息的传递过程，做到了重点突出、简明扼要。

> 做任何决策，都应该符合逻辑、客观、现实，不受情绪的影响与干扰，始终保持冷静、客观的态度。

> 成功的决策就是发现机遇，抓住机遇。

三、过程训练 Process Training

活动一：即兴演讲训练

从下列题目中任选一题，准备3～5分钟，在全班学员面前进行即兴演讲。

1. 你觉得你们专业的弱点是什么？应该朝什么方向发展？

2. 有位哲人说："真正让我疲惫的，不是遥远的路途，而是鞋子里的一粒沙。"体会其中的深意，并以此为话题演讲。

3. 张爱玲女士曾经说过这样一句话："对于三十岁以后的人来说，十年八年不过是指缝间的事，而对于年轻人而言，三年五年就可以是一生一世。"请以此为话题进行演讲。

4. 人生的道路上，处处可能遇上不可磨灭的创伤。有句话却说："每一种创伤，都是一种成熟。"您同意这种说法吗？说说你的看法。

5. 幸福不是长生不老，不是大鱼大肉，不是权倾朝野。幸福是每一个微小的生活愿望达成。当你想吃的时候有的吃，想被爱的时候有人来爱你。请以此为话题演讲。

6. 阐述你对"免费是世界上最昂贵的东西"这句话的理解。

7. Dream big，fly high.（大胆梦想，尽情飞翔。）请谈谈你的看法。

活动二：利用"5W"法进行自我职业决策

（一）活动目的

1. 了解职业决策的相关内容。

2. 学习使用"5W"法进行自我职业决策。

（二）活动过程

1. 根据自己的实际情况，按照"5W"法进行职业决策，并做出详细的决策过程。

2. 小组讨论，并将自己的决策过程向其他学员分享。

3. 教师总结。

提示："5W"是指 Who am I（我是谁）、What will I do（我想做什么）、What can I do（我会做什么）、What does the situation allow me to do（环境支持或允许我做什么）和 What is the plan of my career and life（我的职业与生活规划是什么）。

> 决断前提出5"W"，可有效减少决断失误。
>
> 一问要做"何事"（What）。明确决策目标。
>
> 二问"为何"（Why）。把握决策方向和目的，其价值才能显现出来。
>
> 三问"何人"（Who）。明确由谁决策、由谁负责、由谁执行、由谁监督。
>
> 四问"何时"（When）。强化决断的时效性，决策质量与决策时机密切相关。
>
> 五问"何处"（Where）。界定决策环境和地点。

四、效果评估 Performance Evaluation

评估：信息与决策测评

（一）情景描述

老秦有一笔六十万资金，准备投资做工厂或开公司，这个消息被人知道后，立即有许多人拿着项目来找老秦，这些项目如下：

1. 一种清肺利脾的功能型保健茶；

2. 一项能够让手机接收到电视信号的专利技术；

3. 一种微循环的饲料快速生成技术；

4. 一个已经有订单的注塑项目；

5. 一家女性化妆品的生产企业要求融资合作；

6. 一个政府公职人员提出来的政务软件开发项目；

7. 一个有国家政策支持的新型耐火材料的生产项目；

8. 一种能够保护并延长轿车的零部器件使用寿命的新型机油；

9. 南方某政府推出的可由个体投资的公司建设项目；

10. 一个教育部非常重视的少年德育教育项目；

11. 一种仿古家具的制造工艺及生产；

12. 一种外国人趋之若鹜的传统食品开发及生产；

13. 一个专为生产企业提供模具开发与制造的传统项目；

14. 一家国外专利装饰产品正在寻求海内代理商；

15. 一个关于千年古城的旅游开发服务项目；

16. 在繁荣地段开办一家酒楼；

17. 一种具声电效果的滚动广告服务项目；

18. 市郊一片荒地正在招租；

19. 一种全新的用来监测患者血压的医疗专利器械；

20. 一家专为小企业提供服务的典当行。

请你在20分钟之内，回答老秦可以考虑投资的项目有哪几个？

> 作为一个老练的决策者，其声望的确立，往往不仅以所作决策的卓有成效为基础，而且以运筹惟性过程中敏捷、果敢的风度为基础。
>
> ——［美］马克·麦考马克

（二）评估标准及结果分析

本组项目以六十万的投入划线，可分为四类：

序号	类型描述	项目号	每项得分
1	六十万的投入可完成全部操作	5、10、12、16、17	2
2	六十万的投入可完成前期投入	4、7、8、11、14	1
3	六十万的投入不足	1、2、15、19	0
4	六十万的投入远远不足	3、6、9、13、18、20	-2

10分以上，对信息认知和判断能力极强，能完美作出决策。

10～5分之间，对信息认知和判断能力较强，能进行复杂决策。

5～0分之间，对信息认知和判断能力一般，能进行一般决策。

0分以下，对信息认知和判断能力极强，决策能力有待提高。

思考与练习

1. 获取信息最关键的是要明确信息任务的目的，如何才能更好地理解信息任务？

2. 通过不同的方法获取的信息可能会有所区别，你能对不同方法获取的信息进行鉴别吗？

3. 信息分析的方法很多，针对不同的情况，可以选择不同的分析方法，那么如何进行选择呢？

4. 在选择信息展示的方式时，应主要考虑哪方面的问题？

5. 试采用"5W"法对自己以后的职业选择情况进行分析。

作业

（一）作业描述

根据本章的学习内容从下面几个任务中任选一个，完成从信息获取、处理、分析、展示到传递的全过程。

任务1： 班主任要求就"厉行节约、反对浪费"为主题设计一期黑板报，要求主题鲜明，内容翔实，案例典型，设计简洁明快。

任务2： 公务员考试越来越受到大家的欢迎，请对本专业最近3年的毕业生考取公务员情况进行调查，并分析公务员考试对就业的贡献率，撰写分析报告为学校就业指导提供参考。

任务3： 随着互联网的发展在线教育成为人们学习的重要途径，请对我们近年来在线教育的发展情况进行调查，并将调查结果通过电子邮件发给全班每一个同学。

（二）作业要求

1. 可2～3人组成一个小组合作分工。

2. 完整记录任务完成的过程。

> 池馆寂寥三月尽，落花重叠盖莓苔。惜春眷恋不忍扫，感物心情无计开。梦断美人沈信息，目穿长路倚楼台。琅玕绣段安可得，流水浮云共不回。
> ——（南唐）李中《暮春怀故人》（信息一词最早的出处）

第七章　执行力——达成组织目标

在这个瞬息万变、日新月异的社会，我们经常会听到有关"效率"、"速度"的字眼，而提高效率和速度的关键是高水平的执行。执行力就是按时、按质、按量地完成上级交办的工作任务。执行力包含完成任务的意愿、完成任务的能力和完成任务的程度。个人执行力的强弱取决于两个要素，个人能力和工作态度，其中能力是基础，态度是关键。

泰戈尔说："仅仅站在那儿望着大海，你是无法横渡它的。"临渊羡鱼，不如退而结网。比尔·盖茨也说过："在未来的10年内，我们所面临的挑战就是执行力。"要成为一名成功者，不一定需要具备多么高的智商或者高明的社交技巧，但一定要具备很强的执行力。

执行力是职业素养的重要组成部分，是每位职场人所必需的主要能力之一。执行力的高低不是天生的，它是可以在实践过程中逐步提高和培养的优良品质。如何提高执行力，做行动的巨人呢？那就需要培养规划时间的能力、锁定目标快速行动的能力、在行动中关注细节和提高效率的能力。强大的执行力，会让你在职场中得到更多的认可和欢迎，为你开启事业的成功和美好的未来。

> 制定正确的战略固然重要，但更重要的是战略的执行。
> ——杨元庆

本章知识要点：
- 时间
- 时间管理矩阵
- 80/20法则
- 目标
- 执行方案
- 细节管理

第一节 时间管理与利用

职场在线

　　我叫王力，在一家公司担任销售业务主管。每一天都感觉非常疲劳，而且销售经理对我的绩效好像还不是很满意，所以我今天想把制订的一份计划出来与大家分享一下，请大家指正一下我的工作中有哪些不足。

　　昨天晚上，也就是星期天的晚上，我自己在家制订了一个一周的工作计划。今天上午一上班，首先先修正一下我的计划，然后再做今天一天的工作计划，下面是我的一天工作计划的一个清单。

　　首先我今天必须拿出3个小时的时间来制定一份与华金公司价格谈判的工作准备，同时还要做出跟他签约的准备；我还要拿出2个小时的时间做一份给中实公司的合作协议书，而且要在下午上班之前传给对方；另外我还要用将近1个小时的时间通过电话拜访12个客户；中午的时候我要和销售经理共度午餐，大概用1.5小时来探讨一个关于促销的活动；同时我还要阅读一下公司里的内部文件、内部刊物，这大概要10分钟时间；同时因为我并不是每时每刻都在办公室，我还要接听一下我的电话留言，并且做一下记录，这大概要15分钟；我还要把我的一些工作文件整理归档，我估计要1小时的时间；同时今天还有一个工作计划的改动，原订于周五的一个业务工作会议，被调整到今天下午的三点钟；同时还要处理一下我的一个大客户他原订于本月5号要到的货没有到，我要处理这个事情，这两件事总计要2小时的时间；同时还要跟我的业务人员共同讨论一个索赔的案件，这个要占用我1小时的时间；而早上我刚进办公室的时候，人力资源部的经理找到我，说在明天上午前一定要我把新员工的工作表现报告写出来交给他，这最起码要占用我1小时的时间；另外我在写今天的工作计划时，我的经理进来了，要求我今天必须拿出近三个月的业绩报告。我没有细算，也没有仔细看具体今天要用多少时间，但我知道我今天恐怕又是一个不眠之夜了。

　　你在日常的工作和生活中是否遇到与王力同样的烦恼？如何避免出现"没时间"、"太忙"、"计划赶不上变化"等类似的问题，是每个人都必须面对的。这需要我们管理自己的时间，通过时间管理来决定自己该做什么事情，不该做什么事情，让时间更有效地被运用。

> 时间是最高贵而有限的资源，不能管理时间，便什么都不能管理。
>
> ——[美]彼德·德鲁克

一、能力目标 Competency Goal

时间是人们所拥有的宝贵财富，它不受制于任何人，也不同情和讨好任何人，不管对谁，它都按照自身的逻辑流逝。时间对每个人来说都是平等的，珍惜时间的人会得到无穷无尽的财富，而浪费时间的人将一无所有。管理学大师彼得·德鲁克曾说过："不能管理时间，便什么也不能管理。时间是世界上最短缺的资源，除非严加管理，否则就会一事无成。"

> 我们无法使时光倒流，也不能使时光缓慢，但我们却可以控制它的"流向"。通过时间管理，让时光流向更有意义的地方。
> ——[美]戴尔.卡耐基

（一）明确时间管理的误区

管好时间，最重要的措施之一是减少不必要的时间浪费，随时警惕"时间的窃贼"。

1.时间的价值

人们每天有24小时，每小时有60分钟，每分钟有60秒，一天总计是8.64万秒。与其他资源相比，时间更容易被人们忽略，因此，我们要学会计算自己的时间价值，加倍珍惜生命中的一分一秒，从而让自己的时间增值。

2.认识时间管理

（1）时间管理≠管理时间。时间管理是指通过事先规划并运用一定的技巧、方法与工具实现对时间的灵活以及有效运用，从而实现个人或组织的既定目标。

时间管理的对象不是"时间"，或者说时间管理不是在管理时间。这是由于时间总是按照一定的速率光临，并且按照同一速率消失，所以时间本身是无法管理的。

时间管理本质上是面对时间所进行的"自我管理者的管理"，就是人们必须引进新的工作方式和生活习惯，包括制定目标、周密计划、合理分配时间、权衡轻重和权力下放，加上自我约束、持之以恒，这样才能事半功倍，提高效率，在真正意义上把握时间。

▶ **小资料**

我们每个人终其一生都要到一家银行去上班，这家银行就是"时间银行"。每天早上，"时间银行"总会为你的账户里自动存入86400秒，一到晚上，它又会自动地把给你的时间货币全额注销，你一分一秒都不能结转到明天，也不能提前预支片刻。所以，我们唯一可以做的就是把眼前的一分一秒科学、合理、有效、充分地利用好，按优先顺序来完成各种事务。

（2）时间管理的关键就是事件的控制，即把每一件事情都能够控制得很好。例如，如何安排你的生活、怎样去规划你的职业生涯或者工作的步骤，关键是合理有效地利用可以支配的时间。时间管理的核心就是要分清事情的轻重缓急，排列出优先顺序。

> 时间是最不偏私的，给任何人都是24小时，同时时间是最偏私的，给任何人都不是24小时。
> ——[英]赫胥黎

▶ 小故事

美国著名时间管理专家尤金·葛里斯曼曾对数百人提出过："要是你今天就去世，你最后悔的是什么？"

结果很多人的回答是："我后悔没有多读点书。""没有好好约束自己。""没有多尝试新事物。""没有花更多的时间与家人相处。"等等。

这些结果都说明了一点：受访者均后悔没有好好利用时间、争取时间，并利用这些时间做应该做的事情，如果仔细分析一下，就会发现，问题不在于有没有时间，而是在分配和使用时间上出了问题。成功人士秘诀之一就是善于利用时间。成功人士懂得运用时间这个最有价值的资产。

> 我们拥有足够的时间，只是要善加利用。
> ——[德]歌德

（3）时间管理能力的高低是衡量个人执行力的重要标准。通过时间管理，能增强人们的时间观念，合理高效地安排工作，用最少的时间完成最大化的任务，从而提升职场执行能力。

3."时间都去哪了？"

提高时间利用的效率，需要在实际工作中尽可能避免时间管理的误区。时间管理误区是指导致时间浪费的各种因素。下面是常见的时间管理误区：

工作缺乏计划	计划是对未来行动方案的一种说明，也是未来行动纲领的先期决策。如果缺乏计划，常常会盲目地工作，不仅浪费时间，而且会导致一事无成。
组织工作不当	工作目的、工作任务明确之后，能否顺利完成，就在于能否进行合理的组织工作。组织工作不当主要体现在四个方面，即工作内容重复、事必躬亲、沟通不良、工作时断时续。当组织工作中出现这些问题时，势必浪费很多时间。
时间控制不够	在时间控制方面人们容易陷入某些陷阱，如习惯于拖延时间、不擅处理不速之客或电话的打扰，以及被泛滥的"会议"困扰。对于这类问题，主要从培养个人紧迫意识、保持工作快节奏、克服决策犹豫等方面着手。
梳理整顿不足	办公空间的杂乱无章与办公空间的大小无关，因为杂乱是人为造成的。如果需要参阅一份资料时，要将所有文件夹、资料柜逐个翻遍才能找到，那就需要尽快设计一套管理系统，包括纸面文件夹和电脑文件夹。
不能拒绝请托	有的请托是职务所系责无旁贷的，有的虽然也是职务所系，但请托本身不合时宜或不合情理，有的则是无义务履行的请托。后两类请托经常会引起困扰。拒绝请托是保障自身工作、学习时间的有效手段。若勉强接纳他人请托无疑会干扰自己的工作。改变这种状况，需要改变观念，要有自己的行事原则，学会如何拒绝。
进取意识不强	"人最大的敌人就是自己"。有些人让时间白白流逝，根源在于缺乏进取意识，缺乏对工作和生活的责任感和认真态度。培养进取意识一定认清自己前进的目标，克服惰性，坚持不懈地追求。

（二）掌握时间管理的法则

1. 分清事情的轻重缓急——时间管理矩阵

美国科学家柯维博士提出了时间管理四象限法则，将工作按照"紧急性"和"重要性"两个维度进行划分，执行者可以对待办事项进行分类，进而形成时间管理矩阵。

> 时间管理其实就是做决策，是决策哪些事情重要，哪些事情不重要。

时间管理矩阵

Ⅱ（不紧急·重要）	Ⅰ（紧急·重要）
准备工作；人际关系的建立；增进自己的能力；制订计划；未雨绸缪的工作；改进流程；挖掘机会；关注变化；学习、健康、家庭、休闲等。	突发的危机事件；有时间要求的工作计划；事关大局的紧迫问题；限期完成的会议或工作等。
Ⅳ（不紧急·不重要）	Ⅲ（紧急·不重要）
忙碌琐碎的事；广告函件；闲聊；逃避性活动某些烦琐的事；某些应付差事的会议；某些推销或闲聊的拜访或电话；有趣但无意义的活动等。	造成干扰的事、电话；某些信件、文件、报告；某些会议的出席；许多迫在眉睫的急事；下属的请示汇报；不速之客；某些会议、电话、信件、邮件；某些宴会、论坛、演讲等。

执行时间管理矩阵遵循的步骤：

（1）将有待完成的事项列成一份清单；

（2）绘制时间管理矩阵草图，根据每一个待办事项的重要程度和紧迫程度的差异，将其填入4个象限的不同位置；

（3）根据待办事项所在象限的位置，确定它们的优先顺序；

（4）根据优先顺序逐步推进各类事件的执行。

时间管理的优先矩阵中，各象限的特征比较明显，执行者可以根据事情所在象限进行轻重缓急的安排。

2. 花最少的时间、解决最大的问题——80/20法则

19世纪意大利经济学家帕累托（Pareto）发现：80%的财富掌握在20%的人手中。从此这种80/20规则在许多情况下得到广泛应用。在时间管理中，也有一个80/20法则，大约20%的重要项目能带来整个工作成果的80%，并且在很多情况下，工作的头20%时间会带来所有效益的80%。

> 人生太短暂，要多想办法，用极少的时间办更多的事情。
> ——[美]爱迪生

美国一名叫威廉·努尔的企业家，最初他在公司销售油漆的时候，第一个月他只赚了160美金。他仔细分析了自己的销售原因，做了一个销售图表。他发现80%的收益来自20%的顾客，但是他却对所有的客户花了同样的时间。于是他把最不活跃的36个客户重新分配给其他销售员，而自己把精力重点摆在那20%的顾客。不久，他一个月就赚到了1000美金。威廉·努尔从未放弃这个原则，后来他成为这家公司的董事局主席。

3. 抓大放小——ABCD 时间管理法

在安排计划的优先顺序时，有一种简单的"ABCD法"非常实用。所谓"ABCD法"，是根据自己的目标，将计划中最为主要的事情归于 A 类，如果 A 类事情没有完成，后果会非常严重；次要的事情归于 B 类，它们需要你去做，但如果没有完成，后果也不会太严重；把那些做了更好、不做也行，做不做都不会产生太大影响的事情归于 C 类；把可以交给别人去完成，或完全可以取消、做不做没有差别的事情归为 D 类。

> 一个人的生命是有限的。如果我们浪费时间，工作和生活总是被那些琐碎的、毫无意义的事情所占据，那么我们就没有精力去做真正重要的事情了。

经过这样的筛选分类之后，就免去了考虑应该先做什么事情的时间。只要看一看计划表，就能够很快得知自己该进行哪一项工作了。

成功应用"ABCD"工作分类法的关键在于必须严格遵守，每天在开展工作以前一定要将工作清单根据上述分类法加以清楚标示，接着从 A 类工作开始做起，一次只专心做一件事。当 A 类事项100%完成后，再依序完成其他事项，尽快授权或委托他人处理 D 类事项，可以取消的就尽量取消。

（三）养成时间管理的习惯

1. 克服拖延

现代职场中，许多人有一种不良的工作作风——拖延。对每一个渴望拥有较强执行力的人来说，拖延是最致命的。拖延并不能使问题消失，也不能使解决问题变得容易起来，它只会使问题扩大，给工作造成严重的危害。

> 简单的事拖延不做，就变成难做的事。难做的事拖延不做，就成了不可能的任务。
> ——[美]克劳德

要想成为一名优秀的有执行力的工作人员，必须丢掉借口，改掉拖延的毛病，养成积极行动的好习惯。

（1）合理规划。将要做的事进行规划安排，能马上做的就马上做，不能马上做的，定下明确的时间。

（2）化整为零。将繁杂的工作，适当分解为许多小的工作，有计划、有步骤地完成任务。

（3）限时完成任务。给自己一定的激励和约束。自己限定完成时间，如果按时完成则给自己奖励，否则给自己惩罚。

▶ **小案例**

　　海尔公司的企业文化中强调逐日完成计划的习惯：即 OEC 管理的日清、日结、日高。海尔教导他们的员工提高效率，今天要把今天的事情完成，而且要比昨天更进步。提高效率就是节约时间。他们运用每日计划完成他们的工作，如果员工没有做好，主管就会要求他站在公司里一种叫做 6S 大脚印上面，检讨一下为什么今天的工作没有完成，为什么进度没有完成，要怎么样做才能做得更好。

2. 善用空当时间

　　很多人将空当时间以等待虚耗过去，其实，这部分时间也可以被纳入工作时间计划里，如能善加利用，将可最大限度地提高工作效率。

> 抛弃时间的人，时间也抛弃他。
> ——[英]莎士比亚

　　（1）善用一切空当时间。我们需要采用一切可能的方式和手段充分利用每一分钟。

　　并列式，即在同一时间里做两件事，比如在做饭、散步，或者是上下班的路上，都可以适当地一心两用。

　　嵌入式，即在空白的零碎时间里加进充实的内容。

　　压缩式，即在必要的时候延长自己某次活动的时间，把期间的零碎时间压缩到最低限度，免去很长的过渡时间。

▶ **小练习**

找出你的时间数字

　＊你每天需要花费多长时间睡觉才觉得舒适？

　＊你在一天中的什么时段精力最充沛、反应最敏锐？

　＊开始一项工作时，记录自己中途中断了多少次，每次多少时间？

　＊每天供你自己支配、自己负责的时间有多少个小时？

　＊你平均每天用多少时间计划以后的时间安排？

　＊你每天花多长时间与家人、同事、朋友交流？

　＊你每天花多少时间保护自己的健康？

　　继续扩展思路，找出更多与你的时间有关的数字，记录下来，利用空当时间，提高时间利用的效率。

> 卓有成效的管理者懂得，要使用好他的时间，他首先必须要知道自己的时间实际上是怎样花掉的。
> ——[美]彼得·德鲁克

　　（2）逆势操作赚来时间。将逆势操作原则运用在时间管理上，就是别人干这件事的时候我偏不去干，等没人干的时候我再去干。

　　在大多数职员外出午餐时，使用打印机或复印机；在人潮涌入餐厅前或餐厅人较少时吃饭，这样会大大减少等待的时间；早上上班时早出发半个小时，这样可能比别人提前40～50分钟到；比别人早到一个小时，或者晚走一个小时，在这一个小时里没有人打扰，可以静下心来仔细地考虑一些事情，处理信件和邮件。

阅读材料

古往今来，一切有成就的学问家都是善于利用零碎时间的。东汉学者董遇，幼时双亲去世，但他好学不倦，利用一切可以利用的时间。他曾经说："我是利用'三余'来学习的。""三余"，即"冬者岁之余，夜者日之余，阴雨者晴之余"。也就是说在冬闲、晚上、阴雨天不能外出劳作的时候，他都用来学习，这样日积月累，终有所成。北宋卓越的文学家、史学家欧阳修的读书"三上法"。所谓"三上"，就是指马上、枕上、厕上。"三上读书法"给人的启示是人们读书要善于利用零星时间，做到时时可读书，处处能读书。

（3）合零为整。日常工作中，人们总会被一些琐事牵绊，它们不是很重要，但又必须去做。这些事情虽然不需要花费很多时间，做起来也并不复杂，但它们造成了时间的分散，打断工作思路。

解决这个问题，可用一种时间游击战——合零为整的办法，也就是说，和时间打游击战，将工作中无关紧要但不得不做的事情集中起来，在特定的时间内一并完成。这有助于处理工作中的种种琐事，节约时间，提高工作效率。

3. 让每分钟更有价值

李开复说过：我一直认为"人生的时间是有限并不可变的，所以要有效率地用每一分钟，不用好就是一种浪费"。

充分利用每一分钟，让每一分钟都体现出应有的价值，提升单位时间内的价值产出，缩短取得成果所需要耗费的时间，提升行动速度，在有限的时间内尽可能做更多的事情，提高执行效率。

> 时间是由分秒积成的，善于利用零星时间的人，才会做出更大的成绩来。
> ——华罗庚

> 你热爱生命吗？那就不要浪费时间，因为它是构成生命的材料。
> ——［美］富兰克林

小案例

有一位经济学家做了一个实验。他在银行兑换了100张钱。这100张钱里有99张是1元的，有1张是100元的。他拿着这100张钱来到一个大商场前，先说明了这100张钱的情况，然后撒了出去。人们都上前哄抢，这时就会发现，大家几乎都朝那1张100元钞票跑过去，去抢那张100元的钞票。因为大家都清楚就是把所有的1元钞票抢到手，也不如1张100元的多。一张一张地捡小钞比抢那1张100元大钞费力多了，更何况，根本就不可能把所有1元1张的钞票都抢到手。

二、案例分析 Case Study

案例一：谁偷走了小吴的时间？

小吴在公司人力资源部上班，由于刚进入公司不久，很多人事制度并不熟悉，所以他打算利用周末的时间认真学习一下。至于学习什么、怎么学他并没有明确的计划，反正只要学习人力资源管理的有关知识就可以了！

周六九点钟，他准时坐在书桌前，但看到自己的书桌非常零乱，他心想不如先整理一下，为自己创造一个干净舒适的学习环境。30分钟后书桌变得非常干净整洁了。他寻思着应该先学习一下人力资源的招聘知识，因为相关的学习资料前几天他已经整理好存放在电脑里了。于是他打开电脑，但却忘记放在哪个文档中了，搜寻了20分钟也没有找到。小吴非常烦躁，于是起身到客厅喝水，顺便拿起爸爸刚买的足球报进行翻阅，反正是边喝水边看，不会影响的。但不知不觉间，等他看完报纸时，他突然发现时间已经到了十点半钟，天哪，我还没有看一点相关资料呢！小吴内疚极了，赶紧上网重新查找相关的招聘信息，这么一查就到了十二点钟，妈妈已经在吆喝吃饭了。

吃过午饭，小吴不打算午休，但他又突然不想学习招聘的知识了，因为他在公司主要从事绩效考核的工作，还是先把绩效管理的知识学好才是最重要的。小吴于是找了一本绩效考核的书看了起来，但刚刚看了一会儿，一个好朋友打来电话和他神聊了半个小时。带着愉快的心情他挂了电话，又看到昨天来的表弟正在玩游戏，这个游戏以前他可是霸王，没有人能玩过他，于是他很自豪地为表弟演示了一下，就这样半个小时又过去了。当他开始继续学习的时候，妈妈让他帮忙把客厅清扫一遍，他并没有拒绝。这样半个小时又过去了，等到继续学习时，他的眼皮开始打架，他想反正是周末，不如好好休息下吧，等精神饱满了再学。睡梦中，他被电话吵醒，原来几个朋友约好今天下午踢球，就等他了……

小吴走进了哪些时间管理的误区？你曾经有过这样的经历吗？小吴该如何避免时间的浪费？

案例二：张经理的难题

张经理是珠海某著名四星级酒店的客房部经理，7月某天上午8：00，他刚踏入办公室，秘书小李就风风火火地跑进来，兴奋地说："国家正式发布消息，非典得到全面控制，一切警戒全部解除，要将重点转到

有一个贼，它偷去了人们最宝贵的东西却从不曾受到惩罚：这个贼就是时间。
——[法]拿破仑·波拿巴

227

恢复正常的经济工作上去。"张经理还没好好感受这好消息，一系列的难题就来了：

上午9点有一个日本旅游团50人入住，其中45人是一家三口组成，需要15间家庭套房，但客房部今天剩余的家庭套房只有10间，12点之前肯定腾不出房。这个问题该怎么解决？

旅游局通知，今天上午9点召开全市酒店工作会议，会议议题是非典过后各酒店如何恢复生产，迎接可能到来的旅游高峰。总经理要求张经理代表酒店出席并准备发言。

总经理秘书来电话说，老总明天要出差，希望能有时间与张经理讨论客房部如何完成下半年的营运目标的问题。

公关部经理来电说，酒店准备与南方航空公司在广州、北京、上海推出"浪漫珠海新感觉，机票＋酒店套餐"，广告稿已经设计出来，需要他来定。

人力资源部来电说，小林昨天提出辞职，原因是另外一家酒店要挖她过去；小林可是他培养了五年的爱将，做事认真负责，对待客人真诚，酒店各项业务都精通。

老婆来电话，岳母大人上午10点到，要张经理开车去机场接一下，这是命令。

面对这么多任务和冲突，张经理该如何有效地安排今天的工作？请结合时间管理法则进行分析。

> 普通人只想到如何度过时间，有才能的人设法利用时间。
> ——[德]叔本华

> 你不能改变人生的长度与宽度，但你能改变人生的深度。
> ——[德]戈尔希·福克

三、过程训练 Process Training

活动：合理安排任务

（一）活动要求

利用时间管理的技术和方法对任务进行排序。

时间：20分钟。

用具：时间安排表。

（二）活动过程

1.指导者分发给训练者每人一份时间安排表，并介绍使用方法。

时间	星期二	星期三	星期四	星期五	星期六
8：00					
8：30					
9：00					
9：30					

续表

时间	星期二	星期三	星期四	星期五	星期六
10：00					
10：30					
11：00					
11：30					
依此类推……					

2. 指导者介绍任务背景。

假设现在是星期一的晚上，你要计划未来5天的日程，下面是这5天要做的事情：

（1）你从昨天早晨开始牙疼，想去看医生。

（2）星期六是一个好朋友的生日，你还没有买礼物和生日卡。

（3）你有好几个月没有回家，也没有写信或打电话。

（4）有一份夜间兼职不错，但你必须在星期二或星期三晚上去面试（19：00以前），估计要花1小时。

（5）明晚8点有个1小时长的电视节目，与你的工作有密切关系。

（6）明晚有一场演唱会。

（7）你在图书馆借的书明天到期。

（8）外地一个朋友邀请你周末去玩，你需要整理行李。

（9）你要在星期五交计划书之前把它复印一份。

（10）明天下午2点到4点有一个会议。

（11）你欠某人200元钱，他明天也将参加那个会议。

（12）你明天早上从9点到11点要听一场讲座。

（13）你的上级留下一张便条，要你尽快与他见面。

（14）你没有干净的内衣，一大堆脏衣服没有洗。

（15）你想好好洗个澡。

（16）你负责的项目小组将在明天下午6点钟开会，预计1小时。

（17）你身上只有5块钱，需要取钱。

（18）大家明天晚上聚餐。

（19）你错过了星期一的例会，要在星期六之前复印一份会议记录。

（20）这个星期有些材料没有整理完，要在星期六之前整理好，约需2小时。

（21）你收到一个朋友的信1个月了，没有回信，也没有打电话给他。

（22）星期六早上要作一次简报，预计准备简报要花费15个小时，而且只能用业余时间。

（23）你邀请恋人后天晚上来你家烛光晚餐，但家里什么吃的也没有。

3. 训练者将事件清单中的各种事件划分不同的优先级，按优先级

真正重要的事往往是不紧急的，而紧急的事通常是不重要的。

时间是世界上一切成就的土壤，时间给空想者痛苦，给创造者幸福。

——[美]麦金西

把它们重新排序，然后根据这些事件，制订一个时间安排表。第一次做的时候不要思考，如果想得到真实的答案，请凭直觉做。

4. 在这些项目中，有些是互相冲突的，有些则富有弹性。如何制订一份合理实用的计划表呢？在制订时间表以前，请：

（1）把要做的事情全部看一遍；

（2）确定每件事情的重要等级；

（3）根据重要程度把事情重新排序。

（三）问题与讨论

1. 哪些事情被放弃不做？为什么？

2. 哪件事情有最高的优先级？为什么？

3. 你会高兴地执行这个计划吗？为什么？

四、效果评估 Performance Evaluation

评估一：时间管理能力测试

（一）情景描述

1. 你是否会对自己的时间支出做出计划？（　　　）

    A. 每天都会做

    B. 通常都会做　　　　　　C. 有时会做

2. 你给自己做出的时间安排完成情况如何？（　　　）

    A. 通常都能完成　　　B. 有时能够完成　　C. 偶尔能够完成

3. 你的文件通常如何管理？（　　　）

    A. 按重要性分类管理　B. 按时间顺序管理　C. 按文件类别分类

4. 当你列出一天中要做的工作时，是否会考虑它们的轻重缓急？

    （　　　）

    A. 通常会考虑　　　　B. 有时会考虑　　　C. 偶尔会考虑

5. 你是否清楚一天中浪费时间的状况？（　　　）

    A. 通常都很清楚　　　B. 有时清楚　　　　C. 偶尔清楚

6. 工作时你是否会稍作休息、劳逸结合？（　　　）

    A. 通常都会

    B. 只在特别累的时候

    C. 只在工作不紧张时

7. 你是否经常花时间对工作结果进行反复检查，以确保万无一失？

    （　　　）

    A. 通常会　　　　　　B. 有时会　　　　　C. 偶尔会

8. 你是否经常会事先为不熟悉的工作制订计划？（　　　）

> 时间的无声的脚步，不会因为我们有许多事情要处理而稍停片刻。
>
> ——［英］莎士比亚

A. 通常会　　　　　B. 有时会　　　　　C. 偶尔会

9. 你能否接受工作中计划外的突发事情？　　　　（　　）

A. 不能接受　　　　B. 有时能接受　　　　C. 通常能接受

10. 作为管理者，你通常如何处理手头的工作？　　（　　）

A. 通常会对下属进行授权

B. 和下属一起完成

C. 尽量自己做

（二）评分标准与结果分析

选 A 得3分，选 B 得2分，选 C 得1分。

24分以上，说明你的时间管理能力很强，请继续保持和提升；

15～24分，说明你的时间管理能力一般，请努力提升；

15分以下，说明你时间管理能力很差，亟须提升。

评估二：拖延商数测试

> 浪费自己的时间，等于是慢性自杀；浪费别人的时间，等于是谋财害命。
> ——鲁迅

（一）情景描述

请据实对每一个陈述作出"非常同意"、"略表同意"、"略表不同意"、"极不同意"的判断：

1. 为了避免对棘手的难题采取行动，我于是寻找理由和借口。

2. 为使困难的工作能被执行，对执行者施加压力是有必要的。

3. 我经常采取折中办法以避免或延缓不愉快的事是困难的工作。

4. 我遭遇了太多足以妨碍完成重大任务的干扰与危机。

5. 当被迫从事一项不愉快的决策时，我避免直截了当的答复。

6. 我对重要的行动计划的追踪工作一般不予理会。

7. 试图令他人为管理者执行不愉快的工作。

8. 我经常将重要工作安排在下午处理，或者带回家里，以便在夜晚或周末处理它。

9. 我在过分疲劳（或过分紧张、或过分泄气、或太受抑制）时，无法处理所面对的困难任务。

10. 在着手处理一件艰难的任务之前，我喜欢清除桌上的每一个物件。

（二）评分标准与结果分析

每一个"非常同意"评4分，"略表同意"评3分，"略表不同意"评2分，"极不同意"评1分。

低于20分，表示你不是拖延者，你也许偶尔有拖延的习惯；

21～30分，表示你有拖延的毛病，但不太严重；

高于30分，表示你或许已患上严重的拖延毛病。

第二节 目标管理与导向

职场在线

有人曾做过这样一个实验，组织3组人，让他们分别向10千米以外的3个目标村庄步行。

第一组的人不知道村庄的名字，也不知道路程有多远，只告诉他们跟着向导走就是。刚走了两三千米就有人叫苦，走了一半时有人几乎愤怒了，他们抱怨为什么要走这么远，何时才能走到，有人甚至坐到路边不愿走了，越往后走他们的情绪越低。

第二组的人知道村庄的名字和路程，但路边没有里程碑，他们只能凭经验估计行程时间和距离。走到一半的时候，大多数人就想知道他们已经走了多远，比较有经验的人说："大概走了一半的路程。"于是大家又簇拥着向前走，当走到全程的3/4时，大家情绪低落，觉得疲惫不堪。

第三组的人不仅知道村子的名字、路程，而且公路上每1000米就有一块儿里程碑，人们边走边看里程碑，每缩短1000米大家便由衷地感到快乐，前进的劲头更足了。行程中他们用歌声和笑声来消除疲劳，情绪一直很高涨，很快就到达了目的地。

> 在一个崇高的目标支持下，不停地工作，即使慢，也一定会获得成功。
> ——[德]爱因斯坦

这个研究告诉我们，设定清晰、准确的目标对成功具有极其重要的意义。目标，可以调动我们强大的执行力量。

那些有所作为的员工，那些有所建树的成功者，他们的成功正是源于正确的人生目标。那么，我们应该如何坚持目标导向，细化行动方案？如何持续锁定目标，追求卓越效果呢？

一、能力目标 Competency Goal

在行动过程中，以目标为导向，周密安排工作环节和事项，才能取得最佳的业绩。从执行之始就明确目标——"做正确的事情"，才能抓住工作的核心和关键。

（一）确定和把握目标是执行力的关键

很多人在做事时，特别注意工作方法与技巧应用，却较少思考采用这些方法或技巧把事情做完后有没有好的效果。然而，目的应当永远置于技巧和方法前面。方法与技巧只是完成任务的手段，方法与技巧再完美，若不能有效地达成目标，都是无效的执行。

1.目标的作用

（1）目标能指引活动的方向。当你对工作感到漫无目标、空泛无味时，就如同带着"一副眼罩"去工作，这样盲目的执行，是做不好事情的。因此，树立清晰的目标方向是执行到位的第一步。

（2）目标激发个人的潜能。有了目标，人们就会将此视为当前有意义的理想，通过实现目标而获得成就感。遇到困难与挫折，也不会松懈、懒惰、退缩，而会想方设法找到解决问题的办法。

> **爱丽丝的故事**
> "请你告诉我，我该走哪条路？"
> "那要看你想去哪里？"猫说。
> "去哪儿无所谓。"爱丽丝说。
> "那么走哪条路也就无所谓了。"猫说。

小案例

"专注和热情"铸就的伟大奇迹

意大利文艺复兴时期著名艺术家米开朗基罗73岁的时候已经衰老不堪，躺在床上难以起身。教皇的特使来到他的床前，请他去绘制圣彼得教堂圆顶。他思量再三，终于同意了，但是提出了一个奇怪的条件：不要报酬。因为他觉得自己最多只能干几个月，如果运气足够好的话可以干一两年。既然注定无法完成，也就不应该索取报酬了。教皇同意了这个条件。于是，这个七十多岁的老人起了床，颤巍巍地来到教堂，徒手爬上五层楼高的支架，仰着头创作，从此一发而不可收拾，竟然越画越有干劲，体力与智力越来越好。教皇老死了，换了一个新教皇，他还在画，新教皇死了，又来一个新教皇，新教皇又死了，一直死了三个教皇，他还在画。他足足画了16年，到他89岁的时候，终于完成了这项永载史册的艺术巨作。最后一次走下支架的米开朗基罗显得容光焕发，他兴奋极了，穿上厚重的骑士铠甲，手持长矛，骑上战马，像个疯子一样到旷野中奔驰，欢呼自己的胜利。在完成这项任务以后不到一年，米开朗基罗去世了。

2.正确把握目标

要正确地把握目标，首先，要了解工作任务的由来，即"为什么会有这么一项工作任务"；其次，要充分了解当前组织面临的问题，把自己的任务置于组织的整体系统中进行思考，明确执行要点；最后，要把握执行的具体要求，包括工作任务的时间期限，工作任务的结果状态及任务完成后的可能影响。

（二）坚持目标导向，细化行动方案

当你为自己设计了一个远大的目标之后，就要根据目标制订出切实可行的执行方案，并付诸行动。

1. 执行方案的7个要件

执行方案是根据一定的任务目标而事前对措施和步骤进行的部署。在确定执行方案时，我们要根据工作的最终目标结果，在行动之前就要充分考虑行动所涉及的目标（做什么），以及目标的路径和方法（怎么做），其内容可归纳为5W2H：

What（做什么）	它指行动要达到的结果即目标是什么，其中包括结果的质量标准、数量要求、时间要求等状态数据等。这一内容是执行方案的关键，也是今后行动的方向。其他内容都应当以此为中心进行分析计划。
Why（为什么做）	它指行动的意义，可使执行者更明确工作的价值所在，从而更好地激发工作的积极性与主动性。
When（何时做）	这应以目标为始来进行规划，确定行动所开始的时间，以及工作期限等时间要求。
Where（在哪里做）	根据目标的要求，确定执行的最佳场所，它方便执行者了解工作的背景环境，从而做好相关方面的调整。
Who（谁来做）	其中包括任务的执行者，以及任务的合作者等。所有这些也应以"目标"这个终点来进行确定。
How（怎样做）	这是行动方案的重点，它包括执行的具体措施及步骤等，以及针对相关问题的预案等。制定过程中，应根据"目标"这个终点，分步骤、分阶段地进行计划。
How much（多少花费）	根据目标要求，确立的行动所要求的经费预算。为使行动费用不超出预算，从而影响任务的执行，在方案中最好能把可能发生的每一笔开支都列出来。

2. 认真评估达成目标的条件和困难

在制订行动执行方案时，我们要充分思考达到目标需要具备的条件。一是要分析与筹措执行所需要的资源，既包括任务执行者所拥有或能够控制的资源，也包括那些不能或不易为执行者所拥有或所控制的资源。另外，要使达成任务目标的各种所需资源为己所用，就必须做"人"的工作，使资源的"所有者"能配合和支持自己。

（三）持续锁定目标，追求卓越效果

"持续锁定目标，追求卓越效果"是一种高贵的品德和勇敢的态度。只有专心专注于自己锁定的目标，不断地超越平庸、追求最好，才具有高效的执行力。

1. 养成追求卓越的意识

养成追求卓越的意识，即追求完美。为自己制定一个高于他人的标准：不推脱、不敷衍、尽全力。身在职场，不仅要在工作中养成严格要求的习惯，还要力求高标准地完成工作任务，达到他人无法企及的高度，为追求组织更满意的结果，付出自己的最大努力。

小案例

"每桶4美元的标准石油"

美国标准石油公司曾经有一位叫阿基勃特的部门经理。他在出差住旅馆的时候，总是在自己签名的下方，写上"每桶4美元的标准石油"字样，在书信及收据上也不例外，签了名，就一定写上那几个字。他因此被其他分部门经理叫做"每桶4美元"，以此来嘲笑他，在他们眼中，阿基勃特简直就是一个傻瓜。他们认为，那些小事情是不为一个管理者所做的。

公司董事长洛克菲勒知道这件事后说，"竟有人如此努力宣扬公司的声誉，我要见见他。"于是邀请阿基勃特共进晚餐。

后来，洛克菲勒卸任，阿基勃特成了第二任董事长。

在签名的时候署上"每桶4美元的标准石油"，公司没有做这样的要求，上司也不可能作这样的要求。但阿基勃特做了，并坚持把这件事做到了极致。那些嘲笑他的人中，肯定有不少人才华、能力在他之上，可是最后，只有他成了董事长。

2. 释放潜能，实现突破目标

面对同样一项任务，有的人无从下手，有的人却游刃有余，关键的差别就在于是否能运用创新型思维去思考和解决问题。思维敏捷的执行者能打破原有思维定式，敢于做前人没做过和自己没做过的事情，善于用新的方法实现目标突破。在职场上，能够超越目标的开展工作，能够突破打破惯例最大限度地释放自己的潜能的人，才能创造性地创造出一个又一个新的业绩，收获一个又一个惊喜。

小案例

乔治·韦克为什么能提升工作效率?

乔治·韦克早年曾经担任银行的职员，其工作是用八十栏的穿孔卡对账目一一分类。指导他的女员工动作快如闪电，她手里的账目在转眼间就分门别类叠得整整齐齐。韦克看得佩服不已。

"你做这个工作有多久了?"他问道。

"大约十年。"她估计说。

"哦，"由于很想要学习，他继续问道，"为什么要这样分类?"

"老实跟你说，"她一边回答，一边又叠好了一堆卡片，"我实在不知道。"

参加工作后，韦克认真研究八十栏穿孔卡的工作原理，最终发现，所有的账目完全可以用三十栏来解决，而不需要八十栏，他对自己进行账目分类的机器进行改良后，工作效率比原来带她的女员工快了好几倍。

> 一个人不能骑两匹马，骑上这匹，就要丢掉那匹。战略是一种选择与放弃的学问，你决定做这个，就必须放弃那个，鱼与熊掌不可兼得，否则一无所获。
> ——[德]歌德

3. 锁定一个目标，力求取得最好的结果

一个人的精力是有限的，把精力分散在好几件事情上，不是明智的选择。在这里我们提出"一个目标原则"，即专心地做好一件事，就能有所收益和突破人生困境。这样做的好处是不至于因为一下想做太多的事，反而一件事都做不好，结果两手空空。

在激烈的职场竞争中，如果你能向一个目标集中精力，便会很快做出成绩，脱颖而出的机会将大大增加。

二、案例分析 Case Study

案例一：同样的职业，不同的人生

一个叫泰莉的空中小姐，很喜欢环游世界。另一个空中小姐宝玲也一样，但她还希望有自己的事业，最好与旅游有关。宝玲每到一个地方，就不停地记下她经历到的一切，尤其是当地的旅馆及餐厅状况，并不时把自己的经验提供给乘客。

她被调到旅游行程安排的部门，因为她就像一本活页百科全书，掌握的旅游知识非常丰富，尤其是掌握了世界各大城市的旅游动态。她在那个部门如鱼得水。几年之后，她拥有了一家自己的旅行社。

而泰莉还是一个空中小姐，尽管努力工作，但显然没有什么升迁机会，唯一能改变现状的，大概只有结婚。事实上，泰莉和宝玲一样卖力工作，但泰莉没有目标，只是随兴地到世界各地玩，不把旅游看作发展潜力的活动。没有特定目标的人，往往终身在原地打转。

"同样的职业，不同的人生"这则故事，对你有什么启示？

> 一个有事业追求的人，可以把"梦"做得高些。虽然开始时是梦想，但只要不停地做，不轻易地放弃，梦想能成真。
>
> ——[美]虞有澄

案例二：实干的人懂得把精力放在一个目标上

一位博士在田间漫步，看见一位老农在插秧，秧苗插得非常整齐。博士觉得老农很不简单，上前问道："老大爷，您怎么插得这样齐？"老农递过一把秧苗说："你插插试试。"博士接过秧苗，脱鞋挽腿下田插秧。他插了一会儿，发现自己插得乱七八糟，于是他问老农："为什么我插不直呢？"

老农说："你应该盯住前面的一个目标去插。"对呀，我怎么没想到呢？博士就在前方寻找目标，看到了一头水牛，心里想，水牛目标大，就盯着它吧。他又插了一会儿，发现自己插得有进步但是还是不直，歪歪扭扭，他再问老农："为什么我还插不直呢？"

老农笑着说："水牛总在动，你盯着它当然要插得曲里拐弯了，你应该盯住一个确定的目标。"博士猛醒，盯着前方的一棵树去插，果然秧苗插得很直了。

在现实生活中，很多人之所以不成功，是因为精力分散得太严重。那些所谓的天才，也不过就是每次只做一件事，把精力放到唯一的目标上，所以他们才更容易获得成功。

三、过程训练 Process Training

活动一：根据目标，把握角色

（一）活动要求
人数：40人左右；活动时间：20分钟；地点：室内；用具：多媒体设备、白纸、笔等。

（二）活动背景
四位志同道合的同学创办了一家小公司，公司上下除了他们四位老板之外，没有再请其他员工：一人负责生产，一人负责销售，一人负责财务，一人负责行政。假若你是其中的一位同学，你会怎样和其他三位同学一道把公司办好？

（三）活动过程
1. 将训练者分成人数均等的若干小组，每组5～8人。
2. 组织各组讨论思考下列问题：假若你是其中的某一角色，你会怎样开展你的工作？
3. 各组选派代表表述本组的观点。
4. 对各组的观点进行评价总结。

（四）活动分享
1. 为什么不能仅以自己的"职位"来开展工作？这种意识对工作的顺利完成有哪些帮助？
2. 若以前你就有"不仅做限定之事"的意识，请分享你的看法？

> 成功的五大步骤：
> 明确目标，详细计划，
> 立即行动，修正行动，
> 坚持到底。

活动二：如何达成你的销售目标？

（一）活动要求
人数：40人左右；活动时间：20分钟；地点：室内；用具：电脑、

投影仪、便笺、白板、笔等若干。

（二）活动背景

为了使研发投入巨大的某款牙膏增加销量，公司公开征集促销方案，并允诺方案一经采纳，将给予5万元的奖励。假若你是该公司的员工，为了达成公司的销售目标，你会提出怎样的方案？

（三）训练过程

1. 将训练者分成人数均等的若干小组，以5～8人为宜；
2. 组织各组讨论上述问题，然后派代表阐述本组的观点；
3. 对各组的观点进行评述。

（三）训练分享

1. 假如有人提出将牙膏口增加一毫米并且被采纳，你会怎样看待？
2. 你还有哪些创新性的思维，能够帮助公司达成销售目标？

四、效果评估 Performance Evaluation

评估：你是追求卓越的人吗？

追求卓越，不仅做限定的事情，能使自己激发潜能，突破常规开展工作，从而提升执行能力。下面测试可帮助了解你当前的追求卓越的意识。

> 要达成伟大的成就，最重要的秘诀在于确定你的目标，然后开始干，采取行动，朝着目标前进。
> ——[美]博恩·崔西

（一）情景描述

1. 你工作时经常看表吗？　　　　　　　　　　（　　）
   A. 不断地看
   B. 不忙的时候看
   C. 不看

2. 接到上司的指示后，你会：　　　　　　　　（　　）
   A. 回想过去的做法，看看有没有可借鉴的
   B. 有时会征询同事的意见，看看该怎么做会更好
   C. 很少会去想过去是怎么做的

3. 一天的工作快结束时，你感觉如何？　　　　（　　）
   A. 为能维持生活而感到高兴
   B. 有时感到累，但通常很满足
   C. 很有成就感

4. 接到工作任务后，你会怎样考虑工作结果：　（　　）

A. 按照自己的理解来执行

B. 会根据上司的角度来思考应该如何执行

C. 能结合组织当前的战略以及上司希望达到的结果来开展工作

5. 上司不在身边的情况下，你会怎样工作？　　　　　（　　　）

　　A. 能偷懒就偷懒

　　B. 有所松懈但不会有太大的区别

　　C. 无论是否有人监督，工作状态都一样

6. 当工作中有竞争对手时，你经常会：　　　　　　（　　　）

　　A. 我就是我，不在乎别人怎样做事

　　B. 密切关注竞争对手

　　C. 我一定要比他做得更好

7. 你用多少时间做与工作无关的事？　　　　　　　（　　　）

　　A. 很多时间

　　B. 在个人生活遇到麻烦时用一些

　　C. 很少时间

8. 如果少付三分之一的工资，你还愿做这份工作吗？　（　　　）

　　A. 不愿意

　　B. 内心愿意，但若有更好的机会，我还是走吧

　　C. 愿意

9. 你觉得自己：　　　　　　　　　　　　　　　　（　　　）

　　A. 总是没有能力

　　B. 有时很有能力

　　C. 总是很有能力

10. 哪种情况与你最相符：　　　　　　　　　　　　（　　　）

　　A. 不想再钻研有关工作的知识

　　B. 开始工作时很喜欢学习

　　C. 愿意再学点有关工作的知识

（二）评分标准和结果分析

选择 A 得 1 分，B 得 3 分，C 得 5 分，分数相加得出测评总分。

10～20 分：说明你进取心不足，工作时有得过且过的想法，同时对工作的结果是否完美，是否能让上司或服务对象满意也不太关心。

21～40 分：说明你的工作状态大众化。心情好时，对工作充满激情，能创造性地开展工作；心情不好时，"差不多"、"不在乎"的心态就会涌现。

41～50 分：说明你是位对自己要求高的人，希望自己能出类拔萃，同时行动中也的确如此，能突破常规开展工作，最后达到的工作结果，常是上司或服务对象最想得到的。

你可以从别人那里汲取某些思想，但必须用你自己的方式加以思考，在你的模子里铸成你思想砂型。

——[美]兰姆

第三节　细节管理与监控

职场在线

有三个年轻人去一家公司面试采购主管，在经过一番面试后，三人在专业知识与经验上各有千秋，难分伯仲，随后由公司总经理亲自面试。总经理给出了这样一道题：假定公司派你去采购4999个信封，你需要从公司带去多少钱？

几分钟后，应试者都交了答卷，第一个应聘者的答案是430元。总经理问："你是怎么计算的呢？""就当采购5000个信封计算，可能要400元，其他的杂费就30元吧。"答者对答如流。但是总经理却未置可否。

第二个应聘者的答案是415元，他解释说："假设信封5000个，大概400元，另外可能费用15元。"总经理对此答案也没有表态。

但是总经理看到第三个应聘者的答案是416.42元时，有点惊异，立即问："你能解释一下答案吗？"第三个应聘者说："当然可以，信封每个8分，4999个信封是399.92元，从公司到百货公司，来回乘汽车是10元。午餐费5元。从公司到汽车站有1.5公里，需请一辆三轮车搬信封，需要4.5元。因此，最后总费用是416.42元。"

总经理露出了满意的微笑："今天到此为止，明天你们等最终结果。"

> 在中国，想做大事的人很多，但愿意把小事做细的人很少；我们不缺少雄韬伟略的战略家，缺少的是精益求精的执行者；绝不缺少各类管理规章制度，缺少的是对规章条款不折不扣的执行。我们必须改变心浮气躁、浅尝辄止的毛病，提倡注重细节、把小事做细。

哪位胜出了呢？是的，在这场面试中，唯有第三名应聘者关注到了细节，计算出准确的花费成本，得到了总经理的赏识。不仅仅是采购工作需要关注细节，对待生活和工作中的每一件小事，我们都要将责任心融入细节之中。如何成为一个关注细节的人？如何去发掘细节中的机会，做一个迅速高效、细节完美的执行高手呢？通过本节的学习你将会有新的收获。

一、能力目标 Competency Goal

"细节到位"是指在整体工作过程中，注重细节，通过追求细节完美来提高工作的效果和质量。

（一）细节到位，执行才完美

注重细节，是提倡科学精神和认真态度的表现。"细微之处见精神"，一个人的做事态度，很大程度上可以从他如何处理细节上表现出来。在激烈的市场竞争中，唯有具备细节管理意识的人，才能更好地保证工作的顺利开展。

1. 看似无关紧要

《礼记·保傅》中说，"失之毫厘，谬之千里"。意思是一点点小偏差可能会造成很大的谬误。如果不注重细节，不谨慎对待工作，很可能会因为忽视看似无关紧要的小细节，影响了任务进程及工作质量。

> **小案例**
>
> #### 一位洗瓶工人的成就
>
> 30年前，牛根生还是伊利集团的一位洗瓶工人，在乳制品企业中，这个工种是最没有技术含量的，并且少有男性。但是，牛根生所带领的涮瓶组，把每一个瓶子都涮得干干净净，次次都是全厂第一。他知道，虽然洗涮奶瓶看似简单，是件"小事"，但如果瓶内有上次残余的牛奶，就会产生大量细菌，再装入的牛奶就会变质。
>
> 牛根生正是有着这种无论做什么事，"大"也好"小"也好，都是用最负责的态度对待它的精神，才最终打造出今天的蒙牛乳业！

> 小事成就大事，细节成就完美。
> ——惠普创始人戴维·帕卡德

2. 细微之处定成败

部队士兵每天做的工作就是队列训练、战术操练、巡逻排查、擦拭枪械等小事；公司职员每天所做的事或许就是接听电话、整理文件、绘制图表之类的小事。如果能很好地完成这些"小事"，将来才有可能成为部队中的将军、公司的老板。

"天下难事，必做于易；天下大事，必做于细"，工作无小事，无论集体还是个人，要想追求卓越，就必须从小事做起。

完美的细节是润物细无声的露珠，是清爽怡人的春风。珍视细节，就是珍视迎面走来的一个个成功的机遇。

3. 追求细节完美是一种可贵精神

不注重细节的人很多是因为缺乏敬业精神。对待工作似是而非的人，对待工作的细节也往往视而不见、敷衍了事。相反爱岗敬业的人一定是注重细节的人。天才与凡人最大的区别就在于对待细节的态度上。

小案例

令人肃然起敬的细节精神

当年，尼克松访华的时候就敏锐地发现，周恩来具有一种罕见的本领，他对一些事情的细节非常认真。因为他发现，周恩来总理在晚宴上为他挑选的乐曲正是他所喜欢的那首《美丽的阿美利加》。

在来访的第三天晚上，客人被邀请去看乒乓球和其他体育表演。当时天已下雪，而客人预定第二天要去参观长城。周恩来总理得知这一情况后，离开了一会儿，通知有关部门清扫通往长城路上的积雪。

周恩来总理做事是精细的，同时他对工作人员的要求也是异常严格的，他最容不得"大概"、"差不多"、"可能"、"也许"这一类的字眼。有次北京饭店举行涉外宴会，周恩来总理在宴会前了解饭菜的准备情况时，他问："今晚的点心什么馅？"一位工作人员随口答道："大概是三鲜馅的吧。"这下可糟了，周恩来追问道："什么叫大概？究竟是，还是不是？客人中间如果有人对海鲜过敏，出了问题谁负责？"

周恩来总理正是凭着一贯提倡注重细节、关照小事的作风，赢得了人们的敬重。

> 把每一件简单的事做好就是不简单；把每一件平凡的事做好就是不平凡。
> ——张瑞敏

细节常常能够反映事物发展的本质和趋势，机会往往蕴藏于细节之中。个人的巨大成功，都是由一次次发展机会累积而成的，而这些机会，往往就蕴藏在一个个不起眼的小细节中。

（二）做一个细节管理高手

注意细节是一种功夫，这种功夫是靠日积月累培养出来的，长期重视细节，久而久之就成为习惯，我们要在习惯中培养功夫，培养素质。

1. 不放过每一个小问题

重视并认真对待工作中的小问题，将有效提升细节管理能力。

重视工作中的"小纠结"	在职场中，我们往往会忽略一些重要环节。要想万无一失，就需要对怀疑之处检查再检查，细致再细致，考虑再考虑，以确保执行得万无一失。
重视小小的"不完美"	通过自己的直觉，不断寻找和改变工作中可以美化和提高的地方，并设法加以改善，你的细节管理能力就会逐步得到提升。
重视不同的"小意见"	人们对同一问题的看法往往"大同小异"。对于"小异"不要带着敌意或不在乎的看法去对待，应从分析其解决问题的角度，从中吸取有益于预防或处置问题的措施。在处理"小异"中的自我完善，将促使自己对细节越来越敏感。

2. 坚持每天的"一点点"。

要想比别人更优秀，只有在一件一件小事，在一点一滴之中比功夫。

（1）坚持每天一点点的改善。一个人如果能够做到每天进步百分之一，坚持下来的成果将大得惊人。每一次小改善，哪怕是细微的提高都意味着进步，细微改进的累积，将成就自己的细节意识及创造机

> 涓滴之水终可磨损大石，不是由于它力量强大，而是由于昼夜不停的滴坠。
> ——[德]贝多芬

会的能力。

（2）坚持每天一点点的遐想。开始工作之前，应养成留出"一点点"时间先对其进行遐想的习惯。这一小小的习惯，一方面可通过头脑中的思想"演练"，为良好的工作结果更好地创造机会；另一方面也可通过预想，帮助自己找到改进及完善工作的机会。

（3）坚持每天一点点的用心习惯。用心留意身边的人与事，用心探究工作中的每一个细节并将其落到实处，用心反思工作过程的点点滴滴有助于细节管理能力的提升。

▶ 小案例

用心做事带来的机会

艾伦天资并不聪颖，却是一个用心做事的好职员。对艾伦一生影响深远的一次职务提升来自一件对艾伦来说是稀松平常不过的小事。

那是一个星期六的下午，一位律师（其办公室与艾伦的同在一层楼）走进来问他，哪儿能找到一位速记员来帮忙，因为他手头有些工作必须当天完成。艾伦告诉他，公司所有速记员都去观看球赛了，如果晚来5分钟，自己也会走。但艾伦同时表示自己愿意留下来帮助他，因为"球赛随时都可以看，但是工作必须在当天完成"。做完工作后，律师问艾伦应该付他多少钱。艾伦开玩笑地回答："哦，既然是你的工作，大约1000美元吧。如果是别人的工作，我是不会收取任何费用的。"律师笑了笑，向艾伦表示谢意。艾伦的回答不过是一个玩笑，他没有真正想得到1000美元。

但出乎艾伦意料，时隔六个月之后，在艾伦已将此事忘到了九霄云外时，律师却找到了艾伦，交给他1000美元，并且邀请艾伦去自己的公司工作。

> 一个人对于人生愈有经验，对工作就愈专心。成功者和失败者之间，在能力或技术方面，并不一定有很显著的差异，如果能力相等的话，当然专心的人必定获胜。只要做事专心一意，他必定胜过能力虽强，但用心不专的人。
> ——［美］桃乐丝·卡耐基

二、案例分析 Case Study

案例一：上海地铁二号线和一号线的差距

上海地铁一号线是由德国人设计的，看上去并没有什么特别的地方，直到中国设计师设计的二号线投入运营，才发现其中有那么多的细节被二号线忽略了。结果二号线运营成本远远高于一号线，至今尚未实现收支平衡。

三级台阶的作用

上海地处华东，地势平均高出海平面就那么有限的一点点，一到夏天，雨水经常会使一些建筑物受困。德国的设计师就注意到了这一细节，所以地铁一号线的每一个室外出口都设计了三级台阶，要进入地铁口，必须踏上三级台阶，然后再往下进入地铁站。就是这三级台阶，在下雨天可以阻挡雨水倒灌，从而减轻地铁的防洪压力。事实上，一号线内的那些防汛设施几乎从来没有动用过；而地铁二号就因为缺了这几级台阶，曾在大雨天被淹，造成巨大的经济损失。

对出口转弯的作用没有理解

德国设计师根据地形、地势，在每一个地铁出口处都设计了一个转弯，这样做不是增加出入口的麻烦吗？不是增加了施工成本吗？当二号线地铁投入使用后，人们才发现这一转弯的奥秘。其实道理很简单，如果你家里开着空调，同时又开着门窗，你一定会心疼你每月多付的电费。想想看，一条地铁增加点转弯出口，省下了多少电，每天又省下了多少运营成本。

一条装饰线让顾客更安全

每个坐过地铁的人都知道，当你距离轨道太近的时候，机车一来，你就会有一种危险感。在北京、广州地铁都发生过乘客掉下站台的危险事件。德国设计师们在设计上体现着"以人为本"的思想，他们把靠近站台约50厘米内铺上金属装饰，又用黑色大理石嵌了一条边，这样，当乘客走近站台边时，就会有了"警惕"，意识到离站台边的远近，而二号线的设计师们就没想到这一点。地面全部用同一色的瓷砖，乘客一不注意就靠近轨道，发生危险！地铁公司不得不安排专人来提醒乘客注意安全。

> 我强调细节的重要性。如果你想出类拔萃，就必须使每一项最基本的工作都尽善尽美。
> ——麦当劳创始人克洛克

我们不缺乏聪明才智，缺的是对"精细"的执着。细节上的小差异，显示出素质上的大差异。想想我们的城市规划、城市建设中的工程留下了多少遗憾？我们的差距其实就在我们的思想里。

案例二：用心的年轻人

刘涛是一家建筑公司的年轻工程师。无论是生活还是工作上，他都十分注重细节。公司上上下下都知道，只要是刘涛经手的事情，就不会出现任何差错。

有一次，公司派刘涛考察一个项目的地形。该项目在山区里面，地形复杂，考察起来非常困难。为了把整个项目的全景拍下来，刘涛不惜徒步走二十公里，爬到一座山顶进行拍摄。同事们不明白刘涛为什么要到那么远的地方拍摄，因为工地全貌站在工地附近的一所小房子的楼顶就能看到。对于同事的疑问，刘涛平静地说，"工地附近的地形非常复杂，对工程的建设质量也非常重要，我们以后的设计将全部建立在详尽的考察数据基础上，所以，即使距离工程较远的地形地貌我们也不能放过。"

果然，图片最后的效果比以往其他人做得都要好，就连工地附近的风景都看得清清楚楚。图片效果超出了预期，刘涛对工作用心的态度也给同事们留下了良好的印象。

在职场中，无论做大事还是做小事，只有注重每一个细节，才能获得最好的结果。那些注重细节的人，总是给同事以非常踏实的印象，让人值得信赖，因为他们总是能够将事情做得尽善尽美。所谓"成大业若烹小鲜，做大事必重细节"。唯有关注细节，凡事认真的人才能取得事业的成功，走上美好的生活之路。

三、过程训练 Process Training

活动一：如何吸纳不同的意见

（一）活动要求

人数：20人左右。

训练时间：20分钟。

训练场地：室内。

用具：多媒体教室、白纸、笔等。

（二）活动背景

假设你所在的服装公司出现了某种状况（提供详细的服装图片和服装设计销售过程详情描述），导致新产品积压滞销。例如产品质量出现问题，你认为应是企划部设计时出了问题，但有人却说是生产部的技术人员没有准确理解设计图纸出的问题，还有人说是销售部的销售策略太陈旧。针对此类别人与你意见不统一的状况，你会怎么处理？

（三）活动过程

1. 指导者将训练者分成两人一组；

2. 鼓励双方就某一问题，提出不同的意见；

3. 引导双方对对方的意见进行处理。

（四）问题与讨论

1. 当别人与你意见有"小不同"时，你经常会怎么处理？

2. 你认为应怎样面对这些与己不同的"小意见"？

3. 重视并科学地处理这些"小意见"对提升细节管理能力有哪些帮助？

活动二：如何让"品位咖啡馆"吸引更多的顾客

（一）活动要求

人数：40人左右。

活动时间：20分钟。

> 头脑风暴的作用是让你改变以前业已形成的观察问题、思考问题、判断问题、解决问题的固定思维方式，用一个全新的眼光来看世界。

训练场地：室内。

用具：多媒体教室、便笺、白板、笔等若干。

（二）活动背景

前不久，你和朋友在大学校园里面开了一家"品位咖啡馆"，然而由于经营经验缺乏，所以在初期创业，遭遇困难。一个月下来，平均每天只有50元的营业额，入不敷出。怎样才能吸引更多的顾客？你会在今后的经营上注意哪些细节呢？

（三）活动过程

1. 将训练者分成人数均等的若干小组，以5～8人为宜；

2. 引导各组训练者讨论下列问题：

（1）你会聘请什么类型的人员作为自己的店员？如何培训店员？

（2）你会怎样改进咖啡馆经营理念？

3. 各组选派代表阐述本组的观点；

4. 对各组的观点进行评价总结。

（四）问题与讨论

1. 若处理好了上述两个小问题，你认为咖啡馆"生意"的可能情况是什么？为什么？

2. 或许你会发现，你的咖啡馆可能与周边的咖啡馆大同小异，没什么新意。针对于此，你是否想过"这样合适吗"，"怎样做会更好"的问题？若没想过，说明什么问题？

> 自我评估是自我认知，发现自身存在的问题的有效途径。

四、效果评估 Performance Evaluation

评估：你会利用细节创造发展机会吗？

（一）情景描述

1. 大家的观点基本一致时，你会：　　　　　　（　　）

　　A. 深入分析这一观点有无不妥

　　B. 介于 A 和 C 之间

C. 附和大家的观点

2. 当某事突然发生时，你经常是：　　　　　　（　　）

　　A. 早有预感　　　　B. 有过几次预感　　　C. 经常感到意外

3. 组织给大家买了图书，看的时候你会：　　　　（　　）

　　A. 格外小心　　　　B. 和看自己的书一样　　C. 随便折页、涂抹

4. 同事的服饰或发型发生变化时，你能：　　　　（　　）

A. 第一时间就能觉察

B. 说不准

C. 大家谈论时才发现

5. 你有过为了了解某一事物，而持续观察四五个小时的经历吗？　　　（　　）

　　A. 常有此类事　　　B. 偶尔有此事　　　C. 鲜有此事

6. 你对"名言"、"格言"、"谚语"等的态度是：　　（　　）

　　A. 辩证对待　　　B. 有时怀疑　　　C. 深信不疑

7. 生活中，我对身边的变化：　　（　　）

　　A. 很敏感　　　B. 有时会比较敏感　　　C. 没什么感觉

8. 当社会出现某些"热词"时，我经常：　　（　　）

　　A. 了解其"热"的社会因素

　　B. 有时能分析出来其原因

　　C. 大部分是"人云亦云"

9. 我对"细节之中有机会"这一观点的态度是：　　（　　）

　　A. 非常有道理　　　B. 有时有道理　　　C. 几乎没道理

10. 对于没办好的事，我反省的地方主要有：　　（　　）

　　A. 在哪些小事上还没有做好

　　B. 自己的能力或运气

　　C. 还存在哪些缺失的现实条件

> 成功的诀窍是细心加诚心。
> ——马云

（二）评分标准和结果分析

选 A 得 3 分，B 得 2 分，C 得 1 分，各题分数相加即为测试总分。

大于 25 分：你善于把握细节，知道通过细节处理与他人的关系，这有利于你在职场把握机会，发展自己。

20～25 分：你对通过细节创造机会的意识一般。工作中大家不会讨厌你，也不会非常喜欢你，有机会时可能首先想到的不一定是你。

小于 20 分：工作中由于你不注重细节，因此常有许多机会从身边流失，更可悲的是，你还完全不知道问题出在哪里，好好反思一下吧。

1.时间管理就是用技巧、技术和工具帮助我们完成工作,实现目标。时间管理方法并不是要把所有事情做完,而是更有效地运用时间。你的看法如何?

2.美国《成功》杂志的创办人奥里森·马登说:"人人都应具有明确的目标,它就像一枚指南针,指引人们走上光明之路。"对此,你是如何理解的呢?

3.谈一谈你对"结果是检验执行力的重要标准"这句话是如何理解的?

4."在这里,一切追求尽善尽美。"——这是一家国际知名公司所信奉的格言,它也一直被挂在公司墙上最显眼的位置上。对此你是如何理解的呢?

5.在我们周围,总有一些"差不多先生",他们习惯将"还行吧"、"差不多"挂在嘴边,尽管从他们的日常表现上看,也是诚实的、苦干的,但往往让人感觉做事不踏实。你是这样的人吗?如果是,你打算如何改进呢?

作　业

(一)作业描述

成为一名"细节管理大师"的目标离你有多远?

(二)作业要求

1.以他人为镜,认识自我。分小组展开讨论,根据细节管理的相关内容,成员之间互相在白纸上写出:"你认为对方哪些方面存在粗枝大叶的毛病",之后交换纸张。

2.虚心采纳意见,修正自我。通过了解"别人眼中的我",找出自己在细节管理上存在的问题。在此基础上以《实干,就要重视小事、关注细节》为题,拟定具体的细节改进规划书。

第八章　解决问题——引导职业成功

解决问题是指利用某些策略和方法，使事物从初始状态达到目标状态的过程，能够帮助组织和个人达到比现在更好的状态，或者说，把一种现在不满意的情形转化为另一种更为满意的情形。解决问题就是在两种状态的差距之间构建桥梁的行动，它包括我们在学习、工作、生活中发挥基本作用的各种技能，它决定着组织和个人的业绩，是一个人生存和发展不可或缺的重要技能。

> 解决问题能力是一种让人终身受益的、具有可迁移性的职业核心能力。

如果在学生时代就能学习和训练解决问题的技能并持之以恒地加以运用，经过一段时间经验的积累之后，你就能从较高层次的视角看待问题并以熟练的技巧解决问题，这时，你就可以被委以重任，能成为一个团队或组织的领导，或者开创自己的事业，这样离职业生涯的成功也就越来越近。

本章知识要点：
- 问题
- 问题意识
- 4W1H 问题描述法
- YY 提问法
- 鱼骨图分析法
- 头脑风暴法
- 六顶思考帽
- 决策评估
- 成本收益分析
- 达成共识法
- 决策表
- 成对比较法
- 甘特图

第一节 问题发现与分析

职场在线

1万美元1条线

20世纪初，美国福特公司正处于高速发展时期，订单源源不断，这也意味着出现任何问题都会造成巨大损失。有一天，福特公司一台巨大的电机突然出了毛病，几乎整个车间都不能运转了，相关的生产工作也被迫停了下来。公司调来大批检修工人反复检修，又请了许多专家来查看，可怎么也找不到问题出在哪儿，更谈不上维修了。没办法，福特公司只好聘请著名的物理学家、电机专家斯坦门茨帮忙。

斯坦门茨在电机旁整整观察了两天，然后用粉笔在电机外壳画了一条线，对工作人员说："打开电机，在记号处把里面的线圈减少16圈。"工作人员照办了，令人惊异的是，故障竟然排除了！生产立刻恢复了！

福特公司经理问斯坦门茨要多少酬金，斯坦门茨说："不多，只需要1万美元。"1万美元？就只简简单单画了一条线！当时福特公司最著名的薪酬口号就是"月薪5美元"，这在当时是很高的工资待遇，吸引了全美国许许多多经验丰富的技术工人和优秀工程师。1条线，1万美元，一个普通职员100多年的收入总和！斯坦门茨看大家迷惑不解，转身开了个清单：画一条线，1美元；知道在哪儿画线，9999美元。福特公司经理看了之后，不仅照价付酬，还重金聘用了斯坦门茨。

解决问题的先决条件是发现问题所在，进而找到问题产生的原因，才能对症下药，解决问题。在我们的工作和生活中，当我们面临困境时，首先要找准造成困境的问题是什么，只有明确了问题，知道了改进的方向，我们才能摆脱困境，达成目标。

> 没有问题并非就是一切顺利，反而是最大的问题。任何一个成功的人士，都有直面问题的勇气，都有一双善于发现问题的眼睛，都具有强烈的问题意识。

一、能力目标 Competency Goal

问题无处不在，人生来就是为了解决问题而活着。那么，问题到底是什么？如何才能发现问题？对于发现的问题怎样才能清晰、准确地表达出来？通过哪些方法或手段才能找到隐藏在问题之后的真正原因？这是解决问题之前必须要明白的。

（一）问题与问题意识

1.问题

问题是目标（或理想）与现实之间的差距，是需要思考或研究才能解决的疑难和矛盾（或题目）。

当你想找份好工作但不知如何才能找到；当你想考过某次考试但又不知如何才能一次性顺利通过；你想创业但不知如何创业时；当你想获得更高的职位又不知道从哪里做起时，你的问题就出现了。

从这些例子中，我们发现"现在的状态"和"理想的状态"之间存在差异。这种差异就是问题产生的根源。

> 问题是横亘于目标和现实之间的巨大鸿沟，只要问题解决了，目标自然就可以实现。

2.问题的类型

（1）根据问题的性质可以把问题划分为紧迫问题和重要问题、长期问题和短期问题、主要问题和琐碎问题三类。

（2）根据问题的层次及从现有与未来角度的两个维度和四个象限来理解，可以把问题划分为发生型的问题、追求理想产生的问题、将来可能发生的问题、目标设定产生的问题四类。

```
                        层次维度 ↑

高层次 ▷  │ 2. 由追求理想产生的问     │ 1. 由目标设定产生的问
         │    题：将理想与现实的距离   │    题：将设定的目标与现实
         │    设定问题。             │    的差距设定为问题。
                                                          时间维度 →
低层次 ▷  │ 3. 正在发生型问题：       │ 4. 预测将来可能发生
         │    将当前应有的状态与       │    的问题：随着时间的流
         │    现实的差距设定为         │    逝，将未来应有的状态
         │    问题。                │    与现状之间的差距设定
                                    │    为问题。

            当今视角                    未来视角
```

（3）根据问题发生的形态，可把问题分成发生型、探索型和假定型三种问题。

发生型问题即是已经产生的问题，是由于过去某种原因的存在，出现了大家不想看到的结果，也可以说是实际状况与之前的目标发生了偏离的状况。

探索型问题是可以进一步加以改善的问题，它与之前的预期目标间不存在偏离，但由于制定了新的目标，致使目标与现实之间出现了某种人为制定的差异。

小案例

清洁工需要解决问题能力吗?

美国佛罗里达州首府塔拉哈西（Tallahassee）的一名环卫工每天挨家挨户收集垃圾，由于工作量大，流程单调，费时又费力：走入一户人家把垃圾桶搬出来送到清运卡车上，倒出来，再把空垃圾桶送回那户人家。如此一来，清理一户人家的垃圾需要上门两次。经过思考，他大胆地提出了他的想法：生活用垃圾桶由市政府统一提供。这样，他就可以拿一个空垃圾桶走入第一户人家，替换住户家里的装满了的垃圾桶，而不需要再浪费一次时间去送空桶。所有环卫工的工作时间节省一半，工作效率提高一倍。

假定型问题是发展方向不明确的问题。假定型问题本身并不是问题现状的一种延伸，而是一种未来某种条件下可能发生的问题，也可以说假定型问题本身是以一种假想形式存在的。

不能有效地解决问题的原因

1. 缺乏方法。
2. 缺乏解决问题的责任感。
3. 缺乏解决问题有关技巧和应对相关过程的知识。
4. 不能有效地运用技巧。
5. 信息不足或不准确。
6. 不能把分析性和创造性思维结合起来。
7. 无法确保有效的实施。

3. 问题的结构

问题是目标或理想与现实的差距。在完成目标或追求理想的过程中，会受到现实环境的制约与限制，这些制约因素可能是人的因素，也可能是物的因素，这些因素导致了目标与现实之间出现了差距。在判断问题的时候，不仅要注意目标与现实的因素，还要注意制约因素对问题的影响，故问题的基本结构包括目标或理想、现实及制约因素三方面内容。

4. 问题意识的培养

问题意识是指在认知活动中，通过对认知对象进行积极主动的洞察、怀疑、批判而产生认知冲突，发现问题，并出现对问题的一种强烈的探究性和前瞻性的反应状态。面对同样的问题，具有问题意识的人可以很快发现问题所在并开始着手研究问题的解决方案，而那些缺乏问题意识的人对再重要、再有价值的信息擦肩而过而浑然不知。

维特根斯坦是剑桥大学著名哲学家穆尔的学生。有一天，著名哲学家罗素问穆尔："你最好的学生是谁？"穆尔毫不犹豫地说："维特根斯坦。""为什么？""因为在所有的学生中，只有他一个人在听课时总是露出一副茫然的神色，而且总是有问不完的问题。"后来，维特根斯坦的名气超过了罗素。有人问："罗素为什么会落伍？"维特根斯坦说："因为他没有问题了。"

问题意识的培养途径有很多，可以归结为勤学、审问、慎思、进取。

勤学
要与时俱进，广泛涉猎各种知识，拓宽自己的视野，增强明辨是非和识别洞察的能力，能在细微之处发现问题，找到解决问题的最佳方法。

审问
抱着怀疑的态度，审慎看待周围发生的事物，不唯书、不唯师、不唯上，不断地提出问题，敢于并善于发现新问题，促使自己不断地解决问题，得到成长。

慎思
对于认知上的冲突或矛盾，抱着严谨仔细的科学态度，仔细思考，认证研究，发现隐藏在现象背后的本质，发现真问题，找到解决问题的有效途径。

进取
面对问题时的心态决定了问题能否被发现与解决，要不抱怨、不气馁，坚持不懈、积极主动地发现和解决问题，用乐观向上的进取心面对一切问题。

（二）发现问题

问题在任何时间和任何地点都有可能出现，我们看不出问题或者问题没有表露出来是因为它们隐藏在某些表象下面，很多问题并不是有形的。西方有一句格言曾说："如果我们能意识到问题的出现，就等同于我们已经将问题解决了一半。"

要想提高发现问题的能力要学会敏锐的洞察力；要具有责任感；要明白自己每天的目标是什么，要清楚自己每天具体做的是什么；要多问自己几个为什么；要时刻保持清醒的头脑和活跃的思维，要经常与人沟通；要善于注重细节；要努力学习专业知识，涉猎相关非专业知识；要加强专业能力的培养；要具有广阔的视野；要经常进行实践锻炼；不受常识左右等。

提出一个问题往往比解决一个问题更重要，因为解决问题也许仅是数学上的或实验上的技能而已，而提出新的问题，新的可能性，从新的角度去看旧问题，却需要创造性的想象力，而且标志着科学的真正进步。

——[德]爱因斯坦

英国著名物理学家、化学家波义耳平素非常喜爱鲜花。一天，波义耳拿起一束紫罗兰边欣赏边走向实验室。他把紫罗兰往桌上一放，就开始了化学实验。实验过程中，他不小心把少许盐酸溅到了紫罗兰的花瓣上，谁知发生了奇妙的现象：紫罗兰转眼间变成了"红罗兰"，这惊奇的变化立即触动了波义耳，"盐酸能使紫罗兰变红，其他的酸能不能使它变红呢？"波义耳立即用不同的酸液试验起来。实验结果是酸的溶液都可使紫罗兰变成红色。酸能使紫罗兰变红，那么碱能否使它变色呢？变成什么颜色呢？紫罗兰能变色，别的花能不能变色呢？由鲜花制取的浸出液，其变色效果是不是更好呢？经过波义耳一连串的思考与实验，很快证明了许多种植物花瓣的浸出液都有遇到酸碱变色的性质，特别是衣类植物——石蕊的浸出液变色效果最明显，遇酸变红，遇碱变蓝。自那时起，石蕊试液就被作为酸碱指示剂正式确定下来。

（三）描述问题

当问题出现或当你发现问题的时候，首先要思考如何才能把"问题"清晰准确地描述出来。只有把问题描写叙述清晰了，你才会知道问题的现状，以及它与目标之间的差距，才能寻找关键的问题点在哪儿。

1. 描述问题的要求

要准确地描述在生活和工作中所遇到的各种问题，确保自己和别人都能明确"真正的问题之所在"，并不是一件轻而易举的事情。

广袤大厦内有三部电梯。在该大厦内有几十家大大小小的公司，上班时间基本上都在上午9点钟，每天从8点40分开始是上班高峰期，一楼里的电梯就会异常拥挤，运行速度非常缓慢。由于等电梯的人太多，推推搡搡之间经常发生争吵。如果你是该大厦物业管理处的管理员，下面三种问题描述，你觉得哪个描述最确切？理由是什么？

A. 广袤大厦1楼电梯在上午上班前20分钟内非常拥挤。

B. 在上午上班前20分钟内，广袤大厦一楼电梯门口的人非常多，秩序混乱，异常拥挤，争吵不断。

C. 在上午上班前20分钟内，广袤大厦一楼电梯的运行速度非常缓慢，等电梯的人非常多。

人们观察问题出现错误的原因

1. 被事物的表象所迷惑，没有深入研究事物的本质。
2. 被无关紧要的线索引入歧途。
3. 过于感性，观察问题太主观、太片面。
4. 由于能力所限，不能观察到问题的本质。
5. 受到某些观点的影响，从而使观察毫无作用。

精准	精准就是你在描述问题时能抓得住"问题真正之所在"。在描述问题时不能模棱两可，甚至出现错误。
清晰	清晰就是要把问题的"人物、时间、地点、事件、程度"等要素完整、清楚、全面地表达出来，以便于正确地理解问题。
简洁	简洁是指在准确、清晰的基础上，描述要简练，要能用精简的语言和图形准确表达出问题的全部要素。

2. 4W1H问题描述法

（1）发生了什么（What）？这是问题描述中最核心的部分。该部分如果把握得非常准确，对问题解决的方向和速度都有着重要的影响。它的分支问题如下：

问题是什么？

是什么引发了这一问题？

这一问题与其他问题有联系吗？

这一问题的背景是什么？

不解决或延迟解决这一问题有什么影响和后果？

（2）发生在哪里（Where）？问题的发生总有特定的空间地点，描述问题的时候一定要把问题发生的具体地点讲清楚或弄明白。它的分支问题如下：

问题的范围有多大？

问题被限定在哪个区域？

问题发生的地点重要吗？

问题可能会在其他地方发生吗？

（3）谁发生了问题或这一问题涉及谁（Who）？问题的发生离不开一定的主体，描述问题时要清楚知道问题的主体是谁。它的分支问题如下：

这一问题的责任人是谁？

这一问题的发现者是谁？

谁最有可能解决这一问题？

谁受到了最大或最坏的影响？

谁可能从这一问题的解决中受益？

谁拥有解决这一问题的重要资源？

谁拥有决策权？

（4）什么时间发生的（When）？问题发生的时间线索也非常重要，在描述问题时不能忽略。它的分支问题如下：

何时发生了问题？

这一问题会持续多长时间？

这一问题何时能解决？

（5）影响程度如何（How）？问题的影响程度如何？是否紧急？是否重要？谁应该对这个问题负责？这3也是问题描述需要关注的重点。它的分支问题如下：

问题是如何被发现的？

它是怎样影响现在的工作的？

类似的问题以前是怎样处理的？

我们应该如何处理它？

> 不管问题是多么严重，你都不会退缩，因为你知道它的去向。

> 问题的陈述远比它的解法重要，得解只要有数学的或实验的技巧就行。
> ——[德]爱因斯坦

3. 数字化问题描述法

用数据说话，用数字来表示目标值与现状之间的差别，会使问题更明确。美籍匈牙利裔数学家 G. 波利亚在《数学的发现》一书中，把勒内·笛卡儿（Rene Descartes，1596～1650年，法国哲学家、科学家和数学家）设计的可用于解决所有类型问题万能方法进行了总结：

第一，把任何种类的问题化为数学问题；

第二，把任何种类的数学问题化为一个代数问题；

第三，把任何代数问题归结到去解一个方程式。

> **小故事**
>
> **测量金字塔的高度**
>
> 据说，埃及的金字塔修成一千多年后，还没有人能够准确地测出它的高度。有不少人作过很多努力，但都没有成功。一年春天，古希腊数学家泰勒斯来到埃及，人们想试探一下他的能力，就问他是否能解决这个难题。泰勒斯很有把握地说可以，但有一个条件——法老必须在场。第二天，法老如约而至，金字塔周围也聚集了不少围观的老百姓。泰勒斯来到金字塔前，阳光把他的影子投在地面上。每过一会儿，他就让人测量他影子的长度，当测量值与他的身高完全吻合时，他立刻在大金字塔在地面的投影处做一个记号，然后再丈量金字塔底到投影尖顶的距离。这样，他就报出了金字塔确切的高度。在法老的请求下，他向大家讲解了如何从"影长等于身长"推到"塔影等于塔高"的原理，也就是今天所说的相似三角形定理。

> 问题必须按照非常严密的理论来设计。因为原因可能就在你提出问题的相反一面。

4. 图表化问题描述法

图表化数据和资料能够帮助人们进一步思考，更能吸引眼球，引人注目，能在短时间内传播大量信息，与只使用语言相比，能给人留下更深的印象，能够对自身头脑进行整理。

人们在使用图表时，不管你的信息是什么，这5种图表总有一种是较为合适的：饼图、条形图、柱形图、折线图、散点图。选择什么图表完全取决于想要表达什么样的信息。

（1）如果是成分相对关系，那么饼图是你最好且唯一的选择。

（2）如果是项目相对关系可以用条形图来表示。

（3）如果是时间系列相对关系可以用柱形图和折线图来表示。

（4）如果是频率分布相对关系可以用柱形图和折线图来表示。

（5）如果是相关性相对关系可以用散点图来表示。

（四）分析问题

对问题进行准确的分析，有助于查找问题产生的真正原因。借助于科学有效的分析方法，我们快速查找到问题产生的真正原因。

1. YY 提问法

"YY"（Why Why）提问法是人们常用的一种反复提问法，通过不断地问"为什么"，从而挖掘出问题产生的所有原因，直到找到根本的原因为止。

你对自己总是不敢寻根究底，因为你没想到自己本身就是问题的根源。

▶ 小案例

小李是某生产车间的主任，其车间生产的小部件拒收率很高，小李就用"YY"提问法进行原因分析，如下：

（1）为什么小部件的拒收率很高？因为塑料被污染了。

（2）为什么塑料被污染了？因为切割机内有过多的油。

（3）为什么切割机内有过多的油？因为有好多个月没有做清洁，所以堵塞了。

（4）为什么这么长时间不做清洁？因为我们只是在机器损坏的时候才要求服务，而不是以预防为基础。

（5）为什么只是在损坏的时候才要求服务？因为修理员说这样更便宜。

小李通过"YY"提问法找到了问题产生的根本原因，原来是机器的维修成本低于预防保养成本（不考虑拒收和重做的成本）。通过分析，小李就非常清楚下一步该如何解决这个问题了。

2. 因果分析法（鱼骨图分析法）

因果分析法又称鱼骨图分析法，是用图形的方式绘制分析结果的方法。该方法不仅能够确定出与问题有关的所有可能的原因，而且通过分析简化，更有利于寻找到少数几个主要的根本原因。因果分析法（鱼骨图分析法）的使用步骤是：

选择问题	寻找原因	绘制鱼骨图	确立原因类型	分配原因	分析根本原因
选择一个你要分析的具体问题，并对问题进行明确的定义，确保所有人都能理解该问题。	针对问题，仔细思考，充分探讨，发挥各种资源优势，尽可能地查找出引发问题的所有可能的原因。	画一条直线，代表鱼脊椎骨，以一端的空白框（鱼头）为顶点，写上你要分析的问题。	确定主要的原因类型。经常使用的类型有："人"、"机"、"物"、"法"、"环"。	把寻找出的原因转移到图表上去，每一个原因都放在适当的类别之下，即写在鱼骨图分枝上的末梢处。	通过公开讨论，仔细研究与逐一分析，查找造成问题产生的根本性原因。

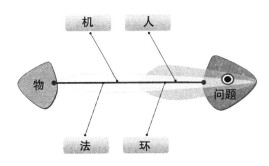

常见鱼骨图模型

小练习

逃课或旷课的现象在大学非常普遍，很多老师和辅导员采取了各种措施，也无济于事。请分组进行讨论，分析产生该问题的所有原因，并确定出根本性原因。要求用因果分析法（鱼骨图分析法）来进行分析。

3. 比较分析法

比较分析法是一种把你遇到的问题与你观察到的很类似的问题（该问题最好已发生且解决）进行对比分析，寻找它们之间的相同点与不同点，并通过分析，从而查找出问题原因的方法。比较分析法是建立在问题描述的基础之上。

因为他们有丰富的经验，不但懂得现状，而且明白因果。

——毛泽东

4. 逻辑树分析法

逻辑树分析法是一种有条理的计划方法，能确保目标和行动计划之间的直接因果关系。

逻辑树是将问题的所有子问题分层罗列，从最高层开始，并逐步向下扩展。把一个已知问题当成树干，然后开始考虑这个问题和哪些相关问题或者子任务有关。每想到一点，就给这个问题（也就是树干）加一个"树枝"，并标明这个"树枝"代表什么问题。一个大的"树枝"上还可以有小的"树枝"，以此类推，找出问题的所有相关联项目。

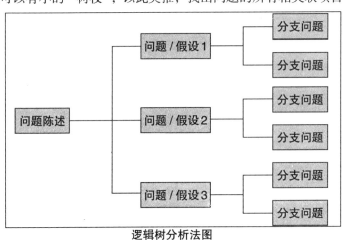

逻辑树分析法图

在分析问题时，还有其他许多方法，如帕累托分析（80/20法则）、关系图表、SWOT分析、列举法、归纳法、推理法等也都是人们常用的分析方法。在查找问题的原因时，这些方法既可单独使用，也可综合使用，这主要取决于你所分析问题的性质与复杂程度。

二、案例分析 Case Study

案例一：松下幸之助的问题意识

 松下幸之助是日本著名跨国公司"松下电器"的创始人，被人称为"经营之神"，是日本一名伟大的企业家。作为商界领袖，松下幸之助具有强烈的问题意识，这种问题意识使他不断地慎思自己的经营策略，不断发现问题，不断地解决问题，从而使松下电器成为全球知名的跨国公司之一。松下幸之助的问题意识体现在松下电器经营的各个环节之中，下面仅仅介绍体现松下幸之助问题意识的两个小故事。

故事1：松下幸之助在经营松下电器公司的同时，还创办了一所松下政经学校，用于培养专门人才。在这所学校里，松下幸之助聘请了很多优秀的老师担任教学工作，但并不采用普通学校惯用的教学方法，而是采用学生提出问题、老师解答问题的教学方式。如果学生提不出问题来，老师就什么也不教。为了提出问题，学生必须对所学知识或技术产生疑问，并经过仔细思考，深入探究。这一教学模式，提高了学生的学习积极性，增强了学生学习的内驱力，培养了学生的问题意识。

故事2：松下幸之助平时非常着重细节，善于发现问题，寻找有价值的信息，为松下电器公司的发展创造机遇。有一次，松下幸之助无意之中听到了一对姐弟的谈话，立即引起了他的注意。姐姐正在烫衣服，弟弟想读书，无法开灯（那时候的插头只有一个，用它烫衣服就不能开灯，两者不能同时使用）。弟弟吵着说："姐姐，您不快一点开灯，叫我怎么看书呀？"姐姐哄着他说："好了，好了，我很快烫好了。""老是说烫好了，已经过了30分钟了。"松下幸之助想："如果有两用的插头，不就解决了姐弟俩的问题了吗？"于是，他就认真研究这个问题，不久，他就想到了两用插头的构造方法。产品面世后，立即供不应求。松下电器由此进入了新一轮的成长道路。

问题意识的强弱对个人发展有何影响？对企业生存和发展有何影响？你觉得该如何培养员工的问题意识？

> **缺乏问题意识的表现**
> 1. 重复问题一再发生；
> 2. 品质不良率偏高且无改善；
> 3. 极少改善提案；
> 4. 工作被动；
> 5. 各种浪费现象严重；
> 6. 异常情况常被掩盖；
> 7. 工作表面化；
> 8. 遇事找借口。

案例二：杰弗逊纪念堂维修方案的取消

美国华盛顿广场有名的杰弗逊纪念堂，有很大的落地玻璃窗，非常具有特色。为保护这个建筑，博物馆逐渐减少了参观量。但还是有人发现，因年深日久，墙面出现裂纹。由于是重要的文物，为能保护好这幢大厦，博物馆馆长立即向政府进行了汇报，政府成立了以馆长为首的专家组，对墙体裂痕的原因进行调查分析。

有关专家进行了专门研讨。最初大家认为损害建筑物表面的元凶是侵蚀的酸雨。专家们进一步研究，却发现不仅于此：

专家组首先发现，由于博物馆的墙体很容易脏，用水总是无法清洗，所以最近一段时间使用了一种化学清洗剂，清洁剂对建筑物有酸蚀作用，是这种化学物品使墙体变脆，进而开裂的。

为什么每天要冲洗墙壁呢？

因为墙壁上每天都有大量的鸟粪。

为什么会有那么多鸟粪呢？

因为大厦周围聚集了很多燕子。

为什么会有那么多燕子呢？

因为墙上有很多燕子爱吃的蜘蛛。

为什么会有那么多蜘蛛呢？

因为大厦四周有蜘蛛喜欢吃的飞虫。

为什么有这么多飞虫？

因为飞虫在这里繁殖特别快，这里的尘埃最适宜飞虫繁殖。

为什么这里最适宜飞虫繁殖？

因为开着的窗阳光充足，大量飞虫聚集在此，超常繁殖……

由此发现解决的办法很简单，只要关上整幢大厦的窗帘。此前专家们设计的一套套复杂而又详尽的维护方案也就成了一纸空文。

> 分析问题是把一件事情、一种现象、一个概念分解成较简单的组成部分，并找出这些部分的本质属性和彼此之间的关系。

很多时候，看起来复杂无比的问题，只要找到了产生的真正原因，解决起来其实很简单。专家组在分析墙体裂痕的原因时，采用的是什么分析工具？该分析工具的内涵是什么？该故事对你有何启示？

三、过程训练 Process Training

活动一：描述小郑的问题

小郑毕业后，由于一直没有找到自己心仪的工作，就想自己创业。经过多方面的努力与筹备，小郑终于在一所学校门口开了一家餐饮店。为吸引众多同学光临，小郑准备在开业当天邀请学校知名的乐团"爱乐团"来现场演奏。经过协商沟通，"爱乐团"答应出演。小郑非常开心，在校园里进行了广泛的宣传。同学们也都翘首以盼开业的到来。然而，在开业前一天，"爱乐团"打来电话，学校另有安排，时间正好冲突，无法如期为餐饮店开业演奏。小郑顿时感觉情况不妙。

请用4W1H法描述一下小郑遇到的问题：

没有问题是禁语

面对"你的工作是否存在问题？"的询问，我们往往得到的答案是"我的工作没有问题"。

其实，"没有问题"这种表述不够准确，准确的表述方式应该是"我现在还没有发现问题"。

```
发生了什么（What）：_____
_____

发生在哪里（Where）：_____
_____

问题涉及谁（Who）：_____

什么时间发生的（When）：_____

影响程度如何（How）：_____

问题描述结果：_____
_____
```

活动二："YY"提问法训练

选择一个你最近遇到的问题，如某科考试不及格、没有学习或工作的兴趣、与同学或同事关系不融洽、女朋友（男朋友）与自己闹分手、无法兼顾工作与学习、领导力不够、沟通能力太弱、自我管理能力差、经常沉迷于游戏等，采取"YY"提问法进行原因分析。

把分析过程及结果填写在下表：

```
Why：_____
Why：_____
Why：_____
Why：_____
Why：_____
根本原因：_____
```

如果连问5个为什么，仍然不能查找出问题的根本原因，你可以继续发问，或者采用其他分析工具来进行分析。

四、效果评估 Performance Evaluation

评估一：发现问题的能力

（一）情景描述

发现问题是一种能力，对不同的人而言，发现问题的能力也会有强弱大小之分。下面每一个问题都有5个相同的选项：A——完全符合，B——符合，C——不确定，D——不符合，E——完全不符合。请实事求是地选择最符合你自己实际情况的选项。

1. 我的想象力非常丰富。

2. 我对新事物有强烈的好奇心和旺盛的求知欲。

3. 我经常具有充沛的精力和清醒的头脑。

4. 我经常会问自己几个"为什么"。

5. 我不会人云亦云，我经常有自己的理解和判断。

6. 我对事物经常持怀疑态度，并会深究到底。

7. 工作、学习或生活中，我善于从细节着手，发现问题。

8. 别人经常夸我看问题比较深刻，对问题理解也比较到位。

9. 我经常能透过现象抓住事物的本质。

10. 我经常能用长远的眼光看问题，不拘泥于眼前的事物。

11. 面对大量的信息，我总能抓住最需要、最有价值的信息。

12. 我沟通能力很强，与人交流时能很快捕捉有价值的信息。

13. 我的责任感非常强烈，并愿意承担任何后果。

14. 我目标明确，很清楚自己在干什么。

15. 我知识渊博，视野广阔。

16. 我深信"实践出真知，工作经验越丰富，发现问题能力就越强"这句话。

17. 我工作或学习上取得的成绩一直都令人鼓舞。

18. 我经常能跳越思维怪圈，创新性地发现问题。

> 一个不能从根本上发现问题的产生原因的人，就不能将问题解决好，也就不可能"顺其自然"走向成功的。

（二）评估标准与结果分析

选择 A 得5分，B 得4分，C 得3分，D 得2分，E 得1分。把各题的所得分相加，就得出此次评估得分。

72分以上表明具有很强的发现问题的能力；

54～71分表明具备较好的发现问题的能力；

36～53分表明测试人发现问题的能力一般；

35分以下表明测试人发现问题的能力比较差。

评估二：分析问题的能力

（一）情景描述

在工作中，问题分析能力是指探究与问题相关的各种因素、分析具体问题的能力。请通过下列问题对自己的该项能力进行差距测评。

1. 你如何认识分析问题？　　　　　　　　　　　　　　（　　）

　A. 仔细分析才能制订有效的解决方案，没有分析就不能解决问题

　B. 我一般凭过去的经验来分析问题

　C. 我的直觉很好，我经常凭自己的直觉来分析问题

2. 在分析某个问题时，你能意识到几种促使问题发生的因素？（　　）

　A. 三种以上　　　　　　B. 两至三种　　　　　C. 最多一种

3. 当你分析完某个问题后，别人能找到某些遗漏吗？　　（　　）

　A. 通常找不到　　　　　B. 有时候能找到　　　C. 经常能找到

4. 你是否有过因为对问题认识不清而受到上司指责的情形？（　　）

　A. 从来没有　　　　　　B. 偶尔有　　　　　　C. 经常有

5. 遇到问题时，你是否会不加分析就着手解决问题？　　（　　）

　A. 从来没有　　　　　　B. 偶尔有　　　　　　C. 经常有

6. 你认为自己的逻辑思考能力如何？　　　　　　　　　（　　）

　A. 我善于逻辑推理

　B. 我的逻辑思考能力一般

　C. 我不善于逻辑思考

7. 你能否从一个问题联想到另一个与之相关的问题？　　（　　）

　A. 经常会　　　B. 有时会　　　　　C. 不会

8. 面对棘手的问题时，你能否透过问题的表象看到问题的本质？

　　　　　　　　　　　　　　　　　　　　　　　　　（　　）

　A. 通常能　　　B. 有时能　　　　　C. 不能

9. 遇到难题时，你能否准确找到解决问题的关键资源、关键人或问题的关键点？　　　　　　　　　　　　　　　　　　（　　）

　A. 通常能　　　B. 有时能　　　　　C. 不能

10. 碰到问题时，你能否通过分析问题及时制订出解决问题的方案？　　　　　　　　　　　　　　　　　　　　　　　（　　）

　A. 通常能　　　　　B. 有时能　　　　　C. 不能

> 分析问题时，我们不能过度依靠自己的偏好或经验，因为当自身的偏好或经验存在问题时，我们就无法找到原因或只能得出错误的结论。

（二）评分标准及结果分析

选 A 得 3 分，选 B 得 2 分，选 C 得 1 分。

24 分以上，说明你的分析问题能力很强，请继续保持和提升；

15～24 分，说明你的问题分析能力一般，一定要努力提升；

15 分以下，说明你的问题分析能力很差，请加强学习和训练。

第二节　方案设计与优化

职场在线

小李是某合资公司职员，工作积极主动，但一遇到问题就会推卸责任，常常抱怨是客观因素造成的。工作两年来，他感觉自己满腔抱负没有得到上级的赏识，就经常想：如果有一天能见到老总，有机会展示一下自己的才干就好了！

小李的同事小王，也有这样的想法。不过小王想，贸然直接找老总总是不好的，应该找一个合适的场所来展示才对。于是，他就去努力打听老总的上下班时间，算好他大概何时进电梯，自己也会在这个时间进电梯，希望能遇到老总。但遇到老总几次，小王却始终鼓不起勇气。

他们的同事小张，工作业绩好不说，与同事关系非常融洽，也善于思考与反思，所以工作上很得自己直属领导的赏识。但就是一直没有和老总沟通展示过自己的才能。于是，小张详细了解了老总的奋斗历程，弄清老总毕业的学校、人际风格、关心的问题等，并精心设计了谈话的内容与开场白，在算好的时间去乘电梯，并积极主动与老总打招呼沟通。经过几次谈话后，小张很快就取得了更好的职位。

> 无论你是销售保险的，销售汽车的，还是销售化妆品的，或者是酒店的服务生，你要记住你卖的并不是产品和服务，而是客户心中的需求，是需要解决问题的方案。

面对同样的问题，小李、小王、小张选择了不同的解决方案，也得到了不同的结果。他们各自的解决策略是什么？有什么不同？你觉得三人之中谁是真正的解决问题高手？他的优点有哪些？

一、能力目标 Competency Goal

　　无论是发现问题，还是清晰、准确地描述问题，甚至运用各种方法对问题进行分析，其最终目的就是设计一个具备可行性、有效性和针对性的解决方案。设计问题的解决方案是解决问题过程中最令人有成就感的环节之一，她需要通过对问题的描述、分析，提出观念和方法，并找出解决办法。

> **信心有助于解决问题**
> 　　信心会直接影响问题解决者的态度和行为，也会影响思维过程，对于问题解决的信心强，可以使思维处于激活状态，更容易想出对策来。

（一）解决问题的程序

　　解决问题是指利用某些策略和方法，使事物从初始状态的情境达到目标状态的情境的过程。解决问题必须要有明确的目的，如果没有明确的目的，也就缺乏解决问题的方向，解决问题就是一句空话。伴随着问题的解决必然有一系列的操作程序或流程，这些程序可以使得问题有条不紊地得到解决。解决问题的程序即解决问题的步骤或流程，一般包括描述问题、分析问题、设计解决方案、作出决策、方案执行与监控5个方面，如图所示：

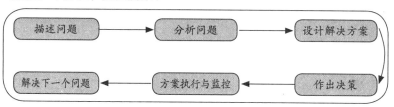

　　（1）描述问题。解决问题首先必须清晰准确地描述问题。问题描述有助于分析问题和解决方法的获得。

　　（2）分析问题。对问题进行科学的分析，查找问题产生的原因，寻找关键的问题点，从而明确出解决问题的目标。

　　（3）设计解决方案。查找到问题的原因，就可以针对性地提出假设，寻找各种解决问题的方案。该阶段是解决问题的关键步骤，是具有创造性的阶段，需要对已有的知识经验进行组织，涉及大量的认知活动。方案的设计必须依赖一定的方法与途径，设计的方案至少两种或两种以上。

　　（4）作出决策。并不是所有的方案都是最好的，你需要做的就是选择对问题解决而言最优最合适的方案。

　　（5）方案执行与监控。作出决策以后，还需要执行选择的最优方案。方案的执行有赖于你的执行计划。在执行过程中，还需要随时随地对进度进行监督，一旦发现偏离目标的行为出现，就需要及时地进行控制。

小李今年大学毕业，他把就业的目标城市定位在北上广。经过连续几个月的努力，小李终于被广州天河的一家公司录用，但遗憾的是该公司不提供住宿。来到广州之后，小李的住宿一下子就成了问题。刚开始的几天，小李暂住郊区一个小旅馆里，但距离上班较远，每天起得很早，交通成本又高，再加上每天60元的租金，使得小李带来的2000元钱很快就要用完。小李非常焦急，公司待遇刚开始又不高，家里也没有钱给自己，天河区房租又高，怎么办呢？尝试用解决问题的五个步骤来帮助小李解决下住宿问题。

（二）解决问题的方法

解决问题除了既定的程序之外，还需要掌握相应的工具与方法，这些工具与方法能够让我们用新的视角去观察我们熟悉的情形，进而突破思维限制，找到解决问题的措施或方案。

1. 头脑风暴法

在头脑风暴法的早期阶段不允许进行分析和评估，以便确保能公开看到原本的和不同的意见。为使与会者畅所欲言，互相启发和激励，达到较高效率，在进行头脑风暴时必须严格遵守下列原则：

（1）禁止批评和评论，彻底防止出现一些"扼杀性语句"和"自我扼杀语句"，在别人设想的激励下，集中全部精力开拓自己的思路。

> 当你只有一个主意时，你是最危险的。
> ——[法]艾米尔·夏蒂尔

以回形针为例，5分钟的头脑风暴后，某人想到它的用途如下：

清洁指甲缝、清洁小管子、做领带夹、掏耳朵、做挂图钩、扎小洞、螺丝起子、铸钓鱼钩、应急用于文胸搭扣、保险丝、开启信封、弹射物体、牙签、别住袖口翻边、装饰品、清洁打印机等仪器、做拉链头等。

你还想到有其他什么用途吗？

（2）目标集中，追求设想数量，越多越好。

（3）鼓励巧妙地利用和改善他人的设想。

（4）与会人员一律平等，各种设想全部被记录下来。

（5）独立思考，不干扰别人思维。

（6）不强调个人的成绩，应以小组的整体利益为重；不以多数人的意见阻碍个人新的观点的产生，激发个人追求更多更好的主意。

头脑风暴会议的与会者以5～10人为宜，具体程序如下：

（1）由主持人解释问题，分析并阐述议题。

（2）强调背景信息和历史，帮助大家理解。

（3）启发、鼓励大家提出设想。用简洁的语言阐明目标。

（4）应有人在白板上记下每个想法。留出时间让大家静静思考。

（5）制止批判性的意见，鼓励观点的交互融合。

（6）确定选择可行方法的标准。选出最好的想法。

2. 六顶思考帽

英国学者爱德华·德·博诺（Edward de Bono）博士开发的思维训练模式"六顶思考帽"，提供了"平行思维"的工具，避免将时间浪费在互相争执上，强调的是"能够成为什么"，而非"本身是什么"。运用六顶思考帽，将会使混乱的思考变得更清晰，能极大地提高思考的速度。

小知识

六顶思考帽

颜色	含义
白色思考帽	白色是中立而客观的，代表客观的事实和资讯，中性的事实与数据帽，处理信息的功能。
红色思考帽	红色是情感的色彩，代表感觉、直觉和预感，情感帽，形成观点和感觉的功能。
黑色思考帽	黑色是阴沉的颜色，意味着警示与批判，谨慎帽，发现事物的消极因素的功能。
黄色思考帽	黄色是顶乐观的帽子，代表与逻辑相符合的正面观点，乐观帽，识别事物的积极因素的功能。
绿色思考帽	绿色是春天的色彩，是创意的颜色，创造力之帽，创造解决问题的方法和思路的功能。
蓝色思考帽	蓝色是天空的颜色，笼罩四野，控制着事物的整个过程，指挥帽，指挥其他帽子，管理整个思维进程。

有两种使用六顶思考帽的基本方法：一种是单独使用某顶思考帽来进行某个类型思考的方法，另一种是连续地使用思考帽来考察和解决一个问题。一个典型的六顶思考帽在实际中的应用步骤如下：

（1）陈述问题事实（白帽）。

（2）提出如何解决问题的建议（绿帽）。

（3）评估建议的优缺点：列举优点（黄帽）；列举缺点（黑帽）。

（4）对各项选择方案进行直觉判断（红帽）。

（5）总结陈述，得出方案（蓝帽）。

六顶思考帽的概念有两个主要目的：第一个旷日持久是简化思考，让思考者在某一时间只做一件事情。第二个目的，就是让思考者可以自由地转换思考方式。
——[英]爱德华·德·博诺

3. 思维导图

思维导图是通过带顺序标号的树状的结构来呈现一个思维活动，将放射性思考具体化的过程，它借助可视化手段促进灵感的产生和创造性思维的形成。思维导图是基于对人脑的模拟，它的整个画面正像一个人大脑的结构图，能发挥人脑整体功能。它以一种独特有效的方法驾驭整个范围的磊脑皮层技巧——词汇、图形、数字、逻辑、节奏、色彩和空间感。

绘制思维导图的步骤如下：

（1）从一张白纸的中心开始绘制，周围留出空白。

（2）用一幅图像或图画表达你的中心思想。

（3）在绘制过程中使用颜色。

（4）将中心图像和主要分支连接起来，然后把主要分支和二级分支连接起来，再把三级分支和二级分支连接起来，以此类推。

（5）让思维导图的分支自然弯曲而不是像一条直线。

（6）在每条线上使用一个关键词。

（7）自始至终使用图形。

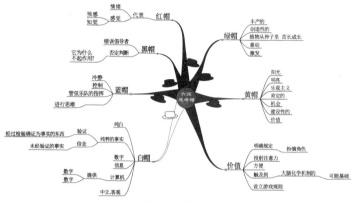

六顶思考帽的思维导图

（三）解决方案的设计

在发现问题并通过思维发散后，我们会得到很多初步解决方案。然后需要将其再次聚集起来。

设计解决方案包括行动线路，它应当尽可能密切地满足你的标准。这有可能反过来抑制观点的形成。最佳办法是，一旦你已经探究了所有的可能性以后，就尽可能多地创造能实现你目标的观点，并按照这些标准检测它们。

> 如果我们不把自身当作一个问题看待的话，就永远不会发现生活中的其他问题。

在设计解决方案时，找到原因就匆忙考虑具体对策的做法是不可取的，还需要对解决方案的对策构思进行发散、集中和具体化。

1. 对策构思的发散

考虑对策方案的时候，不是突然就去思考，而是把有效的对策构思列出清单。即使是相近的构思或实现可能性低的构思也无妨，尽可能找出更多的构思。

2. 对策构思的集中

在选定找出的构思时，有效的方法是按照归类、体系化整理、评价三个步骤进行。

（1）针对找出的构思把内容相似的归为一类（归类）。

（2）在构思的分类当中，还混杂着具体构思和抽象构思两类，再把这些构思整理成体系（体系化整理），从这个成体系化的构思中选择可以具体实施的方案。

（3）在进行选择的时候，对每个对策要从费用和效果的比例关系、所需要的时间、风险等几个角度为其打分、进行评价。

3. 对策构思的具体化

从评价结果好的构思开始具体实施工作。在对策构思的具体化方面，首先，应该考虑对策会发生怎样的变化，即现在处于怎样的状态以及要将它变成怎样的状态。其次，还要确定需要做什么、按怎样的步骤来进行以及谁负责开展工作等。

> 一流的员工解决问题，末流的员工抱怨问题。

▶ 小故事

英国某家报纸曾举办一项高额奖金的有奖征答活动。题目是：在一个充气不足的热气球上，载着三位关系世界兴亡命运的科学家。第一位是环保专家，他的研究可拯救无数人们，免于因环境污染而面临死亡的厄运。第二位是核子专家，他有能力防止全球性的核子战争，使地球免于遭受灭亡的绝境。第三位是粮食专家，他能在不毛之地，运用专业知识成功地种植食物，使几千万人脱离饥荒而亡的命运。此刻热气球即将坠毁，必须丢出一个人以减轻载重，使其余的两人得以活存，请问该丢下哪一位科学家？

问题刊出之后，因为奖金数额庞大，信件如雪片飞来。在这些信中，每个人皆竭尽所能，甚至天马行空地阐述他们认为必须丢下哪位科学家的宏观见解。

最后结果揭晓，巨额奖金的得主是一个小男孩。他的答案是：将最胖的那位科学家丢出去。

（四）解决方案的优化

解决方案的优化是指把要解决的问题作为一个系统，对系统要素进行综合分析，优化解决问题的方案。

解决方案的优化要着眼于整体与部分、系统与环境等方面的相互联系和相互作用，以整体的高度、全过程的通盘考虑，来协调和处理具体任务和所需资源，以求得优化的整体目标。

在优化方案的过程中，我们会通常借助于假设或者验证对方案进一步的分析研究，使其更加完善。

1. 假设

在解决问题的过程中，通过建立假设，确定研究的方向和具体目标，并在此基础上制定可操作的流程，将分析和研究落到实处。一个假设应满足两个基本条件：

（1）能解释已知事实；

（2）能预言或解释尚未观察到的现象或事实。

很多时候，在分析的基础上提出的假设可能不止一种，通过证明或者证伪，都有利于一步步逼近问题的解决。

2. 验证

对假设进行检验，通常有两种检验方法：

（1）通过推理，即在思维中按假设进行推论，如果能合乎逻辑地论证预期成果，就算问题初步解决。

（2）通过实践检验，即根据假设，针对性地制订方案并实施，如果成功就证明假设正确，同时问题也得到解决。

二、案例分析 Case Study

案例一：联合利华与小工

联合利华引进了一条香皂包装生产线，结果发现这条生产线有个缺陷：常常会有盒子里没装入香皂。

总不能把空盒子卖给顾客啊，他们只得请了一个学自动化的博士后设计一个方案来分拣空的香皂盒。博士后拉起了一个十几人的科研攻关小组，综合采用了机械、微电子、自动化、X射线探测等技术，花了几十万，成功解决了问题。每当生产线上有空香皂盒通过，两旁的探测器会检测到，并且驱动一只机械手把空皂盒推走。

中国南方有个乡镇企业也买了同样的生产线，老板发现这个问题后大为发火，找了个小工来说："你给老子把这个搞定，不然你滚蛋。"

小工很快想出了办法：他花了90块钱在生产线旁边放了一台大功率电风扇猛吹，于是空皂盒都被吹走了。

思考：联合利华的这个案例给我们带来什么启示？

> 有智慧就请拿出本事，没有智慧就请付出汗水。如果既没有智慧又不愿意付出汗水，那就请把工作让给其他人。

案例二：直升机扫雪

有一年，美国北方格外严寒，大雪纷飞，电线上积满冰雪，大跨度的电线常被积雪压断，严重影响通信。过去，许多人试图解决这一问题，但都未能如愿以偿。后来，电信公司经理应用奥斯本发明的头脑风暴法，尝试解决这一难题。他召开了一种能让头脑卷起风暴的座谈会，参加会议的是不同专业的技术人员，要求他们必须遵守以下原则：

第一，自由思考。即要求与会者尽可能解放思想，无拘无束地思考问题并畅所欲言，不必顾虑自己的想法或说法是否"离经叛道"或"荒唐可笑"。

第二，延迟评判。即要求与会者在会上不要对他人的设想评头论足，不要发表"这主意好极了！""这种想法太离谱了！"之类的"捧杀句"或"扼杀句"。至于对设想的评判，留在会后组织专人考虑。

第三，以量求质。即鼓励与会者尽可能多而广地提出设想，以大量的设想来保证质量较高的设想的存在。

第四，结合改善。即鼓励与会者积极进行智力互补，在增加自己提出设想的同时，注意思考如何把两个或更多的设想结合成另一个更完善的设想。

按照这种会议规则，大家七嘴八舌地议论开来。

有人提出设计一种专用的电线清雪机；

有人想到用电热来化解冰雪；

有人建议用振荡技术来清除积雪；

有人提出能否带上几把大扫帚，乘坐直升机去扫电线上的积雪。

对于这种"坐飞机扫雪"的设想，大家心里尽管觉得滑稽可笑，但在会上也无人提出批评。相反，有一工程师在百思不得其解时，听到用飞机扫雪的想法后，大脑突然受到冲击，一种简单可行且高效率的清雪方法冒了出来。他想，每当大雪过后，出动直升机沿积雪严重的电线飞行，依靠高速旋转的螺旋桨即可将电线上的积雪迅速扇落。他马上提出"用直升机扇雪"的新设想，顿时又引起其他与会者的联想，有关用飞机除雪的主意一下子又多了七八条。不到一小时，与会的10名技术人员共提出90多条新设想。

会后，公司组织专家对设想进行分类论证。专家们认为设计专用清雪机，采用电热或电磁振荡等方法清除电线上的积雪，在技术上虽然可行，但研制费用大、周期长，一时难以见效。那种因"坐飞机扫雪"激发出来的几种设想，倒是一种大胆的新方案，如果可行，将是一种既简单又高效的好办法。经过现场试验，发现用直升机扇雪真能奏效，一个久悬未决的难题，终于在头脑风暴会中得到了巧妙的解决。

头脑风暴的特点是让参会者敞开思想使各种设想在相互碰撞中激起脑海的创造性风暴。

> 优秀的员工，是最擅长解决问题的员工。只有勇敢面对问题，才能激发我们潜藏的力量，唤醒我们麻痹的问题解决智慧。面对问题的最好办法就是：对问题负责，勇敢地面对问题，开动脑筋解决问题。

三、过程训练 Process Training

活动一：头脑风暴训练

（一）活动过程

1. 确定一样物品，比如可以是一副眼镜、一张A4纸、大头针、铅笔或者其他任何东西，让学员在1分钟以内想出尽可能多的其他用途。

2. 5～7人为一个小组，每个组选出一人记载本组所想出的主意的数量，在一分钟之后，推选出本组中最新奇、最疯狂、最具有建设性的主意，想法最多、最新奇的组获胜。

3. 规则：

（1）不许有任何批评意见，只考虑想法，不考虑可行性。

（2）想法越古怪越好，鼓励异想天开。

（3）可以寻求各种想法的组合和改进。

（二）问题与讨论

1. 你是否会惊叹于人类思维的奇特性，惊叹于不同人想法之间的差异性？

2. 头脑风暴对于解决问题有何好处，它适于解决什么样的问题？

活动二：堡垒问题与肿瘤问题

（一）情景描述

材料一（堡垒问题）：

一位独裁者对一个小国实施独裁统治，独裁者住在一个牢固的堡垒中统治全国。这个堡垒位于国家的中央，四周都是农场和村庄。堡垒外有许多条道路向远处发散，就像车轮上的轮辐。一位将军率领部队在边境地区发动起义，计划要攻下堡垒，解放全国。将军知道如果整个军队同时发动进攻，就会取得胜利。士兵们停在其中一条通向堡垒道路的起始端，准备攻打堡垒。然后一个间谍给将军带来了一份令人苦恼的情报。无情的独裁者在每个方向的道路上都埋了地雷，只有小部分人可以避开雷区安全通过，因为独裁者的士兵和工人也要进出堡垒。但是，任何大规模的武装力量经过时都会引爆地雷，这不但会炸毁前进的道路，使攻打行动变得不可能，而且还会毁坏许多村庄。

材料二（肿瘤问题）：

设想一下，你是一名医生，面对一个胃里有恶性肿瘤的病人，不消除肿瘤他就会死去。由于病人的身体问题，只能通过不开刀的治疗方式。有一种射线可以杀死肿瘤，但是如果这种射线以高强度一次性充分接触肿瘤，肿瘤就会被消除。可惜的是，在高强度射线经过时，这种射线同样也会损害健康组织；低强度的射线不会对健康组织造成影响，但是其强度也无法消除肿瘤。

> SMART 原则是目标管理中的一种方法。目标管理由管理学大师彼得·德鲁克于1954年提出。SMART原则便是为了达到这一目的而提出的一种方法，它在企业界有广泛的应用。它首次出现在1981年12月美国发行的《管理评论》（*Management Review*）上（由 George Doran、Arthur Miller 和 James Cunningham 编著）。
>
> SMART 原则还有另一种变体——SMARTER，后两个字母"E"和"R"分别对应 Evaluate（评估）和Reevaluate（再评估）。

问：材料一中将军应该如何成功夺取城堡？

问：材料二中医生如何利用射线来消除肿瘤？

（二）解决方案设计

以上堡垒问题和肿瘤问题的案例表面看起来毫无关系，但是它们都涉及分散—集中的解决问题策略。军队和射线是消除问题的手段，堡垒和肿瘤是预期目标。

针对堡垒问题的解决方案是：一个好办法是将兵力分散，从各个角度攻入，这样避免了地雷爆炸，也保证有足够的攻城力量。

军队可以分成若干小组，但射线不能分割。射线问题可以采用分散的方法，将几台仪器放到一起并降低射线的强度，即用多个强度不高的射线集中对付肿瘤。

因此，这两个问题在结构上类似如下图所示：

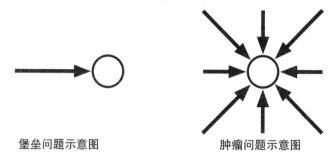

堡垒问题示意图　　　　　　肿瘤问题示意图

四、效果评估 Performance Evaluation

评估一：解决问题情境测试

（一）情境描述

在上班的路上，从远处你看到一群人在围观，好像有什么事发生了，但由于距离较远，你无法看清楚，你有种不祥的预感，你直觉这件事会是什么？

A. 交通事故　　　　　　B. 路人打斗

C. 小偷偷东西被抓了　　D. 发生命案

E. 非法集会　　　　　　F. 免费赠送试用品

> 只为解决问题找方法，不为逃避责任找借口。
> ——李嘉诚

（二）评估标准与结果分析

选择 A：你行为上较为直观，属于循规蹈矩类型，遇到问题会根据自己逻辑来处理，但大部分时候，需要别人的帮忙，才能更好地解决问题，因此你必须在职场上处理好人际关系，在困难的时候，才有人及时给你帮助喔！

选择 B：说明你在职场上经常遇到一些问题或者小人，直接影响你的情绪和工作效率，当问题过于严重时，你会采取偏激手法来解决，如同别人争执或者直接辞职，这显然不是好办法，当你遇到问题，应该想想问题的根源，想办法去解决，而不是一味做出不合理的举动。

选择 C：选择这个答案的人，属于聪明反被聪明误的人，吃不了一点亏，事实上你很精明、很善于观察别人，当工作上遇到问题时，你很会把困难推给别人，时间长久了，别人会觉得你特别有心计，因此真正发生大问题时，很少人会站在你这边。

选择 D：你属于职场上的好老人，遇到什么问题，都会想办法去解决，不想麻烦别人，但一个人的力量有限，当遇到过多的事情，你无法解决，可以请教上司或者同事帮助，不需要什么事情都要往自己身上扛。

选择 E：你善于交际，很会讨好人，因此有着良好的人际关系，当工作遇到问题时，会得到别人的帮助，但你过于依赖，本身欠缺实力和竞争力，一旦与别人发生利益冲突时，你往往成为别人的牺牲品，因此你必须加强自己本身的实力才能在工作中取得更好的成绩。

选择 F：你为人乐观、开朗，经常抱着侥幸之心，对问题看法过于表面和肤浅，遇到问题通常会采取得过且过的逃避方式；因此你应该学会正视问题的根源，采取有效方法来解决，逃避只是治标不治本。

评估二：你的解决问题能力强吗？

（一）情境描述

一些日常生活中的琐事，看起来无关紧要，而万一处理不当，往往会给你带来许多麻烦。下列试题能测评你处理问题的能力如何。

1. 生日、结婚、纪念日等，这些看来你不可避免地要花钱时:（　　）

   A. 只送礼物给那些被你认为是重要的人

   B. 事先说你有事不能参加，事实上你并没有什么事情，只是为了不送红包

   C. 经常收集一些小的或比较奇特的礼物来应付这些情况

2. 你和别人发生矛盾或纠纷，不得不去法庭诉讼时:（　　）

   A. 因为去法庭的焦虑和不安而失眠

   B. 这是人生中难免要发生的事件之一，并不怎么重要

   C. 暂时把它忘却，到出庭时再设法去应付

3. 你房间里的家具被水管漏水给损坏时:（　　）

   A. 你非常不快，口口声声地抱怨着

   B. 你想借此不交房租，并写了批评信

   C. 你自己擦洗、修理、使家具复原

4. 你和邻居发生了争执，久无结果时:（　　）

   A. 出外散步或消遣，来平息你的愤怒

   B. 请来律师，讨论怎样诉讼

   C. 靠喝酒来解闷，把它忘了

5. 生活中的各种压力使你和爱人变得易怒时:（　　）

> 本钱没有问题，技术没有问题，市场没有问题，什么都没有问题，就是人的问题，一切都是人的问题。你把人搞好了，你什么事都可以做；你人搞不好，你迟早要出问题。

A. 你想尽量不钻牛角尖，设法避免引起争吵

B. 设法向朋友倾诉

C. 坚持和爱人一起讨论，研究解决的办法

6. 一位好友将要结婚，而你认为他们的结合将会是痛苦的：（　　）

A. 设法使自己认为时间还允许朋友改变计划

B. 不必着急，因为你相信一切都会好起来的

C. 认真地给那位朋友进行解释，耐心地阐述你的观点

7. 你的能力得到承认，并得到了一个重要工作时：　　（　　）

A. 放弃这个机会，因为这项工作的要求太高

B. 怀疑自己能否承担起这项工作

C. 仔细分析这项工作的要求，做好准备设法把它干好

8. 你的亲友在事故中受了重伤，当你得知这个消息时：　　（　　）

A. 服镇静药来度过以后的几小时

B. 抑制住自己的感情，因为你还要告诉其他亲友

C. 听到消息便失声痛哭

9. 每逢节假日，你和爱人总要为去看望谁的父母而发生争执：（　　）

A. 你认为最好的办法是：谁的父母都不去看望，以减少麻烦

B. 订个计划，轮流看望双方父母

C. 决定在重要的节假日里和你的家人团聚，而在其他节假日里
与爱人的家人共度

10. 当你感觉身体不舒服时：　　　　　　　　　　　　（　　）

A. 拖延着不去就诊，认为慢慢会好的

B. 自己诊断一下，去药房买药

C. 及时告诉家人，然后去医院检查

> 感情的力量虽是无形的，却往往能解决许多棘手的问题，使许多看似不可能的事出现意外的转机。

（二）评估标准与结果分析

以上各题得分如下，将各题得分累加：

题号	1	2	3	4	5	6	7	8	9	10
A	2	1	1	3	2	2	1	2	1	1
B	1	3	2	2	1	3	2	3	2	2
C	3	2	3	1	3	1	3	1	3	3

15分以下，说明你解决问题的能力较差；

15～25分之间，说明你解决问题能力一般，有时稍有迟疑；

25分以上，说明你处理问题的能力很强。

第三节 决策评估与实施

职场在线

为解决公司服务标准不统一，从而导致顾客抱怨比较大的问题，王总决定选择"重新编写公司统一服务标准"这一方案来解决该问题，并委托小李作为负责该方案的计划制订与执行人。

小李参加工作两年不到，在公司还属于新人，但小李精力充沛，敢作敢当，不怕困难，业务能力比较强，很得王总的信任。

小李非常开心成为该问题解决的执行人，于是他马上着手制订计划。他把该方案分为四个阶段，即分析、准备、制订、评估，并围绕每个阶段，他都划分出了关键的任务，并制定了任务书，安排了完成时间，也预测了所需的资源。

计划准备妥当，接下来就是执行啦！小李于是召集各细分任务的执行人和所涉及部门的相关领导开会。令小李没有想到的是，自己满意的计划却受到了集体的抵制，很多分任务的执行人都说小李事先没有和他们商量就安排完成时间，涉及部门的领导也说按照计划到时也很难提供相应的资源支持，甚至有部分执行人说对该任务根本没有兴趣。小李一下子慌了，不知该如何办？于是他请示王总，王总到会场给大家下了通牒，全力配合小李完成任务，其他的都暂时搁放一边。

小李非常欣慰，接下来他决定要一项一项督促任务的按时落实。但又令小李始料不及的是，很多分任务的完成都存在超时的现象，按照这种情况发展，到期肯定无法完成服务标准的编写与评估工作。于是小李就逐项跟进，却令小李感觉非常累，连最重要的大纲都没有来得及商定，就病了一场。

更棘手的是，有些相关部门领导故意拖延资源提供时间，小李也是敢怒不敢言。没办法，小李只能低三下四地请求他们来完成。

更令小李沮丧的是，王总要求服务标准的制定要更高一层，因为竞争对手刚刚制定了一份服务标准，内容比小李制订的还要好。

小李非常困惑，可能又要重新修改计划啦！

解决方案在落实之前除了进行评估之外，可能还需要获得其他人的配合、认同，这时你需要让他们参与决策，并说服他们参与。只有这样，解决方案才能真正落实，才能真正解决问题，达成目标。

> 除非决策能够落实，否则不能够称为决策。
> ——[美]彼得·德鲁克

> 管理就是决策，决策是管理的核心。
> ——[美]赫伯特·西蒙

一、能力目标 Competency Goal

当我们拥有大量能有效解决问题的方案时，我们就要对方案进行评估，并选定一个比较优化和合理的方案，之后还要转化为有效的行动才能解决问题。为了使方案转化为行动，还需要制订具体、详细的行动计划，并对实施过程中的计划进行监督和控制，最终使问题得到解决。

（一）决策评估

面对大量能有效解决问题的方案时，你会发现每一个方案都有一定的优势和劣势。为了获得最大的效率，需要对它们进行评估。我们对方案的选择经常是互相冲突的需要之间的妥协，是每个解决方法中的利和弊之间的妥协。最终选定一个比较全面地照顾了各方面的最优方案。评估过程可以被细分为以下三个阶段：

1. 设定评估标准

如果所有方案都尝试一遍，会耗费大量的人力、物力，因而是不可能的。那么优先选用哪种解决方案呢？哪种方案在实施时，适合的可能性更高呢？这样，我们就需要一套严格的标准评价所有备选方案，确定它们的优先级别。

在选择解决方案时，我们永远处于两个极端状态之间的博弈。

解决方案的选择范围		
战略的	← →	战术的
领先优势的	← →	谨慎小心的
剧烈的	← →	递增的
痛苦的	← →	快乐的
革命的	← →	渐进的
理想的	← →	现实的
高风险的	← →	低风险的

在设定评估标准时，一般观察的关键点有如下几个：

（1）接受度——客户和利益相关者是否同意实施项目？

（2）需要的软件和硬件成本——成本可控吗？

（3）方案所需的时间——实施需要多长时间？

（4）执行的风险——你无法实现预期利润或目标的风险有多大？

（5）方案的可行性和可操作性——方案可行和可操作吗？

（6）质量或效果——项目出色地达到目标的程度如何？

2. 运用评估工具

成本收益分析、达成共识法、优先坐标法、成对比较法、决策表、决策平衡单、决策树等都是常用的解决方案评估方法。

错误的行为源于错误的认识，而错误的认识又源于对问题做了错误的分析和错误的决策。

绝不能在没有选择的情况下，作出重大决策。
——［美］李·艾柯卡

（1）成本收益分析。成本收益分析是一种比较技巧，即比较具体行动过程的成本以及结果所获得的财务收益。它是用货币的形式来评估行动过程的可实施性的一种方法。这种方法并没有包括所有类型的成本和收益，例如客户满意度、员工道德或环境敏感性等，因此，最好把它与其他决策制定工具结合起来使用。

▶ **小故事**

很久以前，一个人偷了一袋洋葱，被人捉住后送到法官面前。

法官提出了三个惩罚方案让他选择：

A. 一次性吃掉所有的洋葱；

B. 鞭打一百下；

C. 缴纳罚金。

这个人选择了一次性吃掉所有的洋葱。一开始，他信心十足，可是吃下几个洋葱之后，他的眼睛像火烧一样，嘴像火烤一般，鼻涕不停地流淌。

他说："我一口洋葱也吃不下了，你们还是鞭打我吧。"

可是，在被鞭打了几十下之后，他再也受不了了，在地上翻滚着躲避皮鞭。

他哭喊道："不能再打了，我愿意交罚金。"

此人成了全城的笑柄，因为他本来只需要接受一种惩罚的，却将三种惩罚都尝遍了。其实，生活中我们许多人都有过这样的经历，由于我们对自己的能力缺乏足够的了解，导致评估和决策失误，而尝到了许多不必要的苦头。

> 正确的决策来自众人的智慧。
> ——［美］T. 戴伊

（2）达成共识法。达成共识法能够用一种有条理、有效率的方法使一群人达成共识。达成共识法包括对协议标准投反对票的个人，但不止如此，因为共识要求可以无异议地接受和支持所选择的解决方案。具体步骤是：解释作决策的需要并找出观点或方案；核查理解并协定标准；投票；审核结果并寻求共识。

达成共识法能够使群体里的每个成员都能积极地参与决策并清楚地理解其他人的看法。最终选择的观点将获得所有人的高度接受和支持。

（3）优先坐标法。优先坐标是帮助团队决定采用哪种选项或解决方案的一种工具，它使用的标准是报偿结果以及实施的难易程度。

这种方法要求首先用头脑风暴法找出选项并评估结果，然后建立坐标，标明选项在两个刻度表上的相对位置，使用易事贴，这样就容易沿着坐标移动选项，直到你对它们正确的相对位置感到满意为止。显然，越接近坐标的右上角，选项就越好。利用所有选项的相对位置来确定哪个选项得到的报偿最大，同时又易于操作。

小故事

猪很想发达，但一直没有好的项目。鸡知道了猪的想法，就对猪说："有一个项目咱俩合作一定能火。"猪于是很感兴趣，问鸡"是什么项目呢？"鸡说："咱俩合作生产鸡蛋火腿肠吧。"猪一听，很爽快地答应了。

小故事

两个饿得快要倒毙在地的人，爬到一块玉米地的边上，这些玉米正好能给他们恢复体力和重新获得生命的机会。其中的一人追求最优，他的想法是，既然要填肚子，那么最好的方式就是找到一个最大的玉米，找到它就能延续生命。于是他在玉米地里不停地爬行、寻觅。最大的玉米还没有找到，他就饿死在这寻找的途中。

第二个人追求满意，他想：只要能填肚子，一个比较大的玉米就行。于是，在他的手所能触及的范围内，摘下来一只最大的玉米。吃下去之后，体力便恢复了一点；于是他在能力所允许活动的范围内继续寻找，再找到一个最大的玉米吃下去……他的生命终于得救，体力也完全恢复。最后，这块地里最大的玉米被不断寻找满意的他得到了。

（4）成对比较法。在许多情形下都有几种选择或替代选择，但我们需要确定哪种选择或哪些选择的组合能够提供最好的结果。成对比较法通过在一系列成对组合中进行选择，评估小范围的选项。在表格的左边一列写下需要评估的选项和替代选择，确定用什么标准来评估成对的选项。比较选项1和选项2，确定哪个更好，在表格上圈点更好的选择。再依次比较选项1和选项3，选项1和选项4，选项1和选项5，选项1和选项6，选项2和选项3……通过成对比较法对几个选项进行评估后，决策就会更清晰。

小张决定如何花费年终奖的成对比较表

序号	选项	成对比较法					选择次数	排名
1	出国旅游	① 2	① 3	① 4	① 5	① 6	5	1
2	装修房子	② 3	② 4	2 ⑤	② 6		3	3
3	投资养老金	③ 4	3 ⑤	3 ⑥			1	5
4	投资股票	4 ⑤	4 ⑥				0	6
5	购买家电	⑤ 6					4	2
6	捐给慈善机构						2	4

3. 评估风险

通过对方案的风险进行评估，你可以在有利条件和不利条件之间获得最佳的平衡。这时，你需要做的是检查与这一解决方案相连的可能风险，这些风险我们能接受吗？我们能把这些风险最小化吗？大多数风险可能出现在发展和评估解决方案期间或实施这一解决方案期间，原因是运用了不准确的信息。

（二）决策采纳

一旦决定了要采用的解决方法，你可能需要获得其他人的配合、认同或实施它的权力，需要理解他人反对、拒绝你的原因，还要通过演讲来说服他们。

1. 让他人参与

我们独自一人选择一个解决方法并实施它，而没有其他任何人参与到决定过程中，这是很常见的。但有时，你可能因为关系的需要或者出于对他人的尊重或者问题本来就是组织的问题而非个人的问题而必须与他人商量解决方案。同时，你可能要获得额外的信息或特殊领域的资源和专家的帮助。所以获得他人的承诺和帮助是有效解决问题的途径之一。

> 管理大师德鲁克认为决策就是判断，是在各种可行方案之间进行评估和选择。但它很少是在正确和错误之间进行选择，而主要是在"几乎正确"和"可能错误"之间进行选择。

▶ **小故事**

美国通用电气公司是一家集团公司，1981年杰克·韦尔奇接任总裁后，认为公司管理得太多，而领导得太少，"工人们对自己的工作比老板清楚得多，经理们最好不要横加干涉"。为此，他实行了"全员决策"制度，使那些平时没有机会互相交流的职工、中层管理人员都能出席决策讨论会。"全员决策"的开展，打击了公司中官僚主义的弊端，减少了烦琐程序。

实行了"全员决策"，使公司在经济不景气的情况下取得巨大进展。他本人被誉为全美最优秀的企业家之一。

杰克·韦尔奇的"全员决策"有利于避免企业中的权力过分集中这一弊端。让每一个员工都体会到自己也是企业的主人从而真正为企业的发展着想，这绝对是一个优秀企业家的妙招。

如果你希望部属全然支持你，你就必须让他们参与，而且越早越好。

2. 消除反对的理由

我们的方案无论它多么完美，如果要让全体参与此事或受到影响的人都参与决策，它的成功或失败有时不能完全由我们掌控。反对声音越大，我们的方案就越有可能被拒绝。即使那些有权批准这一方案的人不提出反对意见，来自其他人的反对也可能影响到他们的决策。因此，必须对潜在的重大反对声音进行辨别，以便我们能为方案的顺利通过制订出制胜的计划。

> 有效的决策人，首先要辨明问题的性质：这是一再发生的经常性问题呢，还是偶然的例外？

3. 推销你的方案

你可以根据情况来决定采取口头或书面的方式表达你的解决方案。若你有选择的余地，你可以在会上以口头方式表达，这样你便有立刻得到反馈并对疑问和目标做出有效说服的机会，同时，口头报告即演讲还可以发挥你的演讲魅力。在推销你的方案的时候，你可能需要让听众参与，并照顾参与者的利益，作出适当的让步。

4. 方案被拒绝

如果方案涉及事物的重大变化、资源的广泛占用或创新时，方案被拒绝是非常正常的事情。如果方案被拒绝，你还可以：

（1）核查你的表达。你要审查一下你是否有效地表达了自己的观点。如果不是，若还有机会的话，可能需要重新表述自己的观点。

（2）找准关键人。关键人就是那个能批准并通过你的方案或对决策者施加压力的人。关键人的态度对你的方案通过至关重要。

（3）针对不同意见。如果有不同意见，你可能得重新修订你的方案，然后再一次进行表述。

（4）寻找其他方案。如果有不可逾越的障碍，那就只能寻找其他的解决议案了。

> 备选方案不是越多越好、越复杂越好，而是要达到能够满足分析对比和实现决策目标的要求，能够较充分利用外部环境提供的机会，并能较好地利用内部资源。

（三）决策的实施

决策的实施包括制订和落实行动计划，以及对行动的监督和控制。

1. 制订行动计划

方案实施的效果有赖于一个良好的行动计划及监控程序。所以，制订一个合理的、有效的行动计划是落实问题解决的重要环节。

◤ 小案例

为解决当前人手欠缺的问题，李总把招聘技术骨干人员作为其解决问题的最佳方案，为有效执行该方案，李总把方案按照工作分解结构法进行了任务分解，如下表所示：

阶段	关键任务	次一级任务
阶段一：人员需求分析	确定人员编制	1. 调查空缺岗位数量；2. 确定招聘人数。
	制定工作描述	1. 明确招聘岗位的工作任务；2. 明确招聘岗位的工作职责。
	制定人员规范	1. 明确招聘岗位所必需的人员要求；2. 其他要求。
阶段二：吸引候选人	撰写招聘广告	1. 撰写招聘广告；2. 领导审核。
	发布广告	1. 选择合适的发布渠道；2. 接洽并进行广告发布。
	接收简历	1. 每天定时接收简历；2. 初步审查简历，淘汰不合格简历。
阶段三：选拔人员	筛选初始申请人	1. 第一轮筛选简历；2. 第二轮筛选简历。
	选出面试人员	1. 选出最终参加面试的人员；2. 通知面试人员。
	面试候选人	1. 组建面试团队；2. 面试题目制订；3. 面试方式确定；4. 正式面试。
阶段三：后期安排	做出决定	1. 决定录用哪些人员。
	通知候选人	1. 通知候选人面试结果；2. 告知候选人其他相关事项。
	体检	1. 选择体检定点医院；2. 安排体检；3. 体检结果接收。
	试用及相关事宜	1. 入职安排与指导；2. 跟踪考核。

（1）行动内容。行动计划要描述所要求的行动是什么，以及为了保证成功我们如何实施。任何行动计划运用图表来表达行动的顺序和它们对整个目标的贡献依然是比较明智的选择。

（2）任务分解。如果你要解决的问题是个复杂的大问题，你就可能需要借助工作分解结构法（WBS，Work Breakdown Structure）进行任务分解了。工作分解结构法包括以下几个步骤：

第一，把问题解决的最佳方案分成几个大的阶段，思考每个阶段都需要做些什么，把它们记录下来，你就有了关键的任务。

第二，看一下每个关键的任务，同样，思考完成每一个关键任务都需要做些什么，把它们记录下来，你就有了次一级的任务。

第三，继续分解下去，你就会列出问题解决要完成的所有任务。

第四，使每一项任务都处在正确的位置上，使用金字塔形结构图或列表格式来表示工作分解的结果，这就是工作分解结构法。

（3）确定工作任务书。通过工作分解结构法，可以确定出解决问题所要完成的工作任务，接下来，要思考的是这些任务该由谁来执行？为更好地执行方案，解决问题，就必须确定出工作任务书。工作任务书（SOW，Statement of Work）是一种确定任务分配的有效方法，它建立在工作分解结构法和参与人员技能及意愿的基础之上。

（4）行动进度。任务必须按时完成，否则方案的落实就是一句空话，因此，合理安排进度对解决问题至关重要。进度安排可以采用列表式和甘特图两种方法。

> 计划的制订有时比计划本身更为重要。

某解决问题方案的任务时间分配表

阶段	关键任务	工作内容	完成人	完成时间
阶段一：××	1.——	1.1——；1.2——。	李××	×年×月×日至×年×月×日
	2.——	2.1——；2.2——。	许××	×年×月×日至×年×月×日
	3.——	3.1——；3.2——。	王××	×年×月×日至×年×月×日
……	……	……	……	

甘特图被用来作为规划、控制及评估各项工作进度，为计划与实际进度之时序图。其主要构成是将横坐标等分成时间单位，如年、季、月、周、日、时等，表示时间的变化，纵坐标则记载方案各项工作任务。甘特图可以让你一眼看出什么时候有任务、什么时候有空闲、计划与实施是否一致等，如图所示：

序号	任务名称	时间段（××××年××月）										
		1	2	3	4	5	6	7	8	9	…	30
1	任务1	⟶										
2	任务2		⟶									
3	任务3				⟶							
4	任务4						⟶					
5	任务5											⟶

（5）资源配置。任何问题的解决都需要依赖一定的资源进行，这些资源包括资金、设备、工具、信息等。问题的大小及复杂程度不同，所需的资源支持也会呈现较大的不同。

某解决问题方案的资源分配表

阶段	关键任务	完成日期	所需资源	提供时间	提供者
阶段一					
阶段二					
阶段三					
……					

（6）预测风险，设计应变方案。计划是面向未来的，而未来会有很多的不确定性因素，为保证决策的顺利有效执行，在制定计划时，应预测未来出现的风险，做好防范的各项准备，设计出相应的应变方案。

2.落实行动计划

再详细的计划在执行过程中都会遇到诸多的问题。要想保证计划的顺利落实，必须要关注以下五方面内容。

（1）明确总体负责人。每一个行动计划都需要明确一个总体负责人，以保证计划的统一协调推进。负责人的主要职责是确保在计划的执行过程中，各个环节的参与人员都能够正确理解整体计划，能够明确各自任务，能够按照进度表按时完成任务。

（2）重点抓关键环节。落实计划，重点抓关键环节，在很大程度上能保证计划的顺利实施。有时，关键环节抓好了，次要的任务或内容也就随之得到解决。

（3）寻求各种支持。任何解决问题的方案在执行过程中都会或多或少需要他人或资源的支持，特别是复杂性的大问题，执行方案时更要获得多人或多部门、多资源的支持，因此，寻求各种支持，是保证计划落实的基础性条件。

（4）灵活调整计划。不管计划制订得如何详细，对风险考虑得如何周到，在执行过程中还是会遇到意想不到的问题，此时，应根据实际情况对计划做出相应的调整与完善。

> **OEC管理法**
>
> OEC管理法是海尔以目标管理为基础所独创的一种生产管理模式：
>
> 日事日毕，日清日高。即每天的工作每天完成，每天的工作要清理并每天有所提高。具体内容为：
>
> O——Overall（全方位）；
>
> E——Everyone（每人）、Everyday（每天）、Everything（每件事）；
>
> C——Control（控制）、Clear（清理）。

（5）在落实行动计划时，我们要考虑如下几个角度：物理准备、环境准备、针对相关人员的措施。

> **小案例**
>
> 　　曾经理是某化妆品集团某品牌事业部的经理，上季度该品牌业绩下滑明显，集团总裁在中层领导会议上点名批评了他，并要求他迅速扭转局面。曾经理经过调研分析，决定采用大量投放广告的方式来提高业绩，该方案也得到了领导的支持。但令曾经理始料不及的是，等所有的准备工作全部到位，计划投放广告时，财务经理明确告知暂时没有多余资金支持，曾经理被迫延迟广告投放。曾经理非常后悔没有事先与财务沟通，以期让财务经理做好资金预算。

3. 监督和控制

计划在执行过程中，需要对其进行监督与控制，以保证解决问题的进程能按照预先设定的计划进行。落实计划，做好监督与控制，实现问题的顺利解决，需要关注以下几个方面。

（1）确定监控的内容。对解决问题进程的监督与控制，应重点围绕目标、时间、成本、绩效的进展情况以及相关干系人的满意度来展开。

（2）监控方法。围绕上述监控内容，可以采用计划与执行对比表、甘特图、反馈意见、巡视管理等方法进行监控。

计划与执行对比表把计划的核心内容与实际执行情况进行对比，以检查计划的落实情况。

甘特图法可以看出计划在执行过程中，任务是否按时完成，是否拖延。

通过定期召开会议、面对面沟通、小组会议、一对一谈话、E-mail、电话、报告、视频会议、QQ等方式，及时与解决问题的相关人员联系，了解他们对计划落实的感受与反应，听取他们的意见，能让我们发现解决问题过程中存在的诸多问题及不足，从而使得我们可以及时改进。

巡视管理并不是要你在工作场所不停地来回走动，而是指花时间与执行成员沟通，以了解工作进程和存在的问题，如去了解成员对目标、绩效标准、进程安排等是否清楚，技术有没有问题，资源是否充足和到位，信息交流是否畅通等。

（3）处理问题。监督与控制的目的是为了保证计划能按照进度来执行。但在很多情况下，计划与实际执行之间多多少少会存在一定的偏差，对于这些偏差，必须查明原因，给予及时处理。

（4）建立规则。好的计划不总是以成功实施收场。确定有相应的监督机制来追踪结果并使结果定期更新，让专人负责追踪结果。同时，创建一种清楚有趣的方式来表明项目的运作情景。用有刻度的尺去测

> 缺乏监督与控制的活动就像一匹没有绳索的野马，到处乱跑，不能按规定的线路行走。

> 组织中的人应该是这样的：
> 对上司负责：是上司的替代执行者；
> 对同事负责：是同事的内部供应商；
> 对下属负责：做下属的领头雁；
> 对客户负责：为股东满意提供保障。

量目标进度也许缺乏想象力，但它的确比较管用。所以必须建立合适的规则，不然，所有行动都会流于形式而起不到实际的作用。

二、案例分析 Case Study

案例一：和尚分粥方案的形成

　　从前，山上的寺庙有七个和尚，他们每天分食一大桶粥，可是每天可以分食的粥都不够。为了兼顾公平，使每个和尚都基本能吃饱，和尚们想用非暴力的方式解决分粥的难题。

　　一开始，他们拟定由一个小和尚负责分粥事宜。但大家很快就发现，除了小和尚每天都能吃饱，其他人总是要饿肚子，因为小和尚总是自己先吃饱再给别人分剩下的粥。

　　于是，在大家的倡议下又换了一个小和尚，但这次却变成只有小和尚和住持碗里的粥是最多最好的，其他人五个人能够分得的粥就更少了。

　　饿得受不了的和尚们提议大家轮流主持分粥，每天轮一个。这样，一周下来，他们只有一天是饱的，就是自己分粥的那一天，其余六天都是肚皮打鼓。

　　大家对这种状况不满意，于是又提议推选一个公认道德高尚的长者出来分粥。开始这位德高望重的人还能基本公平，但不久他就开始为自己和挖空心思讨好他的人多分，使整个小团体乌烟瘴气。

　　这种状态维持了没多长时间，和尚们就觉得不能够再持续下去了，他们决定分别组成三人的分粥委员会和四人的监督委员会，这样公平的问题基本解决了，可是由于监督委员会提出多种议案，分粥委员会又屡屡据理力争，互相攻击扯皮下来，等分粥完毕时，粥早就凉了。

　　最后，他们总结经验教训，想出一个方案，就是每人轮流值日分粥，但分粥的那个人要等到其他人都挑完后再拿剩下的最后一碗。令人惊奇的是，在这个制度下，7只碗的粥每次都几乎是一样多，就像用科学仪器量过一样，这是因为每个主持分粥的人都认识到，如果7只碗里的粥不一样，他确定无疑将享用分量最少的那碗，从此和尚们都能够均等地吃上热粥。

　　对于分粥的问题，什么是好方案？适合的就是最好的。而所谓合适的方案，就是既符合人性又符合实际需要的方案。我们看到好的方案大多是浑然天成、清晰且精妙，既简洁又高效。最后的方案公平且照顾了各方利益，至关重要的是每一个人都参与了决策。

> 复杂的问题简单处理，简单的事情复杂考虑。

> 遇到困难和问题，我们应该学会改变思路。思路一转变，原来那些难以解决的困难和问题，就会迎刃而解。
>
> ——[美]约翰·洛克菲勒

案例二：热闹非凡的会议

为更好地执行监督与控制，保证问题的顺利有效解决，杨成在领导的支持下，召开了相关干系人参加的座谈会，会议的热闹程度超过了杨成的预期。

会议一开始，负责问卷印刷的小李就抱怨按时完不成任务，原因是他们到现在还没有拿到确定好的问卷。问卷审核的老李、老赵提起这件事就很恼火，问卷设计存在严重问题，很多题目都是随便拟定的，根本反映不出要调查的内容。他们要求重来，结果负责问卷设计的两个部门根本就不听他们的。问卷设计部门的领导也抱怨，我按照计划，任务是完成了，你们又没有给予相关设计要求，我们只能按照自己的想法来设计问卷啦！

负责调研的小吴也抱怨，调研1000份问卷，只给我们3天时间，3个人一天得多少工作量啊！再说，调研时我们也想给被调查者发个小礼物，结果就给了1000元预算，我都不知道"1块钱"现在能买个啥礼物？

负责调研结果总结与分析的小王说，公司现有的分析软件太落后，很多指标到时分析不出来，想要买一个新的统计软件，但这需要钱；要不到时就找别人帮忙来统计，但这又耽搁时间。

招标办公室的秘书小林说，公司服务手册编写出来后要找专门的机构进行印制，这就要招标，而负责招标的王师傅因家中父亲病重，已辞职，上午就已回老家了。这该怎么办呢？

顾客小谭说道："你们现在编写的服务手册与另一家竞争对手相比，还是没有人家好，即使编写出来，我估计还是无法吸引大量顾客光顾的。"

……

看着这热闹非凡的场面，杨成非常开心，他的目的已经达到，他很有信心接下来能处理好这些问题。

杨成采用的是哪种监控方式？其监控的内容涉及哪些方面？座谈会上大家反映的问题具体有哪些？杨成为什么很开心？如果你是杨成，你会如何处理这些问题？

> 努力地工作而不是浪费时间寻找借口。要知道，公司安排你这个职位，是为了解决问题，而不是听你关于困难的连篇累牍的分析。
>
> ——[美]杰克·韦尔奇

> 实践是提升你解决问题技能的最佳方法，任何挑战都可以转变为解决问题的机会。

三、过程训练 Process Training

活动一：迷失丛林

（一）情境描述

1. 培训师把"迷失丛林"工作表发给每一位学

员，而后讲下面一段故事：

"你是一名飞行员，但你驾驶的飞机在飞越非洲丛林上空时飞机突然失灵，这时你必须跳伞。与你们一起落在非洲丛林中的还有14样物品，这时你们必须为生存作出一些决定。

2. 以个人形式把14样物品按重要顺序排列出来，把答案写在第一栏。

3. 当大家都完成之后，培训师把全班学员分为5人一组，让他们进行讨论，以小组形式把14样物品重新按重要次序再排列，把答案写在工作表的第二栏，讨论时间为20分钟。

4. 当小组完成之后，培训师把专家意见表发给每个小组，小组成员把专家意见填入第三栏。

5. 用第三栏减第一栏，去绝对值得出第四栏，用第三栏减第二栏，得出第五栏，把第四栏累加起来得出一个个人得分，第五栏累加起来得出小组得分。

	供应品清单	第1步 顺序 个人	第2步 顺序 小组	第3步 专家排列	第4步 （3-1） 个人和专家 比较	第5步 （3-2） 小组与专家 比较
A	药箱					
B	手提收音机					
C	打火机					
D	3支高尔夫球杆					
E	7个大的绿色垃圾袋					
F	指南针（罗盘）					
G	蜡烛					
H	手枪					
I	一瓶驱虫剂					
J	大砍刀					
K	蛇咬药箱					
L	一盒轻便食物					
M	一张防水毛毯					
N	一个热水瓶（空的）					

（二）问题与讨论

1. 你所在的小组是以什么方法达成共识的？

2. 你的小组是否有出现意见垄断现象，为什么？

3. 你对团队工作方法是否有更进一步的认识？

附：专家的选择

1. 大砍刀
2. 打火机
3. 蜡烛
4. 一张防水毛毯
5. 一瓶驱虫剂
6. 药箱
7. 7个大的绿色垃圾袋
8. 一盆轻便食物
9. 一个热水瓶（空的）
10. 蛇咬药箱
11. 3支高尔夫球杆
12. 手枪
13. 手提收音机
14. 指南针（罗盘）

活动二：制订一份新产品上市计划

为解决公司业绩持续下滑的问题，公司高层经过充分研讨，决定选择你提出的"开发符合市场需求的一种新型产品"作为问题解决的最佳方案，并任命你来执行该方案，请结合本节所学知识，与其他学员共同探讨，制订一份新产品上市计划书，你可以参考下表来制订：

方案执行计划表

阶段	关键任务	具体工作内容	完成人	完成时间	所需资源	资源提供者
阶段一	1. ——	① —— ② ——				
	2. ——	① —— ② ——				
阶段二	1. ——	① —— ② ——				
	2. ——	① —— ② ——				
……						

四、效果评估 Performance Evaluation

评估：决策能力测试

（一）情境描述

决策，是团队管理的起始点，也是团队兴衰存亡的支撑点，更是影响领导者业绩和团队命运的关键点。那么，想成为领导者的你是否具有决策能力呢？身为领导者的你是否又是一个优秀的领导者呢？做完下面的测试你就会知道了。

1. 你的分析能力如何？ （　　）
   A. 我喜欢通盘考虑，不喜欢在细节上考虑太多
   B. 我喜欢先做好计划，然后根据计划行事
   C. 认真考虑每件事，尽可能地延迟应答

2. 你能迅速地作出决定吗？ （　　）
   A. 我能迅速地作出决定，而且不后悔
   B. 我需要时间，不过我最后一定能作出决定
   C. 我需要慢慢来，如果不这样的话，我通常会把事情搞得一团糟

3. 进行一项艰难的决策时，你有多高的热情？ （　　）
   A. 我做好了一切准备，无论结果怎样，我都可以接受
   B. 如果是必需的，我会做，但我并不欣赏这一过程
   C. 一般情况下，我都会避免这种情况，我认为最终都会有结果的

4. 你有多恋旧？ （　　）
   A. 买了新衣服，就会捐出旧衣服
   B. 旧衣服有感情价值，我会保留一部分
   C. 我还有高中时代的衣服，我会保留一切

5. 如果出现问题，你会： （　　）
   A. 立即道歉，并承担责任
   B. 找借口，说是失控了
   C. 责怪别人，说主意不是我出的

6. 如果你的决定遭到了大家的反对，你的感觉如何？ （　　）
   A. 我知道如何捍卫自己的观点，而且我依然可以和他们做朋友
   B. 首先我会试图维持大家之间的和平状态，并希望他们能理解
   C. 这种情况下，我通常会听别人的

看看你能否从一同工作的人中选出三个优秀的决策者和解决问题者。如果可以，问问是什么原因使他们自我发展成实践中的思考者。

7. 在别人眼里你是一个乐观的人吗？ （　　）
   A. 朋友叫我"啦啦队长"，他们很依赖我
   B. 我努力做到乐观，不过有时候，我还是很悲观
   C. 我的角色通常是"恶魔鼓吹者"，我很现实

8. 你喜欢冒险吗？ （　　）
   A. 我喜欢冒险，这是生活中比较有意义的事
   B. 我喜欢偶尔冒冒险，不过我需要好好考虑一下
   C. 不能确定，如果没有必要，我为什么要冒险呢

9. 你有多独立？ （　　）
   A. 我不在乎一个人住，我喜欢自己作决定
   B. 我更喜欢和别人一起住，我乐于作出让步
   C. 我的配偶做大部分的决定，我不喜欢参与

10. 让自己符合别人的期望，对你来讲有多重要？　　　　（　　）

    A. 不是很重要，我首先要对自己负责

    B. 通常我会努力满足他们，不过我也有自己的底线

    C. 非常重要，我不能贸然失去与他们的合作

（二）评估标准与结果分析

选A得10分，选B得5分，选C得1分。

24分以下，说明你的决策能力差。你需要改进的地方可能有下列几个方面：太喜欢取悦别人、分析性过强、依赖别人、因为恐惧而退却、因为障碍而放弃、害怕失败、害怕冒险、无力对后果负责。

25～49分之间，说明你的决策能力属中下等。你需要改进的地方可能是下列一个或几个方面：太在意别人的看法和想法、把注意力集中于别人的观点之上、做决策时畏畏缩缩、不敢对后果负责。

50～74分之间，说明你的决策能力一般。你可能太喜欢取悦别人，或者你的分析性太强，也可能你过于依赖别人，有时还会因为恐惧而止步不前。

75分以上，说明你的决策能力不错。虽然有时你可能会遇到思想上的障碍，减缓你前进的步伐，但是你有足够的精神力量继续前进，并为你的生活带来变化。

> 细节决定成败，对问题的分析应从细节开始，往往抓住了一个细节，就抓住了问题分析的关键。

 思考与练习

1. "发现问题是解决问题的一半。"你怎样理解这句话？

2. 描述问题与分析问题有哪些异同？能不能把描述问题等同于分析问题？

3. 你用过哪些分析问题的方法？这些方法带给你的感触是什么？

4. 创新或突破性思维在解决问题过程中有什么作用？

5. 在设计解决方案时，为了让方案更加可行，你如何保证？

6. 存在最完美的解决方案吗？为什么？

作　业

（一）作业描述

1. 列出你最近生活或工作中遇到的问题，并选择其中一个最迫切需要解决的问题运用4W1H法进行描述。

2. 思考问题产生的原因，并运用YY提问法或鱼骨图分析法找到问题产生的根本原因。

3. 列出你所能想到解决这一问题的所有办法，并进行评估，确定真正可行的办法有哪些。

4. 制订行动计划，并付之行动，也可请同组的学员对你进行监督。

（二）作业要求

1. 可2～3人组成一个小组合作分工。

2. 完整记录任务完成的过程。

第九章　职业规划——成就职业梦想

在一个人有限的生命中，职业生涯占有绝对重要的地位。从走向岗位前的学习和教育，到离职退休，职业生涯活动伴随着人们大半生的时间，左右着个人生活的质量和生命的价值。所以，拥有成功的职业发展，才能实现自己的人生价值。

当今职场风云变化竞争激烈，如何选择合适的职业，如何发展以取得事业的成功，是本章研究的课题。一份科学的职业生涯规划，可以让你清晰地认识自己，正确地选择职业，明确人生的发展方向，把握职场机遇获得成功。

青青园中葵，朝露待日晞。阳春布德泽，万物生光辉。常恐秋节至，焜黄华叶衰。百川东到海，何时复西归？少壮不努力，老大徒伤悲！

——《长歌行》

本章知识要点：
- 自我评估
- 价值观
- 职业性格
- 职业能力
- 职业环境
- 职业定位
- SWOT 分析法
- 求职与面试

第一节　职业规划与评估

职场在线

小王的职业生涯规划

小王刚进入大学的时候，他就发现大学生就业的严峻性，特别是看到很多师兄师姐求职的狼狈相，使他对前途产生了迷茫。为了使自己的大学过得有意义，毕业时能找到一份心仪的工作，他经常与学校就业办保持联系，寻求职业规划的帮助。职业规划辅导老师让他做一个详细的职业规划，他总觉得没有什么意义。"自己对自己最了解，为什么还要做一份规划呢？"就这样，小王一直到大学毕业时也没有进行职业规划，虽然他有自己的奋斗目标，但目标却经常发生变化。看到很多有职业规划的同学纷纷找到了工作，而自己仍然无所适从。最后，小王只有求助于职业顾问。在与职业顾问交流的过程中，小王发现很多30多岁的白领也来补做职业规划，有的甚至已经达到了一定的职业高度，却遇到了职业瓶颈，走了弯路，深受当初没有职业规划之苦。小王看到这一切深受教育，这才真实地感受到职业规划对人生的重要性，于是在职业顾问的帮助下，小王详细地做了职业生涯规划，并找到了适合自己的岗位。

> 一心向着自己的目标前进的人，整个世界都给他让路。
> ——[美]爱默生

职业生涯规划作为职业人士所面临的首要问题，是对个人职业发展的远景规划和资源配置，不仅能为你确立人生方向，提供奋斗策略，更重要的是可以准确评价个人特点和强项，评估个人目标和现状的差距，更准确地定位职业方向，并能重新认识自身价值，发现新的职业机遇，增强职业竞争力，更好地获得职业成功。

一、能力目标 Competency Goal

人贵自知，只有对自己有着清醒的认识，才能准确地找到自己的人生道路和目标。职业生涯也是如此，只有明白自己的优势、劣势，清楚自己的长处、短处，对自己的价值观、性格、职业兴趣、职业能力进行正确的评估，才能使自己的职业生涯道路越走越宽，才能获得职业生涯的良好发展。

（一）职业生涯规划

职业生涯是指一个人一生的工作经历，特别是职业、职位的变动及工作理想实现的整个过程。职业生涯规划是指针对个人职业选择的主观和客观因素进行分析和测定，确定个人的奋斗目标并努力实现这一目标的过程。换句话说，职业生涯规划要求根据自身的兴趣、特点，将自己定位在一个最能发挥自己长处的位置，选择最适合自己能力的事业。

> **高效能人士的七个习惯**
> 1. 积极主动。
> 2. 认终为始。
> 3. 要事第一。
> 4. 双赢思维。
> 5. 知彼解己。
> 6. 协作增效。
> 7. 不断更新。

▶ 小知识

以终为始——高效能人士的习惯

"以终为始"是一个人应有的职业习惯。以终为始意味着我们应该设立要达到的目标，然后根据目标来安排我们的时间和工作。任何机构和单位都需要具有"以终为始"素质的职业人。机构愿景或者企业愿景有赖于具有个人愿景的人去落实。

以终为始体现在职业生涯规划上，就是要对自己的职业生涯有明确的目标，并根据这个目标来安排自己的时间、工作和生活。

（二）自我评估

职业生涯规划的第一步是进行自我评估。"自我评估"是对自己的价值观、性格、职业兴趣、个人能力等因素进行分析，客观全面认识自己，从而选择最适合自己的职业生涯发展路线。

> 一个没有自我人生规划的人，是不可能"顺其自然"走向成功的。

1. 价值观

价值观是人们对周围事物的一种评价或态度，是人们在一定环境中的动机，是目的需要和情感意志的综合体现。简而言之，价值观就是你最看重、认为最有价值的东西。每个人都会有自己的价值观，价值观是人行为的深层原因。价值观不同导致对职业的评价和选择不同。

美国心理学家洛克奇在《人类价值观的本质》一书中提出了13种价值观，如表所示：

序号	类型	类型说明
1	成就感	提升社会地位，得到社会认同，受到他人的认可，对成功感到满意。
2	美感的追求	能有机会多方面欣赏周围的人、事、物。
3	挑战	能解决困难，舍弃传统的方法而选择创新方法处理事物。
4	健康	包括身体和心理健康，能够免于焦虑、紧张和恐惧。
5	收入与财富	能够明显、有效地改变自己的财务状况，能够得到金钱所能买的东西。
6	独立感	工作中有弹性，可以充分掌握自己的时间和行动，自由度高。
7	爱、家庭、人际关系	关心他人，与别人分享，协助别人解决问题，体贴、关爱周围的人。
8	道德感	与组织的目标、价值观、宗教观和工作使命能够不相冲突，紧密结合。
9	快乐	享受生命，结交新朋友，与别人共处，一同享受美好时光。
10	权利	能够影响或控制他人，使他人照着自己的意志去行动。
11	安全感	能够满足基本的需要，有安全感，远离突如其来的变动。
12	自我成长	能够追求知识上的刺激，寻求更圆满的人生，在人生体验上有所提升。
13	协助他人	体会到自己的付出对团体有帮助，别人因为你的行动而受惠很多。

针对这些价值观，请一一对照，选择你比较看重的选项，这就是你的价值取向。在进行职业选择时，应尽量选择符合你价值观的职业。

2. 职业性格

职业性格是指人们在长期特定的职业生活中所形成的与职业相联系的、稳定的心理特征，不同的职业也要求从业者具有与之相适应的职业性格。

目前通用的职业性格测试是MBTI（Myers-Briggs Type Indicator），是20世纪40年代由美国一对母女伊莎贝尔·迈尔斯（Isabel Myers）和凯瑟琳·布里格斯（Katharine Briggs）在荣格的心理学类型理论的基础上提出了一套个性测验模型。MBTI人格共有四个维度，每个维度有两个方向，共计八个方面。分别是外向（E）和内向（I）、感觉（S）和直觉（N）、思考（T）和情感（F）、判断（J）和知觉（P）。将四个维度两两组合，共有十六种类型。

> 习惯形成性格，性格决定命运。
> ——[美]凯恩斯

类型	内涵	类型	内涵
ISTJ	内向感觉思考判断	ISFJ	内向感觉情感判断
INFJ	内向直觉情感判断	INTJ	内向直觉思考判断
ISTP	内向感觉思考知觉	ISFP	内向感觉情感知觉
INFP	内向直觉情感知觉	INTP	内向直觉思考知觉
ESTJ	外倾感觉思考判断	ESFJ	外倾感觉情感判断
ENFJ	外倾直觉情感判断	ENTJ	外倾直觉思考判断
ESTP	外倾感觉思考知觉	ESFP	外倾感觉情感知觉
ENFP	外倾直觉情感知觉	ENTP	外倾直觉思考知觉

四个维度在每个人身上会有不同的比重，不同的比重会导致不同的表现。有兴趣的同学可以从网络上寻找相关的测试进行职业性格的评价。

3. 职业兴趣

兴趣是职业生涯选择的重要依据，是保证职业稳定、职场成功的重要因素。如果一个人对他所从事的工作有兴趣，积极性高，就能充分发挥其全部才能。反之，面对缺乏兴趣的工作，其主动性可想而知。因此，职业生涯的选择还必须与职业兴趣相结合。

小活动

兴趣岛

恭喜你获得了一次免费度假游的机会，可以去下列六个岛屿中的一个。

A. 美丽浪漫的岛屿。充满了美术馆、音乐厅、街头雕塑和街边艺人，弥漫着浓厚的艺术文化气息，居民保留了传统的舞蹈、音乐和绘画，许多文艺界的朋友都喜欢来这里。

R. 自然原始的岛屿。岛上自然生态保持得很好，有各种野生动物，居民以手工见长，自己种植花果蔬菜、修建房屋、打造器物、制作工具，喜欢户外运动。

I. 深思冥想的岛屿。有多处天文台、科技馆级图书馆。居民喜好观察、学习，崇尚和追求真知。常有机会和来自各地的哲学家、科学家和心理学家等交换心得。

E. 显赫富庶的岛屿。居民善于企业经营和贸易，能言善道，经济高度发展，处处是高级饭店、俱乐部、高尔夫球场，来往者多是企业家、经理人、政治家、律师等。

C. 现代、井然的岛屿。岛上建筑十分现代化，是进步的都市形态，以完善的户政管理、地政管理、金融管理见长。岛民个性冷静保守，处事有条不紊，善于组织规划，细心高效。

S. 友善亲切的岛屿。居民个性温柔、友善、乐于助人，社区均自成一个密切互动的服务网络，人们重视合作，重视教育，关怀他人，充满人文气息。

> 我认为，对一切来说，只有热爱才是最好的教师，它远远超过责任感。
> ——[德]爱因斯坦

如果你必须在6个岛之中的一个岛上生活一辈子，成为这里的岛民。你的第一选择是哪一个岛？你的第二选择是哪一个岛？你绝对不愿意选择的是哪一个岛？这代表了你不同的职业兴趣倾向。

岛屿	职业兴趣类型	喜欢的活动	喜欢的职业
A	艺术型（Artistic）	创造，喜欢自我表达，喜欢写作、音乐、艺术和戏剧。	作家、艺术家、音乐家、诗人、漫画家、演员、戏剧导演、作曲家、乐队指挥和室内装潢人员。
R	实用型（Realistic）	愿意从事事务性的工作，喜欢户外活动或操作机器，而不喜欢在办公室工作。	制造业、渔业、野外生活管理业、技术贸易业、机械业、农业、技术、林业、特种工程师和军事工作。
I	研究型（Investigative）	处理信息（观点、理论），喜欢探索和理解、研究那些需要分析、思考的抽象问题。喜欢独立工作。	实验室工作人员、生物学家、化学家、社会学家、工程设计师、物理学家和程序设计员。
E	企业型（Enterprising）	喜欢领导和影响别人，或为了达到个人或组织的目的而善于说服别人。希望成就一番事业。	商业管理、律师、政治运动领袖、营销人员、市场或销售经理、公关人员、采购员、投资商、电视制片人和保险代理。

岛屿	职业兴趣类型	喜欢的活动	喜欢的职业
C	常规型（Conventional）	组织和处理数据，喜欢固定的、有秩序的工作或活动，希望确切地知道工作的要求和标准。愿意在一个大的机构中处于从属地位。	会计师、银行出纳、簿记、行政助理、秘书、档案文书、税务专家和计算机操作员。
S	社会型（Social）	喜欢与人合作，热情关心他人的幸福，愿意帮助别人解决困难。	教师、社会工作者、牧师、心理咨询员、服务性行业人员。

4. 职业能力

职业能力（Occupational Ability）是人们从事某种职业的多种能力的综合。

如果说职业兴趣或许能决定一个人的择业方向，以及在该方面所乐于付出努力的程度，那么职业能力则能说明一个人在既定的职业方面是否能够胜任，也能说明一个人在该职业中取得成功的可能性。

我们可以把职业能力分为一般职业能力、专业能力和社会能力。

（1）一般职业能力主要是指：一般的学习能力、文字和语言运用能力、数学运用能力、空间判断能力、形体知觉能力、颜色分辨能力、手的灵巧度、手眼协调能力等。

（2）专业能力：专业能力主要是指从事某一职业的专业能力。在求职过程中，招聘方最关注的就是求职者是否具备胜任岗位工作的专业能力。例如：你去应聘教学工作岗位，对方最看重你是否具备最基本的教学能力。

（3）社会能力：社会能力主要是指一个人的团队协作能力、人际交往和善于沟通的能力。在工作中能够协同他人共同完成工作，对他人公正宽容，具有准确裁定事物的判断力和自律能力等，这是岗位胜任和在工作中开拓进取的重要条件。

 小案例

陈景润的职业能力

著名数学家陈景润曾经当过中学数学教师，但不受学生欢迎。因为他口头表达能力较差，性格内向，人际交往能力和组织管理能力也不强。做数学老师无论对于学生、学校还是他自己都是一件很痛苦的事情，以至于学校只好不让陈景润上课，改为去烧锅炉。

然而，就是在仅有六平米的锅炉房，借一盏煤油灯，耗去6麻袋的草稿纸，攻克了世界著名数学难题"哥德巴赫猜想"中的"1＋2"，在国际上被称为"陈氏定理"。陈景润有着高于常人的算术能力、学习能力和逻辑思维能力，使他能成为攀登科学高峰的数学家，但却不能成为合格的中学数学教师。

不同职业对从业者的能力要求是不同的。只有符合自身的职业能力，才能使自身职业生涯得到良好发展。做数学老师对陈景润不合适，但他的自身条件却是做数学研究的好材料。所谓人才，就是把人放在了合适的位置，他就成了人才。

二、案例分析 Case Study

案例一：规划自己，赢得机会

高中毕业后，张卓不知道他应该干点什么。张卓的很多朋友都读了大学，但是他对于继续上学不感兴趣，想要去体验"真正的生活"。高中时，他担任学生会工作，有很多的社会实践经验，他觉得做一个销售员可能会很有意思。他开始准备简历，并在网上寻找工作。网上有很多销售员的职位，可是张卓不知道哪一种类型或行业的销售员更适合他。他决定向职业咨询师进行咨询，这位职业咨询师告诉他，要想做出一个好的职业选择，首先应该确定自己的兴趣、价值观和人生目标。当张卓了解清楚自己是一个什么样的人后，才好决定那种类型的工作适合他。

职业咨询师对张卓做了一系列的职业倾向测验，发现他对汽车销售很感兴趣。张卓重新上网查找了有关汽车销售的职位，但是发现这类职务需要对汽车有一定的了解，并且要求有驾驶证。于是，张卓面临的选择是回到学校接受必要的培训，并且考取驾驶证，还是在其他领域寻找工作？由于张卓感到自己确实喜欢汽车销售工作，他决定两件事一起做。一方面他继续寻找与汽车有关的一般工作，以增加自己对汽车的了解，另一方面，报名参加了汽车驾驶培训班。张卓在一家汽车维修站找到了一份汽车维修学徒工的工作，他很快喜欢上了这份工作，在跟汽车维修技师工作的过程中学到了很多汽车方面的知识，同时在工作之余完成汽车驾驶培训班的学习。虽然，这份工作的工资不足以支持他独立租房过日子，但好在他可以住在家里。

一年以后，张卓获得了驾驶证，并且在做汽车维修学徒工的过程中积累了足够的相关知识，并与经常来汽车维修站维修汽车的某汽车销售经理建立了友好的关系。张卓跟他谈起了自己最初的目标，这位销售经理说，刚好他们的汽车销售员有空缺，可以让张卓去试一试。

在汽车销售岗位上，张卓凭借着深厚的汽车维修经验，经常为客户提供更为合适的汽车购买与驾驶建议，很快打开了局面，逐渐成长为一个合格的汽车销售员。

张卓通过职业规划为自己树立了汽车销售员的目标，通过汽车修理学徒工工作积累了相关的知识和经验，又利用业余时间完成了汽车驾驶培训获得了驾驶证，最终达成了职业目标，使自己的职业生涯更上一层楼。

案例二：兴趣并不等于职业

黄莺大学读的是文秘专业，刚刚毕业两年多，已经换过四家公司，她说，自己的每份工作都不如意，都不是自己的兴趣所在。

"我在高考选专业时犯了个错误。我父母认为，女孩子就应该干点轻松的工作。我那时成绩平平，对学什么根本没多考虑。但现在我挺后悔的，对这个专业没兴趣。"

她对文秘专业的失落来自她的前两份工作。毕业时进入了一家事业单位，做行政秘书，每天就是接电话，管理办公用品，订会议室等。

"在别的同事眼里，我是个打杂伺候人的，这种感觉真没法忍受。"因此干了不到三个月，她就辞职了。

她又来到一个商贸公司做办公室秘书。黄莺以为这回的工作更商业化一些，也许更有意思。没想到做了几个月，和头一份工作感觉差不多，让她对文秘工作彻底失去了兴趣。

"我的理想是干一份能体现个人价值，并且值得努力奋斗的工作。只有符合自己兴趣的工作才能带来这些，才能证明自己存在的价值，充满激情地不断创造和发展。"

黄莺特别羡慕影视作品中的那些整天身着职业装，带着笔记本电脑"飞来飞去"的商业女性形象，渴望自己成为那样的人。"我想，也许我适合干销售？我性格外向，喜欢和人打交道。而且销售很锻炼人，如果做好了，就等于迈出了成功的第一步。"

经过努力，黄莺终于在一家营销企业做起了销售代表。而这家公司的销售业务中，有相当多的内容也需要通过电话销售来积累客户，尤其对于新手来说更是如此。开始一两周，黄莺觉得挺有意思，但时间稍长，她感到了日复一日的枯燥和巨大的压力：

"我每天又陷入大量的电话之中，说着同样的话，重复同样的内容。而且，推销就可能面临着客户的拒绝，每打一个电话之前都要鼓起相当大的勇气……真让人难受。"

那一阵，每天早上，黄莺一睁眼就会想到被拒绝的沮丧感，和堆积如山的销售任务，让她根本没勇气起床。在连续迟到几天后，黄莺再次提出辞职。她的理由是：一份连起床都不能按时的工作一定不适合自己，不是自己的兴趣所在。

黄莺后来琢磨，还是先掌握一门技术，然后再向商业领域发展。她用四个月的时间考了MCSE认证（微软认证系统工程师），然后通过亲戚介绍，进入当地移动公司做计算机维护人员。机房的工作不忙，可以学到很多计算机专业知识。但黄莺依然不满意，因为在机房维护机器，平时接触的就是四五个人，再加上倒班制，通常每天只有她一个人上班，跟别人沟通的机会很少，几个月下来，黄莺觉得很压抑。

"我本来挺外向的，可现在都快不会和别人说话了。如果再这样下去，我担心自己在沟通上会出问题。眼看着我毕业都两年多了，一点发展也没有。我不想平平淡淡地过一辈子，尝试了这么多工作，都没有我感兴趣的。"

黄莺所面临的问题是学生择业中最普遍的问题，从黄莺的经历中可以看出，她两年多换了四份工作，每份工作之间的衔接毫无逻辑，这缘于当工作中出现不满时，黄莺总是将问题归因于对某一个工作没有兴趣。她用变换工作来解决遇到的压力，结果是压力无法解除，反而在同一个层面上不断重复遇到的麻烦。其实职业兴趣确实能在工作中给人带来幸福感和强大的驱动力，但是除了兴趣之外，我们还要考虑个人是否具备基本职业素质，比如性格是否匹配，是否培养了相应能力。

三、过程训练 Process Training

活动一："职业价值观大卖场"

当你选择一份职业的时候，一定会考虑很多因素。现在让我们来做一笔买卖，假设你手头有一百万，这代表你这一生所有的时间和精力，让你来购买下面这些职业因素。你要把所有的资金都用完，请认真考虑，你将分别花多少钱来购买下面这些项目。

1. 工资高　　　　　　　　　　　　　　　　（　　　）
2. 福利好　　　　　　　　　　　　　　　　（　　　）
3. 工作容易找（对求职者限制不多）　　　　（　　　）
4. 工作环境好（物质方面或自然环境）　　　（　　　）
5. 工作稳定　　　　　　　　　　　　　　　（　　　）
6. 能提供较好的受教育的机会　　　　　　　（　　　）
7. 有较高的社会地位　　　　　　　　　　　（　　　）
8. 工作轻松　　　　　　　　　　　　　　　（　　　）
9. 能充分发挥自己的才能　　　　　　　　　（　　　）
10. 工作符合自己的兴趣　　　　　　　　　（　　　）
11. 领导同事关系好　　　　　　　　　　　（　　　）
12. 工作的社会意义大　　　　　　　　　　（　　　）

请学员进行选择，并回答下面问题：

我购买的时候，第＿＿＿条是最贵的，其次是第＿＿＿条，再次

> 知人者智，自知者明。胜人者有力，自胜者强。
> ——老子

是第＿＿＿＿条。如果让我把所有的资金都去购买一个职业因素，我会
购买第＿＿条。

请教师带领全体学员进行小组讨论，并全班分享。

活动二：我的自画像

（一）活动过程

1. 每位同学发放带有下表的小纸条5张。（数量与每小组成员数
相同）

被评测人：＿＿＿＿＿＿＿＿＿

沉稳老练	冲动	谦逊	大胆	宽容	软弱
善解人意	果断	专横	冷漠	知足	友善
反应敏捷	耐心	忠诚	老实	倔强	勇敢
小心谨慎	文雅	羞怯	热情	慷慨	坦率
通情达理	固执	活泼	自私	自信	有同情心
夸大其词	乐于助人	重视物质	表现自己	安静镇定	斤斤计较

2. 从36个形容词中找出你认为符合你自己个性的词，把它圈出来。

3. 从36个形容词中找出你认为符合其他人个性的词，把它圈出来。

4. 互相交换，拿回属于自己的性格画像。

（二）问题与讨论

对照自己和其他学员圈的个性特征，回答下面8个问题：

1. 我圈了哪些特征？	
2. 别人为我圈了哪些特征？	
3. 共同圈的特征有哪些？	
4. 我圈别人没圈的特征有哪些？	
5. 别人圈我没圈的特征有哪些？	
6. 我的发现是什么？原来我是怎样的一个人？	
7. 今后我希望继续保持的特征有哪些？为什么？	
8. 今后我要改变的特征有哪些？为什么？	

四、效果评估 Performance Evaluation

评估：测测你的职业兴趣

（一）情景描述

请认真回答下面的问题，如回答是肯定的，请在
后面打"√"；若回答是否定的，请在后面打"×"

第一组

1. 你喜欢自己动手修理收音机、自行车、缝纫机、钟表等家用物品吗？

2. 你对自己家里使用的电扇、电烫斗等电器的性能、质量了解吗？

3. 你喜欢动手做小模型（如汽车、轮船、建筑物模型）吗？

4. 你喜欢与数字、图表（如记账、制图、制表）一类的工作打交道吗？

5. 你喜欢制作工艺品、装饰品和衣服吗？

总计次数：是（　　　）否（　　　）

第二组

1. 你喜欢在别人买东西时给他（她）当顾问吗？

2. 你热衷于参加集体活动吗？

3. 你喜欢接触不同类型的人吗？

4. 你喜欢拜访别人，与人讨论各种问题吗？

5. 你喜欢在会议上积极发言吗？

总计次数：是（　　　）否（　　　）

第三组

1. 你喜欢没有人干扰地、有规则地从事工作吗？

2. 你喜欢做任何事都预先进行周密的安排吗？

3. 你善于查阅字典、辞海和资料索引吗？

4. 你喜欢按固定的程序有条不紊地工作吗？

5. 你喜欢有规律的、内容程式化的工作吗？

总计次数：是（　　　）否（　　　）

第四组

1. 你喜欢倾听别人的难处并乐于帮助别人解决困难吗？

2. 你愿意为残疾人服务吗？

3. 在日常生活中，你愿意为他人提供帮助吗？

4. 你喜欢向别人传授知识和经验吗？

5. 你喜欢防病治病和照顾病人的工作吗？

总计次数：是（　　　）否（　　　）

第五组

1. 你喜欢主持班级集体活动吗？

2. 你喜欢接近领导和老师吗？

3. 你喜欢当众发表自己的观点和意见吗？

4. 如果老师不在，你能主动地维持班里的学习秩序吗？

5. 你具有强烈的责任感且工作上很有魄力吗？

总计次数：是（　　　）否（　　　）

职业人格是一个人为适应社会职业所需要的稳定的态度，以及与之相适应的行为方式的独特结合。职业人格由个人的生活环境，所受的教育以及所从事的实践活动的性质所决定的。良好的职业人格一经形成，往往能使职业观成为一种自觉的行为表现，反映在行动上表现出有自制力、创造力、坚定、果断、自信、守信等优良品质。健全的职业人格是人们在求职和就业后顺利完成工作任务，适应工作环境的重要心理基础。

第六组

1. 你爱读文学著作中对人内心世界的细致描写吗？

2. 你喜欢听人们谈论他们的活动和想法吗？

3. 你喜欢观察和研究人的心理和行为吗？

4. 你喜欢读有关领导人物、政治家、科学家等名人的传记吗？

5. 你很想了解世界各国的政策和经济制度吗？

总计次数：是（　　　）否（　　　）

第七组

1. 你喜欢参观技术展览会或收听（收看）技术新闻节目吗？

2. 你喜欢阅读如《我们爱科学》之类的科技杂志吗？

3. 你想了解生机勃勃的大自然的奥秘吗？

4. 你想了解科学精密仪器和电子仪器的使用方法吗？

5. 你喜欢复杂的绘图和设计工作吗？

总计次数：是（　　　）否（　　　）

第八组

1. 你喜欢设计一种新的发型或服装吗？

2. 你喜欢作画吗？

3. 你尝试着写小说或编剧本吗？

4. 你很想参加学校宣传队或演出小组吗？

5. 你爱用新方法、新途径来解决问题吗？

总计次数：是（　　　）否（　　　）

许多人觉得，在命运面前，自己的力量微不足道，打破现有的框架需要非凡的勇气，因而许多人最终还是选择了安于现状，这样似乎更舒适些。所以在当今社会，"勇敢"的反义词已不是"怯懦"，而是"因循守旧"。

第九组

1. 你喜欢操作机器吗？

2. 你很羡慕机械类工程师的工作吗？

3. 你很了解机器的构造和工作性能吗？

4. 你喜欢交通驾驶类的工作吗？

5. 你喜欢参观和研究新的机器设备吗？

总计次数：是（　　　）否（　　　）

第十组

1. 你喜欢从事非常具体的工作吗？

2. 你喜欢做快就能看到产品的工作吗？

3. 你喜欢做能让别人看到效果的工作吗？

4. 你喜欢做那种时间短但可以做得很好的工作吗？

5. 你喜欢参与有形的而不是抽象的活动吗？

总计次数：是（　　　）否（　　　）

（二）评估标准及结果分析

根据上面的回答，请你完成下表的填写：

组别	回答"是"的次数	相应的兴趣类型编号
第一组		兴趣类型1
第二组		兴趣类型2
第三组		兴趣类型3
第四组		兴趣类型4
第五组		兴趣类型5
第六组		兴趣类型6
第七组		兴趣类型7
第八组		兴趣类型8
第九组		兴趣类型9
第十组		兴趣类型10

相关说明：回答"是"的次数越多，表示你的兴趣越强烈，反之表示你的兴趣越弱。根据填写结果，在加拿大职业分类词典中"职业兴趣类型与相应职业选择的关系表"，找出适合你感兴趣的相应职业。

职业兴趣类型与相应职业选择

类型	兴趣特征	类型解释	相关职业
1	愿与事物打交道	这一类人喜欢接触工具、器具或数字的职业，不喜欢与人打交道的职业。	修理工、裁缝、出纳、会计、木匠、机器制造等。
2	愿与人打交道	这一类人喜欢与人交往，对销售、采访、传递信息一类的活动感兴趣。	记者、推销员、服务员等。
3	愿干有规律的工作	这一类人喜欢常规的、有规律的活动，喜欢做有预约安排的细致的工作。	邮件分拣员、图书馆管理员、统计员、档案管理员、办公室文员等。
4	愿从事社会福利和助人的工作	这一类人乐意帮助别人，试图改善他人的状况，帮助他人排忧解难。	咨询人员、医生、律师、护士、科技推广人员等。
5	愿做领导和组织工作	这一类人喜欢掌管一些事务，希望受到众人尊敬和获得声望。相应职业有：	行政人员、管理干部、辅导员等。
6	愿研究人的行为	这一类人喜欢谈论涉及人的话题，他们爱研究人的行为举止和心理状态。	心理咨询师、政治学教师、人类学研究人员、作家等。
7	愿从事科学技术工作	这一类人喜欢分析的、推理的、测试的活动，擅长理论分析，喜欢独立地解决问题，也喜欢通过实验获得新发现。	生物学家、化学家、工程师、物理学家等。
8	愿从事抽象机器的技术工作	这一类人喜欢创造性的式样和概念，大都喜欢独立的工作，对自己的学识和才能颇为自信，乐意解决抽象的问题。	演员、创作人员、设计人员、画家等。
9	愿从事操作机器的技术工作	这一类人喜欢运用一定的技术、操纵各种机械，制作产品或完成其他任务。	机床工、飞行员、驾驶员等。
10	愿从事具体的工作	这一类人喜欢制作看得见、摸得着的产品并从中得到乐趣，希望很快看到自己的劳动成果，并从完成的产品中得到满足。	厨师、园林工、理发师、装饰工等。

第二节　职业探索与定位

职场在线

张宇大学学的是图书管理类专业。张宇知道这不是一个好行业，大学里过得非常不快乐。大学毕业时，终于决定放弃自己的图书管理专业，重新寻找其他行业，希望能够重新发展并选择自己的职业道路。然而，图书管理专业找工作一点优势都没有，找心仪的工作谈何容易。不得已，谋生存求发展，张宇随便找了份工作安顿下来，可是工作并不如意。不开心的工作做了一段时间后，张宇换了份工作，因为没有好专业，所找的第二份工作只在薪水方面有所调整，跟第一份工作一样，依然没有办法寻找到合适的职业方向。

转眼间，几年过去了，张宇的同学们有的当了主管，有的则当上了经理。而张宇却因为一直在更换工作，寻找职业方向，始终在办事员的职位徘徊。三十岁到了，张宇突然发现，几年过去了，自己依然没有找到职业方向，更要命的事情是，没有培养出任何一种职业技能来。

张宇感到了深深的不安，看看自己的同学，不想见他们，觉得他们嘲笑自己；再看看看自己，张宇认为觉得自己做事情很认真，社会对自己不公平。张宇不知道自己怎么了，也不知道下一步应该怎么办。

张宇的问题在于从大学起一直就没有找到准确的职业定位。职业定位对个人职业生涯发展具有决定性意义，职业定位准确，你的事业才能顺利开展，少走弯路错路；定位错误，则可能一生蹉跎，郁郁不得志。

一、能力目标 Competency Goal

职业探索和定位是决定职业生涯成败的最关键的一步，同时也是职业生涯规划的起点。只有进行准确的职业探索和定位才能为自己的职业生涯发展指明方向，才能制定完备的职业生涯规划。

不要订微不足道的计划，因为它没有使人热血沸腾的魅力。

（一）职业探索

职业探索是对你喜欢或要从事的职业进行分析和实际调研，在此基础上对目标职业有充分的了解，并在明确自身素质和职业要求的差距中制定求职策略，从而有效地规划职业生涯的发展。

它包括了解职业内涵和核心工作内容；了解职业发展前景和薪资待遇；了解职业能力要求等。

（二）职业定位

职业定位是职业生涯规划的核心，是决定职业生涯成败的关键步骤之一。准确的职业定位建立在科学的自我分析和环境分析基础之上。

1. 职业生涯目标的确定

职业生涯目标是职业理想的进一步深化和具体化，是指人们希望得到的、与职业生涯相关的结果。职业生涯目标的确定就是指明确自己选择什么职业，在职业生涯的发展道路上达到什么水平，取得什么成就。从时间层面上可以将职业生涯目标分为四个阶段：

阶段	年限	目标
职业准备期	求学阶段	要培养哪些能力，考取什么证书，进行什么社会实践。
职业探索期	3～5年	积累工作经验，掌握工作技能，提高职业素养，了解自身的优缺点，对职业方向进行合理调整和矫正，探索自己最适合做什么工作。
职业发展期	5～10年	不断实践提高，发挥自身能力，做出一番成绩，寻求突破和职务提升。
事业开拓期	10～15年	工作经验和能力达到最佳状态，成就终极职业目标。

朱辉的职业生涯阶段目标

朱辉是一名师范院校的政教专业学生，按照一般情况他毕业后应该做老师。然而朱辉觉得做老师并不能带给自己足够的财富和事业心，他比较有个性，喜欢自由自在，按部就班的体制生活也非其所愿。朱辉口才和思辨能力出众，作为系辩论队主力经常在辩论赛中获胜。根据自身情况朱辉职业定位为做律师。以下是朱辉的职业生涯目标规划：

职业准备期：18～22岁，研读法律书籍，考取律师证；去律师所实习，提高能力。

从业阶段：22～27岁，毕业后选择一家好的律师事务所工作，先做实习律师，一年后拿到律师执业证书，成为初级律师。积累办案经验，提高职业能力。继续研读法律书籍，增加知识储备。年收入10万以上。

发展阶段：28～40岁，成为有一定影响力的律师；继续研读法律专业知识，取得中级律师证书。年收入20万～50万以上。

成就阶段：40岁之后，开办自己的律师事务所；成为高级律师；年收入100万以上。

朱辉根据自己的条件和情况，进行了职业定位——律师，并把目标分解为阶段目标。朱辉的职业生涯目标，是比较粗放的，还可以进一步细化，把阶段目标进一步分解为更为短期和具体的目标，并制定计划和措施去实现。

2. 运用SWOT分析法进行职业定位分析

SWOT分析又称态势分析法，被广泛应用于个人的自我分析之中，其中：S代表strength（优势）、W代表weakness（弱势）、O代表opportunity（机会）、T代表threat（威胁）。S、W是内部因素，O、T是外部因素。

SWOT分析法是一种能够较客观而准确地分析和研究个人及单位情况的方法。利用这种方法可以从中找出对自己有利的、值得发扬的因素，以及对自己不利的、如何去避开的东西，发现存在的问题，找出解决办法，并明确以后的发展方向。

SWOT分析法也是检查我们的技能、能力、职业、喜好和职业机会的有效工具。进行SWOT分析时，应遵循以下四个步骤：

（1）评估自己的长处和短处。每个人都有自己独特的喜好、技能、天赋和能力。明确短处和长处，不仅有利于改正常犯的错误，提高技能，还有利于选择自己擅长的职业。

（2）找出职业机会和威胁。不同行业、不同职业都面临不同的外部机会和威胁，找出这些外界因素将有助你成功地找到一个合适自己的职业目标。

（3）明确今后5年内你的职业目标。这些目标可以包括：你想从事

> 伟大的人是决不会滥用他们的优点的，他们看出他们超过别人的地方，并且意识到这一点，然而绝不会因此就不谦虚。他们的过人之处越多，他们越认识到他们的不足。
> ——[法]卢梭

哪一种职业，你将管理多少人，或者你希望自己拿到的薪水属于哪一种级别等。

▶ 小案例

小玲的 SWOT 分析

小玲目前是某品牌大学大三的学生，所学专业是工商管理。为了更加详细地了解自我和外界信息，她将自己的内向、勤奋好学、任劳任怨的性格和在校期间学习的办公室管理、商务秘书实务、商务英语、会议管理、商务沟通、战略管理、财务管理、人力资源开发与管理、市场营销管理、国际贸易及其他相关专业课程与自己规划的职业生涯目标——业务主管、公务员、行政助理工作等综合在一起，进行了详细的 STOW 分析。分析结果如下表所示：

	优势（Strength）	弱势（Weakness）
内部个人因素	做事认真、踏实，有浓厚学习兴趣和一定实力，尤其在行政管理方面； 富有极强的责任心和耐心； 能够熟练运用办公软件； 掌握了工商管理专业相关理论知识 参加2家公司的行政助理社会实践； 具备一定的商务写作能力； 有英语四级证书； 有亲和力，能较好地处理人际关系。	性格偏向内向，对管理工作有一定的不利影响； 办事不够细致，有时候考虑问题不够全面； 做事不够果断，有点拖拉； 工作、学习上有点保守，创新能力有待提高； 个人工作经验还有一定不足； 没有做过学生干部。
	机会（Opportunity）	威胁（Threat）
外部环境因素	向往区域外资企业比较多；在学校构建了良好的人际关系； 就专业知识方面而言，随着我国经济的高度发展，对管理型人才的需求正不断的扩大； 有师兄师姐在外资企业从事行政管理工作； 国家公务员考试逐渐规范。	距离毕业还有一年的时间，各种准备相当不充分，相比其他重点大学的学生来说自身实力还不够突出；外资企业对个人综合素质要求不断提高，特别是沟通能力、合作能力、学习能力及英语的口头能力； 用人单位对毕业生要求越来越高； 国家公务员考试竞争越来越激烈。

自己突出的优点：在文字方面有优势；办公软件运用能力较强；有亲和力。

总结鉴定：通过上述分析，自己在从事行政助理的工作时，个人优势与机会大于弱势与威胁。同时根据自身条件和外在因素，同样也可以往公务员方向发展。

小玲的 SWOT 分析对你有何启示？小玲的 SWOT 分析还存在什么问题？

（4）列出今后5年内的职业行动计划。职业行动计划主要涉及一些具体的东西。请你列出一份实现上述目标的计划。并且详细地说明为了实现上述目标，你要做的每一件事，何时完成这些事等。

当然，你还需要围绕你的 SWOT 分析，在5年内目标实现的基础上，确定出你的长期职业目标，并制订一个长期的行动计划，尽管这个长期的行动计划目前看起来还比较模糊、不具体。

（三）职业生涯规划的实施和评估调整

1. 职业生涯规划的实施

在明确了职业生涯发展目标之后，你需要为你目标的实现制定一份详细的行动计划。行动计划主要为了约束你的行为，使你的行为不会偏离你设定的规划目标。

一份好的行动计划必须能够明确回答出三个问题，即做什么？怎么做？何时做？这就形成了行动计划的三个基本内容：任务、措施和步骤。

行动计划制订完之后，你必须严格按照计划来落实你的各项任务。

小知识

行动计划在实施过程中经常会遇到的问题

拖拉：本来计划当天该完成的，结果拖到明天，明天的又拖到后天，造成恶性循环，计划名存实亡。

不懂得拒绝：不能合理利用时间，不懂得说"不"，结果浪费了大量时间也没有完成任务。

贪图玩乐：虽然制订了计划，但控制力较弱，很容易受外界影响，导致计划内时间被占用，计划无法完成。

过于追求完美：对所完成的任务反复检查，并一直反省是否有误有遗漏，结果把时间浪费在一些无关紧要的问题上，以至于影响了其他任务的完成。

明日复明日，明日何其多。我生待明日，万事成蹉跎。世人苦被明日累，春去秋来老将至。朝看水东流，暮看日西坠。百年明日能几何？请君听我《明日歌》。
——《明日歌》

2. 职业生涯规划的评估调整

职业生涯规划是一个动态的过程，必须根据实施结果进行及时的评估与修正。

随着计划的进展，你有时会发现自己的短期目标并不能使你向长期目标靠拢；或者你可能发现你当初的目标不怎么现实；又或者你觉得自己原来设定的目标并不符合你自己的理想等，无论哪种情况出现，你都要对你的职业生涯规划进行重新评估并及时调整你的目标。

二、案例分析 Case Study

案例：四只毛毛虫的故事

毛毛虫都喜欢吃苹果，有四只要好的毛毛虫，都长大了，各自去森林里找苹果吃。

第一只毛毛虫跋山涉水，终于来到一株苹果树下。它根本就不知道这是一棵苹果树，也不知树上长满了红红的可口的苹果？当它看到其他的毛毛虫往上爬时，稀里糊涂地就跟着往上爬。没有目的，不知终点，更不知自己到底想要哪一种苹果，也没想过怎么样去摘取苹果。它的最后结局呢？也许找到了一颗大苹果，幸福地生活着；也可能在树叶中迷了路，过着悲惨的生活。不过可以确定的是，大部分的虫都是这样活着的，没想过什么是生命的意义，为什么而活着。

第二只毛毛虫也爬到了苹果树下。它知道这是一棵苹果树，也确定它的"虫"生目标就是找到一棵大苹果。问题是它并不知道大苹果会长在什么地方？但它猜想：大苹果应该长在大枝叶上吧！于是它就慢慢地往上爬，遇到分支的时候，就选择较粗的树枝继续爬。于是它就按这个标准一直往上爬，最后终于找到了一颗大苹果，这只毛毛虫刚想高兴地扑上去大吃一顿，但是放眼一看，它发现这颗大苹果是全树上最小的一个，上面还有许多更大的苹果。更令它泄气的是，要是它上一次选择另外一个分枝，它就能得到一个大得多的苹果。

第三只毛毛虫也到了一株苹果树下。这只毛毛虫知道自己想要的就是大苹果，并且研制了一副望远镜。还没有开始爬时就先利用望远镜搜寻了一番，找到了一棵很大的苹果。同时，它发现当从下往上找路时，会遇到很多分支，有各种不同的爬法；但若从上往下找路时，却只有一种爬法。它很细心地从苹果的位置，由上往下反推至目前所处的位置，记下这条确定的路径。于是，它开始往上爬了，当遇到分枝时，它一点也不慌张，因为它知道该往那条路走，而不必跟着一大堆虫去挤破头。比如说，如果它的目标是一颗名叫"教授"的苹果，那应该爬"深造"这条路；如果目标是"老板"，那应该爬"创业"这分枝。最后，这只毛毛虫应该会有一个很好的结局，因为它已经有自己的计划。但是真实的情况往往是，因为毛毛虫的爬行相当缓慢，当它抵达时，苹果不是被别的虫捷足先登，就是苹果已熟透而烂掉了。

第四只毛毛虫可不是一只普通的虫，做事有自己的规划。它知道自己要什么苹果，也知道苹果将怎么长大。因此当它带着望远镜观察苹果时，它的目标并不是一颗大苹果，而是一朵含苞待放的苹果花。它计算着自己的行程，估计当它到达的时候，这朵花正好长成一个成熟的大苹果，它就能得到自己满意的苹果。结果它如愿以偿，得到了一个又大又甜的苹果，从此过着幸福快乐的日子。

> 学校固然不是造就人才的唯一地方，但在学生时代的青年却应该充分地利用学校的环境与设备把自己铸造成个东西。
> ——胡适

其实我们的人生就是毛毛虫，而苹果就是我们的人生目标——职业成功。爬树的过程就是我们职业生涯的道路。毕业后，我们都得爬上人生这棵苹果树去寻找未来，完全没有规划的职业生涯注定是要失败的。规划决定命运。有什么样的规划就有什么样的人生。要想得到自己喜欢的苹果，想改变自己的人生，就要先从改变自己开始，做好自己的职业生涯规划，做第四只毛毛虫。

三、过程训练 Process Training

活动一：职业社会调查

对本专业相关职业进行社会调查，包括工作性质、任务、职业资格要求、能力要求、发展前景等。并写不少于500字的总结。

活动二：职业生涯规划大赛

（一）活动目的
1. 掌握职业生涯规划的步骤。
2. 能根据实际状况制定自己的职业生涯规划。
3. 通过比赛让学员共同学习和分享彼此的职业生涯规划。

（二）活动过程
1. 每位学员根据所学内容制定个人的职业生涯规划。
2. 在制定过程中如遇到问题可以咨询指导老师。
3. 各位学员按照规定时间上交职业生涯规划。
4. 教师选出比较有代表性的、优秀的职业生涯规划10～15份。
5. 选出的10～15个同学代表用PPT在课堂上分享他们的职业生涯规划。
6. 教师和选出的学员代表一起担任评委对选手进行评分。

四、效果评估 Performance Evaluation

评估：职业生涯决策能力

请你运用SWOT分析法做职业生涯规划，并找到自己的职业目标。有时你可能会有几种职业生涯目标，可以通过下面的职业生涯决策平衡表进行决策分析，从而做出最佳选择。

（一）填写职业生涯决策平衡表

职业生涯决策考虑要素		重要性权数（1～5倍）	第一职业方案（　　）		第二职业方案（　　）		第三职业方案（　　）	
			得（＋）	失（－）	得（＋）	失（－）	得（＋）	失（－）
自我精神方面	1. 适合自己的能力							
	2. 适合自己的兴趣							
	3. 适合自己的个性							
	4. 符合自己价值观							
	5. 未来有发展空间							
	6. 其他（写下来）							
自我物质方面	1. 较好的社会地位							
	2. 符合理想生活状态							
	3. 适合目前个人处境							
	4. 其他（写下来）							
外在精神方面	1. 带给家人声望							
	2. 有利择偶和建立家庭							
	3. 其他（写下来）							
外在物质方面	1. 优厚的经济报酬							
	2. 足够的社会资源							
	3. 其他（写下来）							
加权后合计								
加权后得失差数								

（二）相关说明

1. 经过SWOT分析，把你选择的职业发展方向（三个）填写在职业方案一栏中。

2. 在第一栏"职业生涯决策考虑要素"中，根据你对职业选择的重要性和迫切性的认识，给这些要素赋予权数，权数范围为1～5倍，填写到"重要性权数"一栏中。其中5代表"非常重要"，权数越高，说明你越看重该要素。

3. 根据职业生涯决策要素给每个职业方案评分，每个方案的得分或失分，可以根据该方案具有的优势（得分）、劣势（失分）或优劣势的程度大小来回答，计分范围为1～10分。注意每个方案的得分或失分只能填写一项。

4. 将每一项的得分或失分乘上权数，得出加权后的得分和失分，并分别计算出加权后合计。再把加权后的"得失差数"算出来，即每个方案加权后的得分减去失分。据此作出最终决定。得分越高，该职业方案越合适你。

5. 通过职业生涯决策平衡表的测评，你可以大概评估出你职业生涯决策能力的强弱。

第三节　机会把握与求职

职场在线

面试记

"我在面试中的表现太糟糕了,"乔山对他的朋友说,"我的手心都是汗,我知道面试官与我握手的时候装着没有察觉,但从他们的眼睛里我可以看得出来,他们都知道我太紧张了。当他们提到一个问题时,我就结结巴巴,不知道该怎么说,反正一切都糟透了,这次的面试又没戏了。"

乔山刚刚从一家公司面试回来。他曾经请朋友帮他进行了面试联系,他们预演了面试中所能遇到的常规问题,他进入面试室的时候还是很有信心的。但是,从他坐下的那一瞬间起,一切都失去了控制。他开始注意力不集中,好几次他不得不要求对方重复所提出的问题。他把准备好要了解的问题忘得一干二净。虽然有几个问题他感觉答复得比较顺畅,面试官对此似乎也比较满意,但他依然觉得成功的可能性不大。

当天晚上,乔山回想起面试的准备,觉得自己的准备方式可能不对路。他非常沮丧,认为不能通知他参加下一轮的面试,因此他甚至连写一封感谢信的心情也没有了。果然,一个星期过去了,面试的结果也没了下文。不过,他又得准备新的面试,因为乔山接到了另一家公司的面试通知。

> 一般人总是等待着机会从天而降,而不想努力工作来创造这种机会。当一个人梦想着如何去挣五万镑钱时,一百个人却干脆梦着五万镑就掉在他们眼前。
>
> ——米尔恩

如何准备面试?如何在面试中脱颖而出?这也许是大多数求职者最为关心的问题。

一、能力目标 Competency Goal

就业是我们职业生涯理想的开始阶段。面对当前日益严峻的就业形势，如何把握机会找到一份自己满意的工作，是摆在所有人面前的难题。对此我们一方面要寻找更多的就业机会，也要掌握一定的求职与面试技能。

（一）就业机会的寻找与把握

由于就业形势严峻，很多毕业生抱怨找不到专业对口的工作，或者工作和其文凭要求不对称，如原来本科生的工作被研究生占据。对此毕业生要有良好的心态，一方面，认清形势，避免理想主义，适当降低要求，调整就业期望值；另一方面，在专业对口上不必要求太高，根据自身情况尝试向专业边缘方向发展。

▶ 小案例

美女硕士创业烤鱿鱼

今年27岁的李文君，是中国地质大学的硕士研究生，毕业后在宁夏银川经营着一家十余平方米的鱿鱼店，她的店面5月20日才刚刚开业，却凭着选自阿根廷的进口鱿鱼、多种口味的组合、干净卫生的操作，日均销售额已达到4000元。

李文君毕业后在一家传媒集团找到了一份编辑工作。今年年初的一次旅行中，她看到一家烤鱿鱼的小店食客络绎不绝，于是萌生了创业的想法。回到银川后，李文君用不到一个月的时间就开了这家店。

她说：当初自己选择放弃一份体面的工作来卖鱿鱼时，也有过挣扎，现在看来，行业是不分高低贵贱的，只要项目好、自己努力、肯放下身段，就一定有回报。

你对李文君的职业选择如何看待？从价值观、兴趣、能力、职业理想、职业发展前景等角度进行分析。

> 获得了热门信息，不能急于采纳，要冷静思考，进行必要的调查、分析、研究后及时决断。

（二）招聘信息的寻找与筛选

每年求职旺季，都会有大量的求职信息。许多毕业生忙于在网上到处投简历，或是辗转于各场招聘会，但却往往收效甚微，在有限的求职时间里未找到合适机会。如何收集求职信息，如何从海量信息中筛选出有价值的信息，提高求职的效率和成功率？

1. 求职信息的收集

（1）网络求职信息：最简单、最便捷的方法还是在网上找工作，网上的招聘信息既丰富又全面，还有许多专门的招聘信息网站，如中华英才网、前程无忧招聘网、智联招聘网等。

（2）招聘会：大型的招聘会信息都会发布在报纸、杂志或网站上。

其中校园招聘会应该是毕业生的首选，一些社会招聘会，应有所挑选，特别适合自己的可以参与。

（3）报纸杂志、电视等传播媒体。

（4）劳动人事部门、人才市场等：如果想在本地就业，去当地人才市场了解可以获取很多有益信息。

（5）家人、亲友介绍。

（6）实习单位应聘。

（7）打电话、寄求职信、直接到目标单位自荐等。

▶ 小知识

跑招聘会也要有的放矢

"现在我每天都在各场招聘会中穿梭，希望能够找到适合自己的工作。"一位应届毕业生说。有很多的毕业生现在都会在网上搜集招聘会的信息，哪天哪里有招聘会都非常清楚，如果路途不远的话都会争取到招聘会现场走走。恨不得场必到。很多毕业生面对众多的招聘会，都恨不得自己能有"分身术"，不错过任何求职机会。

现场招聘会虽然为毕业生提供了很好的就业渠道，但是毕业生千万不能抱着"一场都不能少"的心理，每场招聘会都参与，而是应该根据个人情况有选择性地参与。毕业生可以通过在网上了解招聘会的相关信息，如招聘企业情况、企业所招聘的职位情况等，然后根据自己的需求再确定是否参加。只有有的放矢，才能提高求职成功率。

2. 求职信息的筛选

提高求职成功率的关键是对求职信息进行筛选，找出最适合自己、最有可能成功的信息。第一，做好自身定位，明确自己想寻找的是哪些类型的岗位；第二，寻找适合自己的求职信息；第三，重点关注自己优势比较大的工作信息。

择业时要针对招聘标准，对照自己的实际情况，看看是否具备足够的优势。如果具备很大的优势，就可以精心准备应聘；如果招聘标准与自己能力非常接近，优势不大，要三思而后行；如果离标准甚远，千万不要勉为其难地去尝试，那样做只会打击自己的自信心，也会浪费自己有限的时间。

> 北方买马，南方配鞍：善于利用别人的优势，进行横向联合，扬长避短，借鸡生蛋，提高自己的市场竞争能力。

（三）求职与面试技巧

通过信息收集和筛选，你已经确定了择业单位。如何将这"临门一脚"转变成"破门得分"，就是每一位求职者接下来要做的功课了。

1. 了解目标单位信息

除了通过网络和实地考察来了解企业情况外，如果时间和空间条件允许，建议求职者能够在面试前对应聘企业进行实地勘察，不但可以直观地了解这家企业的文化氛围，更可以了解今后自己的通勤路线及时间，保证面试时候不会因意外情况而迟到。

2. 制作求职简历

一般而言，简历所应包含的要项有：应聘职位、个人基本资料（姓名、籍贯、联络电话及地址、兴趣专长）、学历、工作经验、自传等，其他项目如个人作品、毕业专题或论文、证书复印件等则视情况而定。

简历要突出个人特色和卖点。要想让招聘官记住你，就要开创自己的简历特色，找到自己最突出的卖点，列出所有要项，千万不要有遗珠之憾，很多时候用人单位并非因为你的专业而是因为你的特长而录用你。

简历要凸显自己的人格魅力和经历，是否具有特殊的经历、优秀的人格品质以及良好的性格，已经成为当今许多用人单位在录用人员时要考虑的一项重要条件和内容。

除了内容外，一份适合的简历格式也是相当重要的。适当的精美和创意会使你的简历显得更为突出，从而获得面试机会。

> 有什么办法使这种仅有书本知识的人变名副其实的知识分子呢？唯一的办法就是使他们参加到实际工作中去，变为实际工作者，使从事理论工作的人去研究重要的实际问题。
>
> ——毛泽东

小案例

有位毕业生曾这样介绍自己的经历，颇得用人单位欣赏并最终录用了他："我来自贫困山区的贫困家庭，恶劣的环境和艰苦的生活磨炼了自己吃苦耐劳、顽强不屈的品质，只要能读书，再大的苦本人都能吃。考上大专以后，我格外地珍惜这难得的读书机会，学习一直都很用功，所以基础比较扎实，成绩优秀。现在我即将毕业走向社会，只要能给我一份工作，我一定会加倍珍惜，再苦再累的活儿我都能干，难道还有比贫困山区更苦更累的活儿吗？"

3. 注意形象礼仪

有一些求职者不太注重职场礼仪，认为这些细微琐碎的事情无关痛痒，然而这些细节往往会影响到面试的成绩。求职者从进入求职公司起就应该展现出礼貌和风度，将"请、谢谢、麻烦您"作为口头禅，热情地与前台接待打招呼，面试时自觉敲门，并主动向面试官问好、握手或鞠躬致敬，面谈结束后记得将座椅归位，如果能够询问是否需要将门敞开或带上就更加完美了。

4. 应对得体

很多初涉职场的求职者在见到面试官时都表现得精神紧张，手足无措，作出许多下意识的动作，比如不停地搓手、玩弄小饰物、不敢抬头、眼神游离等，殊不知正是这些细微的动作出卖了你紧张的内心，给面试官留下胆怯失措、唯唯诺诺的印象，其面试结果也可想而知。

正确的方式应该是平稳自己的情绪，端正自己的坐姿，敢于与面试官进行眼神交流，在倾听对方讲话时将身体略微前倾，让对方感受到你对工作的重视及诚意。声音保持平稳洪亮，清晰流畅地表达自己的所思所想，展现自己的风采特长。

5.态度真诚，乐观自信

真诚自信的人，散发出人格的魅力，更易为用人单位欣赏。面试说到底是向用人单位展示最真实优秀的自己。求职者千万不要心存侥幸，在简历中灌水、肆意吹嘘自己的能力和经验。即便是通过了面试这关，求职者在日后的实习工作当中也难免会因为能力不济而原形毕露、大吃苦头。

> 能力决定你能做什么，动机决定你要做什么，态度决定你能做得怎样。
> ——[美]卢·豪兹

二、案例分析 Case Study

案例一：凭两块钱进外企

在一次招聘会上，北京某外企人事经理说，他们本想招一个有丰富工作经验的资深会计人员，结果却破例招了一位刚毕业的女大学生，让他们改变主意的起因只是一个小小的细节：这个学生当场拿出了两块钱。

人事经理说，当时，女大学生因为没有工作经验，在面试一关即遭到了拒绝，但她并没有气馁，一再坚持。她对主考官说："请再给我一次机会，让我参加完笔试。"主考官拗不过她，就答应了她的请求。结果，她通过了笔试，由人事经理亲自复试。

人事经理对她颇有好感，因她的笔试成绩最好，不过，女孩的话让经理有些失望。她说自己没工作过，唯一的经验是在学校掌管过学生会财务。找一个没有工作经验的人做财务会计不是他们的预期，经理决定收兵："今天就到这里，如有消息我会打电话通知你。"女孩从座位上站起来，向经理点点头，从口袋里掏出两块钱双手递给经理："不管是否录取，请都给我打个电话。"

经理从未见过这种情况，问："你怎么知道我不给没有录用的人打电话？""您刚才说有消息就打，那言下之意就是没录取就不打了。"

经理对这个女孩产生了浓厚的兴趣，问："如果你没被录取，我打电话，你想知道些什么呢？""请告诉我，在什么地方我不能达到你们的要求，在哪方面不够好，我好改进。""那两块钱……"女孩微笑道："给没有被录用的人打电话不属于公司的正常开支，所以应该由我付电话费，请您一定打。"经理也笑了，"请你把两块钱收回，我不会打电话了，我现在就通知你：你被录用了。"

记者问："仅凭两块钱就招了一个没有经验的人，是不是太感情用事了？"经理说："不是。这些面试细节反映了她作为财务人员具有良好的素质和人品，人品和素质有时比资历和经验更为重要。

第一，她一开始便被拒绝，但却一再争取，说明她有坚毅的品格。

财务是十分繁杂的工作，没有足够的耐心和毅力是不可能做好的；

第二，她能坦言自己没有工作经验，显示了一种诚信，这对搞财务工作尤为重要；

第三，即使不被录取，也希望能得到别人的评价，说明她希望每项工作都做得很完美，我们接受失误，却不能接受员工自满不前；

第四，女孩自掏电话费，反映出她公私分明的良好品德，这更是财务工作不可或缺的。"

在面试中，决定你成功的往往不是你的简历、学历、背景等，而是你所表现出的细节。

案例二：求职面试案例

以下是到某咨询公司应聘的毕业生的面试对答。

面试官：你为什么想进本公司？

毕业生：咨询业在国内是一个比较新的行业，发展前景很是广阔。而且贵公司早在10年前就独具慧眼，在上海建立了分公司，现在已经是最著名的咨询公司之一。如果我有幸加入贵公司，也是对我个人能力的一种肯定。另一方面我也曾经听一位前辈介绍说现在在上海咨询业竞争很激烈，我是一个喜欢接受挑战的人，所以很想进贵公司。

面试官：那么你具体对哪一个工作最感兴趣？

毕业生：我最想进的是咨询服务部。这个部门很富有挑战性，也可以学到很多东西。现在国内很多企业都不是很景气，如果能帮助他们走出困境，也是一件很好的事情。

> 一个人不成功可以找出一万个理由，但是一个人成功只有一个理由就是"我一定要成功"。

以上是面试中最常见的两个问题。一定要精心准备。该同学明确地表达了对公司以及具体岗位的兴趣。不详细地了解公司的情况是无法从容地回答这样的问题的。

面试官：如果其他公司和本公司都录用你时，你怎么办？

毕业生：对我而言，能同时被几家公司录用，是一件让我高兴的事。我想，对公司而言，希望招聘到优秀而且合适的学生。对我而言，也希望自己能作出一个正确的选择，我会仔细比较各公司的特点包括公司的待遇、工作环境等，并结合我的兴趣和专业，努力找到一个最佳结合点，作出最优化的选择。但说实话，这确实是一件比较难办的事情。不知道您能不能给我一点建议。

这个问题是公司在试探你加入的意愿是否很强烈，一定要给出明确的回答。该同学的回答显得玲珑有余而主见不够。

　　面试官：你觉得你的哪些方面可以在本公司得到发挥？

　　毕业生：我想每一个求知者都希望能发挥自己的所有潜能，而并不仅仅是使用学校里所学到的专业知识。如果我的潜能得不到发挥的话，对公司而言是一个损失，对我个人也是损失。潜能包括对工作的热情、自信、对现代公司的理念的理解和实践，人际关系能力，高效率的工作，处理危机的能力等，这是我的理解。就我来讲，如果有幸加入贵公司，会努力争取锻炼自己，发展自己，为公司发展作出贡献。另外，也希望公司能提供这样一个环境。我在大学里担任校团委宣传部长，负责过一些大型活动的宣传工作，在公共关系方面积累了一些经验。

　　面试官：请具体谈一谈。

　　毕业生：去年我参加了八届全运会组委会与校团委举办的八运会志愿者校园招募活动。我们首先利用海报、校园广播做了宣传，然后开了一个情况介绍会，邀请组委会领导和校领导出席，又由以前的志愿者介绍了经验。效果很好，出色地完成了任务。

　　以上两个问题是了解你的能力和工作兴趣的问题，应实事求是地回答，注意充分表现自己的信心和能力，但千万不要夸大其词，否则可能自食其果。

　　面试官：你准备怎样把大学里学到的知识用到工作中去？

　　毕业生：大学里学到的知识主要是书本知识，当然也有一部分实践知识，主要是课堂讲述的知识以及自学的知识。这些要用到工作中去，一定要结合公司的实际，每个公司都有它自己的特点，譬如说会计，我相信每个公司都有自己的内部会计制度，所以在工作中也要不断学习。事实上我自己认为我在大学里学到的书本知识并不是我最大的收获，而是自学能力的培养和分析问题的方法，这个对我很重要，我想在工作中也是如此。

　　这是个可以自由发挥的问题，阐述自己的看法并以令人信服的理由说明就可以。注意言简意赅，条理清楚。

> 知道自己为什么迷茫吗？因为你是没有目标的迷路者。
> ——［美］奥里森·马登

　　面试官：一个人工作与团体合作，你喜欢哪一种？

　　毕业生：这个问题我想没有固定的答案，要看工作的具体内容而定。如果是简单的、一个人可以做的工作，大家一起做的话，反而会增加工作的复杂性，在这种情况下，我倾向于一个人工作。反之，在大多数情况下，我愿意团体合作。这个世界的变化很大很快也很复杂，而一个人的工作能力有限，团体合作将更有助于有效地实现一个目标。

无论用什么样的方法回答这个问题，一定要记住一点：缺乏团体合作及集体精神的人是不能被企业或公司接受的。

一个有信心的人在竞争中始终是能够占据上风的，但是要注意：自信不等于自大。面试成功与否，归根结底还是取决于一个人的综合素质。面试技巧只能帮助同学们少走弯路，更好地展现自己的优势，以便更顺利地找到适合自己的工作。

三、过程训练 Process Training

活动一：模拟面试

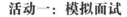

（一）活动说明

请学生扮演应聘人员，参加应聘单位的面试活动。教师介绍招聘单位和招聘条件。由四名学生扮演应聘者，分别应聘两个职业，接受主考官（教师）的面试。由全班同学对面试学生进行打分，并对面试官所提出的问题以及应聘者的回应技巧进行讨论。

外在条件 （总分50分，每项10分）	得分	内在条件 （总分50分，每项10分）	得分
仪表（服装、修饰、发型）		沟通技巧（包括倾听、理解、表达）	
气质、风度		专业知识	
举止文明大方得体		思维清晰，语言简洁	
态度真诚，乐观自信		反应内容针对性强	

（二）问题与讨论

根据上面的面试情况，如果你要给面试官留下好印象，你觉得要在哪些方面如何表现会更好？

活动二：创意简历

简历的内容无非是姓名、性别、专业、联系方式、教育情况、技能水平、实习及培训情况、工作经历、自我评价和求职意向等内容，格式也往往是千篇一律、格式僵化，请根据自己的实际情况，制作一份与众不同的简历，样式、内容可大胆发挥想象。

制作完成的创意简历，分享给全班同学，并互相点评。

四、效果评估 Performance Evaluation

评估：面试技能评估

（一）情景描述

1. 参加面试时，你会选择什么样的服饰？（　　）

　　A. 朴素典雅的　　　B. 自己喜欢的

2. 参加面试时，你会怎样处理自己的发型？（　　）

　　A. 略加修饰保持整洁　　　　　B. 精心修饰和梳理

3. 面试时，你会带什么东西？　　　　　　　　（　　）

　　A. 随时带着公文包　　　　　　B. 尽量少带东西

4. 面试前如果有机会的话，你会询问面试时间的长短吗？（　　）

　　A. 不会　　　　　　　　　　　B. 会

5. 当主试讲话的时候，你会怎样做？　　　　　（　　）

　　A. 自己思考　　　　　　　　　B. 认真倾听

6. 在主试面前，你坐在椅子上的姿势是怎样的？（　　）

　　A. 稍微前倾　　　　　　　　　B. 挺直

7. 面试中，你讲话的语调通常会是怎样？　　　（　　）

　　A. 柔和简洁　　　　　　　　　B. 大声响亮

8. 在面试的时候，你脸上的表情如何？　　　　（　　）

　　A. 一丝不苟　　　　　　　　　B. 微微地笑

9. 当主试讲话的时候，你的目光是怎样的？　　（　　）

　　A. 游移不定　　　　　　　　　B. 集中注意

10. 在回答问题时，是否需要加上礼貌性的词语？（　　）

　　A. 不需要　　　　　　　　　　B. 需要

11. 回答完问题时，是否需要再加上一句"您认为呢？"（　　）

　　A. 要　　　　　　　　　　　　B. 不需要

12. 如果主试心不在焉，你会怎么办？　　　　（　　）

　　A. 请他另外安排一次见面　　　B. 询问他是否有什么事

13. 如果主试不提你的工作条件和兴趣时，你会怎么办？（　　）

　　A. 以后找机会再谈　　　　　　B. 主动提起这些话题

14. 如果你对主试的话不是很理解，这时你怎么办？（　　）

　　A. 含糊过去，免得节外生枝　　B. 问到明白为止

15. 你和主试握手时，会怎样做？　　　　　　（　　）

　　A. 坚定有力地握手　　　　　　B. 稍微握一下

16. 主试一边讲话一边看你，你会怎么反应？　（　　）

　　A. 点头示意　　　　　　　　　B. 看着他的目光

17. 在谈话中，如果使用手势，你认为怎么样是恰当的？（　　）

> 正如空气对于生命一样，目标对于成功也是绝对必要。有什么样的目标，就有什么样的人生。
> ——[美]安东尼·罗宾

A. 用力且持久 　　　　　　　　B. 简单而有力

18. 主试讲话时，你已经猜到他要说什么，你怎么办？　　　（　　　）

A. 插入自己的话 　　　　　　　B. 听他把话说完

19. 如果主试错误地理解了你的话，你会怎么进行纠正？　　（　　　）

A. "我想再解释一下" 　　　　　B. "我不是那个意思"

20. 在面试时，你迟到了，你会怎么办？　　　　　　　　　（　　　）

A. 说出自己迟到的理由

B. 出动向主试表示歉意，并请他原谅

21. 如果主试迟到了，而且只能给你谈几分钟，你该怎么办？（　　　）

A. 视情况决定是否请求另外安排一次见面的机会

B. 维护自己的权利并表示不满

22. 当原定的主试不能前来，由他人替代时，你会怎么样？（　　　）

A. 不参加面试，等待原来的主试　B. 照样面谈

23. 主试向你谈起个人隐私的问题时，你将如何做？　　　（　　　）

A. 把话题纳入正轨 　　　　　　B. 当一个善解人意的听众

24. 在谈话时，主试向你表示他的赞美，你会怎样做？　　（　　　）

A. 说声 "谢谢！" 　　　　　　　B. 向他展示自己的能力

25. 如果主试在谈话时滔滔不绝，不容你插话，你怎么办？（　　　）

A. 在适当时插入自己有关的问题和信息

B. 礼貌地告诉他你愿意谈谈自己的想法

26. 你觉得主试并不明白工作的要求，也不能正确评价你的水平时，

你怎么办？　　　　　　　　　　　　　　　　　　　（　　　）

A. 要求其他的人来进行面试

B. 说一些他能理解的东西以使他留下好印象

27. 当参加使用录音或录像的面试时，你穿什么颜色的衣服？（　　　）

A. 干净朴素的白色 　　　　　　B. 深色西服或衬衣

28. 当主试问你最大的优点是什么时，你如何回答？　　　（　　　）

A. 融入团队 　　　　　　　　　B. 勤奋工作

29. 当主试问你最大的缺点是什么时，你如何回答？　　　（　　　）

A. 过于要求完美 　　　　　　　B. 沟通能力差

30. 当要求你做自我介绍时，你会先谈什么？　　　　　　（　　　）

A. 谈谈对该行业的看法

B. 简要陈述自己的特征和经历

31. 当主试问你希望得到多少薪金时，你该如何回答？　　（　　　）

A. 根据自己对该职位的了解估计出薪金

B. 询问该公司为此职位设定的薪金范围

32. 您认为用人单位更看重简历中的什么内容？　　　　　（　　　）

A. 社会实践 　　　　　　　　　B. 学习成绩

成功的职业生涯规划包含两个与目标有关的过程：

1. 定义你的目标；

2. 知道如何去实现它。

你越是周详地做好计划，越有可能实现你的目标。

33. 当主试问你，如果成为一个管理者，你的管理风格是集权型还是放权型时，你该如何回答？　　　　　　　　　　（　　）

　　A. 据自己的管理风格回答　　　　B. 据公司的管理风格回答

34. 当主试问你为什么选择现在的专业时，你该如何回答？（　　）

　　A. 坦诚地承认这个专业现在很热门

　　B. 因为它能为我今后的职业发展奠定基础

35. 当主试问你应聘的工作岗位主要职责是什么时，你该如何回答？　　　　　　　　　　　　　　　　　　　　　　　（　　）

　　A. 表示尽忠职守，履行职责

　　B. 过于具体地描述工作职责

36. 当主试问及你在此类工作岗位上有何种经历时，你会：（　　）

　　A. 回答时尽量涉及此类工作岗位可能的全部项目

　　B. 知道多少说多少，不知道时无须编造

37. 主试问你认为在你的工作中最重要的是什么，你如何回答？（　　）

　　A. 尽到自己的本分

　　B. 个人表现如何与整体利益相吻合，提高工作效率

38. 当主试问到你曾经从事过的与专业最不相关的工作是什么时，你如何回答？　　　　　　　　　　　　　　　　　（　　）

　　A. 只要是职业生涯中从事过的都要回答并都谈其受益之处，无论其工作多么卑微

　　B. 只谈听起来体面的工作

39. 当主试说：向我谈谈你自己。你会如何回答？　　　（　　）

　　A. 话题尽可能与职业努力方向有关，描述自己的某些行为特征

　　B. 尽量谈一些无关紧要的话题

40. 主试问及在工作中你如何显示自己的主动性时，你会怎么回答？　　　　　　　　　　　　　　　　　　　　　（　　）

　　A. 时刻注意工作效率，不时给雇主以惊喜，使同事易于开展工作

　　B. 表示出强烈的工作热情，不在意单位政策和规章制度的限制

41. 当主试问你，如果下属的工作结果令你无法接受时，你将如何对待他们，你的回答是什么？　　　　　　　　　　（　　）

　　A. 始终通过友好的方式与下属沟通并促使其改进

　　B. 在必要的时候采取强硬的措施，如解雇

42. 当主试问在以下两个因素中，你决定接受聘用时起着最重要作用的是哪一个，你回答是什么？　　　　　　　　　（　　）

　　A. 公司　　　　　　　　　　B. 应聘的这个职位

43. 当主试问你在业余时间通常喜欢做些什么时，你如何回答？

　　　　　　　　　　　　　　　　　　　　　　　　　（　　）

　　执着的人主动采取有意识的行动，他们懂得生活中充满着选择，而不是机会。他们坚信自己在身体和心理上都拥有足够的力量去控制自己的生活。他们知道责怪上天没有给予他们一副完美的身材或是一份理想的职位的想法是怯懦的。成功者为自己创造机会。所谓幸运不过是机会加上准备。

      A.简单谈谈自己在各个方面的广泛爱好

      B.详细谈自己的一两个爱好

44.面试人为了调节气氛，给你讲了一个笑话，你觉得是否应该附合着也讲一个笑话？　　　　　　　　　　　　（　　）

      A.应该　　　　　　　　　　B.不应该

45.当主试问道：你如果被录用，请你从低到高分为 1～10 级来描述自己兴奋的程度。你的回答是：　　　　　　　　　（　　）

      A.10级　　　　　　　　　　B.10级以下

> 上大学永远都不是生活的最终目标，只是人生路上的一个阶段。

（二）评分标准与结果分析

	1	2	3	4	5	6	7	8	9	10	11	12	13	14	15
A	1	1	0	0	0	1	1	0	0	1	0	1	0	0	1
B	0	0	1	1	1	0	0	1	1	0	1	0	1	1	0
	16	17	18	19	20	21	22	23	24	25	26	27	28	29	30
A	1	0	0	1	0	1	0	1	1	1	0	0	1	1	1
B	0	1	1	0	1	0	1	0	0	0	1	1	0	0	0
	31	32	33	34	35	36	37	38	39	40	41	42	43	44	45
A	0	1	0	0	1	1	0	1	1	1	1	0	1	1	0
B	1	0	1	1	0	0	1	0	0	0	0	1	0	0	1

41分以上：你的面试技巧娴熟，也许你参加过多次面试，积累了许多经验。在此基础上，你可以进一步挖掘自己的潜力，多找一些自身的优势，以此作为面试的砝码，为达到自己的目标做准备。

20～40分：你的面试技巧一般，如果面试不是太严格的话，你是可以应付的。为了增加录用的几率，建议你多参考职业指导丛书，提高自己的面试技能，打有准备之仗，成功的机会就会大大增加。

19分以下：你的面试技巧需要提高，也许你是位刚刚毕业的学生，或者是很少参加面试，所以你的面试经验不足。你应该参加一些培训，提高自己的面试技巧和能力，多了解一些有关职业指导方面的知识。

思考与练习

1. 在职业生涯规划中，有人提倡：在职业生涯早期，对自己锻炼最大的工作是最好的工作；在职业生涯中期，最好的工作是收入最多的工作；在职业生涯后期，对自己人生价值实现最大的工作是最好的工作，你赞成吗？

2. 价值观、职业性格、职业兴趣和职业能力对职业生涯规划有哪些影响和作用？

3. 你的职业生涯目标是什么？有没有短期目标、中期目标和长期目标？

4. SWOT 分析法在职业生涯规划分析中起到怎样的作用？你还有更好的方法吗？

5. 当你去进行一个面试时，你都要进行哪些准备？

（一）作业描述

1. 根据所学内容为自己做一份详细的职业生涯规划。

2. 根据所学内容为自己做一份求职简历。

3. 为其他学员分享你的某次面试经历。

（二）作业要求

1. 可 2～3 人组成一个小组合作分工。

2. 完整记录任务完成的过程。

附录：

全国职业核心能力认证（CVCC）介绍

（来源：www.cvcc.net.cn）

一、内容

职业核心能力(Key skills)，又称为关键能力，是专业能力之外、广泛需要并且可以让学习者自信和成功地展示自己，并根据具体情况如何选择和应用的、可迁移的基本能力。职业核心能力认证项目是全国职业核心能力认证办公室研发团队在吸收了英国、美国、德国等西方发达国家最新能力教育和培训成果基础上，组织国内人力资源管理学、心理学、语言学和教育测量学等方面的专家开发研制的一项标准化测试。通过培训和测评，就业者可以成功地提升在生活、学习和职业场景中的效率和质量。2010年5月20日，教育部教育管理信息中心正式向全国发文推广职业核心能力认证项目。职业核心能力认证课程包括如下模块：

1.基础核心能力

职业沟通 Vocational Communication；

团队合作 Teamwork；

自我管理 Self-management。

2.拓展核心能力

解决问题 Problem Solving；

创新创业 Innovation and Entrepreneurship；

信息处理 Information and Communication Technology。

3.延伸核心能力

演讲与口才 Speech and Eloquence；

礼仪训练 Etiquette Training；

营销能力 Marketing Capabilitiles；

领导力 Leademhip；

执行力 Executive Ability。

CVCC等级测评由过程测评和笔试两部分组成，总分为500分。其中，过程测评150分，笔试350分，笔试包括专业能力考试和职业能力测评。参加等级测评的考生除参加笔试外，还须在持有《全国职业核心能力认证专业教师证书》的教师和培训师指导下，用2个星期或2个星期以上的时间完成《全国职业核心能力水平等级认证过程测评文件包》。

二、测试对象

高中毕业以上（含高中毕业）文化程度的即将就业和已就业人群。

三、测试用途

全国职业核心能力认证测试致力于为所有希望提高职业核心能力的应试者提供服务，并为学校、企事业单位和政府机关提供最优的人力资源解决方案。其主要用途包括：

1.为求职人员和在职人员了解、发展自身职业核心能力提供依据。

2.为高等院校培养学生综合素质、提升毕业生就业率提供有效的教育培养与综合评价手段。

3.为用人单位在人员招聘、选拔、任免等决策过程中评价相关人员职业核心能力提供参考依据，为用人单位培训与人才测评提供权威而高效的解决方案。

如需了解更多资料，请参阅全国职业核心能力认证网：www.cvcc.net.cn。